CONSIDÉRATIONS

GÉNÉRALES

SUR L'HISTOIRE.

PARIS. — IMPRIMERIE DE J.-G. DENTU,

rue du Colombier, nº 21.

CONSIDÉRATIONS

GÉNÉRALES

SUR L'HISTOIRE,

SERVANT D'INTRODUCTION

A L'HISTOIRE DE L'AGRICULTURE ANCIENNE ET MODERNE EN EUROPE,

CONSIDÉRÉE

DANS SES RAPPORTS AVEC LES LOIS, LES CULTES, LES MŒURS, USAGES OU COUTUMES DE CHAQUE PEUPLE.

PAR J. B. ROUGIER, Bᵒⁿ DE LA BERGERIE,

ANCIEN PRÉFET,

Membre de l'Institut de France, de la Légion-d'Honneur, des Géorgiphiles de Florence, de l'Institut de Bologne, des Académies de Dijon, Troyes, Lyon, Rouen, Bourg, Caen, Autun, de Châlons-sur-Marne, de Cambrai, Montauban; fondateur du Lycée de l'Yonne; ancien membre des Comités d'agriculture et de commerce de l'Assemblée législative, du Conseil d'agriculture et des arts du ministère de l'intérieur; auteur de plusieurs ouvrages sur l'économie rurale et politique, et d'un *Cours complet d'agriculture pratique*, de 1819 à 1824.

A PARIS,

CHEZ J. G. DENTU, IMPRIMEUR-LIBRAIRE,

RUE DU COLOMBIER, Nᵒ 21;

ET PALAIS-ROYAL, GALERIE D'ORLÉANS, Nᵒ 13.

M DCCC XXIX.

CONSIDÉRATIONS

GÉNÉRALES

SUR L'HISTOIRE.

CHAPITRE PREMIER.

Le but de l'histoire. — L'origine de la servitude. — La tradition
a été une institution chez les plus anciens peuples. — Ses influences sur l'esprit, le génie et la mémoire. — Le système actuel de l'éducation publique est nuisible aux sciences utiles et
à la mémoire. — Un mot sur les mathématiques. — La tradition
a fidèlement transmis les coutumes des peuples. — Époque de
l'histoire écrite. — Les premières colonisations. — Quelques mots
sur Hérodote, Thucydide, Xénophon, Jules-César, Tite-Live,
Tacite, Plutarque et Polybe. — Tribunal institué pour l'histoire; circonstances relatives. — Quelques historiens vertueux
dans les quinzième et seizième siècles.

JE ne connais pas de philosophes, de législateurs, ni même d'écrivains qui se soient
réellement pénétrés du véritable but de l'histoire, et qui aient écrit en conséquence pour
y ramener les hommes, les rois et les gouvernemens.

L'histoire bien comprise et justement entendue dans ses fins, doit offrir à chaque
génération et à toute postérité, le tableau
réel des évènemens qui se sont passés sous
les rois, pendant les guerres, ou dans les
grandes révolutions politiques.

Sous les rapports de la philosophie, l'histoire doit prendre un caractère de sainteté et
d'utilité; car il s'agit toujours, de la part du
vrai philosophe, de rendre les hommes meilleurs, pieux, soumis aux lois, et de les tenir
éclairés. C'est le propre encore de l'histoire
de concourir à faire de bonnes lois, d'épurer
les mœurs et de créer un sage esprit public.
Si de telles pensées, si justes et pourtant si
simples, avaient occupé les législateurs et les
grands écrivains, les fonctions d'historiens
eussent été consacrées comme celles des sacerdoces; mais il faut avouer, à la honte de
la philosophie moderne, que l'histoire a été
plus utile et mieux connue ou jugée dans les
siècles qui ont précédé l'art d'écrire.

Dans le principe de toute sociabilité de la
part des familles, des tribus ou des clans, on
s'est accoutumé malheureusement à regarder
la force extraordinaire du corps comme un
don émané de Dieu même; Hercule et les

siècles héroïques donnent la mesure de cette marche et de l'opinion qui l'a sans cesse accompagnée. Cette influence et cette puissance même se sont étendues progressivement à toutes les contrées de la terre.

. Le besoin de combattre pour vivre a rendu les hommes guerriers, ou plutôt amis de la guerre, en ce qu'elle était une occasion de signaler un grand courage; les hommes forts, de leur côté, enivrés des exaltations de leurs semblables, n'ont pas tardé à se faire dominateurs ; . les premiers rois et les conquérans, d'autre part, qui, par des armées ou par un génie supérieur, avaient remporté de grandes victoires, ou fait des envahissemens de territoires, ont immédiatement reçu de la part des peuples et des prêtres les mêmes consécrations que les héros de force corporelle; ils n'ont pas manqué, dans l'intérêt de leur domination, de se donner des garanties qu'ils ont fondées sur l'intérêt prétendu des peuples : on compterait à peine des exceptions parmi les peuples les plus anciens et les plus fameux.

. Les poëtes et les historiens se sont accoutumés, par suite, à ne voir dans l'histoire que les héros, les rois, les grands capitaines, et dans la carrière de tous, que de terribles exterminations ou des victoires éclatantes ; de leur côté, les rois, pour se maintenir dans leur suprématie de fait, ont eu grand soin de créer, près de leur personne, des chantres ou des historiens de leur règne ou de leurs guerres, et de s'assurer en outre, par des voies qui ne sont pas fermées, de l'assentiment des prêtres de leurs sacerdoces respectifs. L'É-gypte, la Médie, la Grèce, et Rome à son début, offrent des témoignages irrécusables de cette marche et de ces tristes réalités. Il est pénible même de faire observer qu'il a été plus difficile encore d'écrire l'histoire sous les républiques, que sous les rois et les des-potes. Quel poëte, quel philosophe eût osé dire la vérité dans celles d'Athènes, de La-cédémone ou de Corinthe ? Comment ne s'est-il pas trouvé quelques philosophes qui aient fait considérer l'histoire comme le flambeau le plus propre à éclairer la raison de l'homme et à former l'esprit philosophique, qui n'est lui même au fond que la raison perfectionnée ?

Toutes ces déviations du vrai but de l'his-toire porteraient en vérité à examiner si les anciens n'ont pas été plus sages, sous l'in-fluence exclusive de la tradition, que depuis

l'époque de l'histoire écrite, et si les nations
ou les peuples anciens n'ont pas été plus heureux que les peuples modernes. Cette question, si on la reportait au sort des nations,
depuis seulement deux mille ans, pourrait
fournir à un philosophe austère et vertueux,
des argumens plus forts peut-être que ceux
que J.-Jacques fit ressortir de la thèse donnée
par l'Académie de Dijon, et sur laquelle il a
laissé une série effrayante de vérités et de pa-
radoxes ; mais son génie trop avide de gloire,
trop exclusif ou trop impatient, ne lui a pas
laissé le temps de réfléchir qu'il était impossible à l'homme le plus puissant par ses talens
ou par ses vertus, de faire rétrograder les hommes, déjà vieux et corrompus, vers leurs berceaux, ou vers leurs institutions primordia-
les. Les hommes comme J.-Jacques, heureusement, sont fort rares ; car c'est un malheur
public de bouleverser, par pur esprit de système, les causes ou les principes qui font le
charme de la vie, et favorisent d'ailleurs la
prospérité des nations, c'est-à-dire tout ce
qui se rapporte aux progrès des sciences et
des arts. Loin de moi la pensée pourtant
d'accuser le cœur du philosophe de Genève
et son beau talent ; on ne peut sur un tel su-

jet, accuser que son jugement, qui n'était pas
assez éclairé par la connaissance des hommes
et des sociétés; mais en blâmant ici l'usage
qu'il a fait de son éloquence et de son style
plein de nerf et de charmes, on peut, sans offenser les amis des arts, les vrais philosophes,
ni même le génie de l'histoire, soumettre
quelques réflexions sur les temps de la tradition, sur ses réalités et sur ses influences.

La tradition a été une institution chez les
plus grands peuples de la terre, chez les Egyptiens, les Gaulois, les Grecs, les Scandinaves
et chez les Indiens; les prêtres en étaient les
gardiens exclusifs; les chamans, les druides,
les bracmanes, les mages et les patriarches,
entretenaient activement la tradition des
grands évènemens qui se rapportaient à leurs
nations respectives. Le chamanisme est même
encore en plein crédit dans l'Inde; tous ces
dépositaires du dogme, des lois et des évènemens, étaient chargés d'instruire la jeunesse,
qui passait un tiers de la vie à savoir et apprendre de mémoire ce qui concernait le
culte, la morale, l'histoire et les lois (1). Dans
les Gaules, en Egypte, en Grèce et même à

----

(1) C'est encore ainsi à peu près que la jeunesse turque

Rome sous Romulus, on chantait les oracles, les hauts faits et les lois. Pour les rendre plus faciles à la mémoire, ils étaient mis en vers (1); les bardes, qui furent les historiens et les poëtes des Gaulois nos aïeux, sont bien connus; on sait la plupart des hymnes des anciens Grecs; Aristide nous a dit que les crieurs publics d'Athènes avaient un ton propre à chaque genre de lois, qu'il ne leur était pas permis de changer les inflexions de la voix accoutumée, et qu'ils étaient toujours accompagnés par des joueurs d'instrumens. Les savans et les poëtes qui ont accompagné Alexandre dans la Bactriane, ont rapporté que dans l'Inde, pour les proclamations, il y avait un corps de musiciens attachés aux grands sanctuaires.

Il ne peut échapper au philosophe qui approfondirait cette question, que, sous l'empire

s'élève et s'instruit pour le mahométisme et pour son gouvernement.

(1) L'usage de chanter en vers les faits héroïques des anciens Gaulois existait encore au temps de Charlemagne, qui se plaisait, dit Alcuin, à réciter un grand nombre de vers sur d'anciens héros. Les évêques en défendirent les récitations sous Louis-le-Débonnaire. Pourquoi ne l'avaient-ils pas fait sous le règne de son père?

de la tradition, le culte, les lois et les mœurs se trouvaient ainsi confiés au corps entier de la nation, et par le vif intermédiaire de la jeunesse ; il y avait donc plus de garanties pour durer. Elle a eu surtout une grande influence chez les peuples pasteurs : l'histoire sainte le confirme à toutes les époques.

La tradition comporterait en outre l'examen d'une question qui serait à la fois philosophique et physiologique, et qui, dans le système général de l'éducation, prendrait un intérêt ou un aspect tout nouveau pour l'officine et pour la propagation des idées ; je veux parler de l'immense et prodigieuse mémoire des hommes élevés sous l'empire de la tradition.

La renommée a long-temps célébré les chants de nos bardes, qu'on signale à l'envi comme des barbares ; car il n'est permis aujourd'hui que de citer les bardes écossais, qui n'ont d'autre mérite sur ceux des Gaulois, que d'avoir été plus long-temps fidèles au sacerdoce des druides. Les jeunes prêtres de l'Inde, d'après un de nos plus respectables savans, récitaient dans l'occasion des poëmes entiers et de longue haleine : il a nommé ceux qu'on connaît en Europe sous le titre de *Charata* et de *Ramayana*.

Homère a tenu dans sa mémoire, et jusqu'à sa vieillesse, l'Iliade et l'Odyssée. Au banquet de Xénophon, un poëte rapsode a chanté ces deux poëmes sans désemparer. Pythagore n'écrivait rien, mais ses disciples n'en ont pas moins transmis sa doctrine et ses compositions.

Les rapsodes ont étonné par leur mémoire, et c'est au point, pour n'y pas croire, qu'on a jugé plus expédient de mettre en doute qu'Homère eût composé ses deux poëmes (1). Ils allaient de ville en ville chanter la guerre de Troie et les malheurs d'Ulysse ; partout ils étaient reçus avec joie, et toujours avec des libéralités ; mais leur mémoire, en quelque sorte mécanique, étonne moins que celle d'Homère ; car enfin les rapsodes pouvaient partager chaque poëme en rapsodies, et soulager ainsi leur mémoire. Les uns et les autres, du reste, pendant qu'ils chantaient, tenaient à la main un rameau de laurier. N'est-ce pas à cette mémoire prodigieuse, que la tradition avait pour but d'exercer, qu'il faut attribuer l'éloquence et l'art

____

(1) Sur la foi de quelques Allemands, on redit et répète aujourd'hui cette absurdité.

oratoire de nos jeunes Gaulois, à qui les Romains eux-mêmes ont rendu ce glorieux témoignage, et que nous, Français, mettons
impitoyablement au rang des sauvages, si ce
n'est même des anthropophages?

Le mètre et le rythme, sans doute, offraient
des jalons à la mémoire ; mais comment comprendre son immense portée, quand l'Iliade
est composée de seize mille vers? La cause
d'une si prodigieuse faculté est difficile à
expliquer : elle doit même trouver des scep-
tiques, dans un siècle où la mémoire est si
peu et si mal cultivée.

Deux causes me semblent y avoir con-
couru ; la première se rapporte incontestablement à plus de virtualité et de jeunesse dans
l'espèce humaine ; la seconde peut être attribuée au mode de l'éducation, qui, moins
chargée de notions acquises dans les fréquentations du monde, pouvait ainsi concentrer
une plus grande somme de choses et de mots
dans la mémoire.

On a souvent comparé le siége de la mémoire à celui d'un champ que la charrue sil-
lonne ; et, poursuivant la comparaison, on
a fait observer qu'un sol était d'autant plus
fertile, qu'il subissait moins souvent les

épreuves de diverses cultures, et qu'il en était ainsi de la mémoire et de ses impressions.

La cause de cette dégénération dans la mémoire se rapporte infailliblement au système compliqué de l'éducation actuelle de la jeunesse. Pour le prouver, il suffit de jeter un coup - d'œil sur celle qu'on impose dans le dix-neuvième siècle.

En ce qui concerne la mémoire, il convient de rappeler que les jeunes Gaulois s'élevaient avec une lenteur qui leur laissait, comme à leurs chênes, tout le temps nécessaire pour leurs développemens ; leurs fruits, comme ceux de ces arbres aussi, n'en étaient que plus propres aux reproductions ; la nature, bien observée dans ses lois, en était elle-même plus libérale, et elle fournissait aux organes des facultés qui passent aujourd'hui pour des phénomènes, si ce n'est pour des fables.

Ceux qui trouvent tout bien dans l'ordre du monde actuel, prétendent que les organes de la mémoire sont toujours les mêmes, et que les facultés qu'on attribue aux anciens n'ont été que des exceptions qui se rencontrent d'âge en âge. Il n'est pas difficile de réduire de telles allégations à leur juste valeur,

et de démontrer même la cause première
d'une grande et progressive altération générale dans la faculté organique de la mémoire.

Depuis un siècle surtout, l'éducation parmi
nous a compris dans son cours une foule de
choses inconnues, ou qui du moins étaient
insolites dans les siècles antérieurs ; le nombre
en augmente tous les jours. Le champ de la
mémoire, car c'est le mot propre, se charge
de plus en plus des études scolastiques ; il se
trouve ainsi croisé et recroisé dans tous les
sens ; il lui arrive nécessairement ce qui arrive en agriculture, quand des hommes étrangers à la pratique, comme les Thull, les Châteauvieux et les Duhamel, prétendent assurer
la fécondité de la terre par la seule multiplicité des labours. Si on sème en effet sur un
sol ainsi préparé des graines diverses, pour
essayer ou sonder un terrain, ou pour former une riche prairie naturelle, celles de ces
graines qui trouvent des sucs propices, ou
qui de leur nature sont plus énergiques, crois-
sent et dominent tellement les autres graines,
qu'elles étouffent aussitôt celles qui sont dé-
licates et souvent les plus précieuses pour l'é-
conomie : tel, dans nos colléges, sur le grand
nombre des choses mises à l'étude, il en est

à peine deux ou trois, parmi les plus faciles, qui, en raison des dispositions naturelles et de l'esprit des jeunes gens, y germent et s'y fécondent.

L'ordre ou le plan des études actuelles fatigue, rebute ou accable la mémoire ; car il faut absolument s'exercer sur plusieurs langues mortes et vivantes ; il faut s'initier aux arts d'agrément, y apprendre à la fois l'histoire et la géographie anciennes et nouvelles ; il faut composer des discours et se familiariser aux règles de la prosodie et de la versification ; dix années au moins de la plus vive adolescence se passent dans de telles études ; on s'occupe ensuite de l'éloquence, de la logique, de la philosophie et de la physique : ainsi, chaque élève occupe lui seul le savoir et la mémoire de quinze à vingt maîtres différens ; nous avons trop de colléges enfin, et point assez d'écoles d'enseignement public, contre lesquelles s'élève la faction des obscurans. Mais je n'ai point encore nommé la plus mortelle ennemie de la mémoire, l'étude des mathématiques, qui, en mettant à contribution et usant rapidement l'intellect de la jeunesse, en élimine forcément les autres notions que la mémoire déjà pouvait avoir accueillie ou choyée dans les colléges. Il arrive alors que les trois quarts des jeunes gens, loin de pouvoir supporter tant d'assauts et de combinaisons, neutralisent ou chassent de la mémoire tous les autres élémens acquis dans les écoles. Ce n'est point exagérer, d'affirmer que sur mille jeunes gens qui se livrent aux mathématiques, il y en a à peine dix en état d'être géomètres de première classe (1).

: La question de la mémoire devrait occuper davantage les pères de famille, les maîtres de l'enseignement et les physiologistes. Je sais qu'on pourrait citer, parmi nous, des exemples de mémoire extraordinaire. Voltaire a

---

(1) Lorsqu'on a voulu dernièrement faire marcher de front le cadastre parcellaire et la géographie de la France, le gouvernement a envoyé un commissaire de l'Académie des sciences dans les départemens, pour examiner la force des divers géomètres employés au parcellaire. Il n'en a pas trouvé dix en état de suivre et de combiner leurs travaux avec ceux des géographes. La crainte alors de voir le bureau des géographes s'emparer de celui du cadastre, a fait aussitôt rompre un traité que M. de Laplace avait honoré de ses suffrages à la Chambre des pairs. Ce trait seul prouve combien la théorie de nos savans est étrangère à la marche de l'administration, et combien nos hommes d'Etat ont méconnu l'utilité d'un vrai cadastre.

tenu sa Henriade gravée dans sa mémoire, et Crébillon récitait ses tragédies au comité du théâtre Français ; mais je pense aussi qu'un examen approfondi, sur cette question, porterait certainement à faire un grand élagage dans l'immensité des branches de l'instruction publique ; elle porterait du moins à réduire la carrière trop extensible des mathématiques, de la haute géométrie et de ces transcendances qui absorbent tout le mental de la jeunesse adulte et même celui des hommes d'âge (1). Les parens, de leur côté, poussent avec excès et inconsidération les enfans à l'accomplissement de leurs cours scolaires ; il en résulte que les études sont achevées à un âge où, sous Louis XIV, on n'était encore qu'un adolescent, tout à fait étranger au monde. Les pères, les tuteurs ne savent plus à quoi occuper aujourd'hui leurs fils et leurs pupilles ; et l'intervalle qu'ils mettent pour atteindre la majorité, est marqué dans la société par des dissipations ruineuses ou coupables ; le moindre malheur souvent, c'est qu'ils oublient leur encyclo-

---

(1) Je n'ose en citer de tristes et mémorables exemples tout récens.

pédie de collége ; l'Ecole polytechnique elle même a perdu sa vieille réputation.

Pour n'être pas accusé au surplus d'exercer une vaine critique sur le système actuel de l'éducation publique, dont je ne blâme que les excès, je dois ici faire la part des choses qui ont été acquises à la sociabilité dans les temps de la tradition. Ce n'est point une dissertation que je veux établir, je veux seulement offrir une simple énonciation de faits incontestables, et qui sont même enseignés dans les écoles; cette question est en quelque sorte une mine nouvelle à exploiter pour les progrès légitimes de l'histoire.

C'est sous l'empire de la tradition que la Grèce a produit ses plus grands hommes, et que le monde a vu éclore les deux poëmes chefs-d'œuvre de tous les siècles. Homère est à lui seul une preuve vivante de tous les progrès que la Grèce a signalés, non seulement dans les arts, mais encore dans les sciences utiles à l'humanité.

Après le siècle d'Homère, les hommes les plus célèbres n'ont encore confié leurs conceptions qu'à la mémoire. Esope et Pythagore n'écrivaient rien ; Aristide et Thémistocle n'ont point écrit leurs discours. Hippocrate,

de la famille des Asclépiades, a déclaré que,
depuis dix-huit générations, l'art de guérir
se transmettait dans sa famille : n'oublions
pas surtout de faire observer que l'ère de la
tradition a été celle des Phidias, des Zeuxis
et des Praxitèle (1). Tous ces faits doivent
déjà du moins convaincre que l'excellence
de la mémoire a été favorable aux œuvres
du génie et de l'esprit.

Les premiers essais de l'homme pour laisser, indépendamment de la mémoire, des
traces durables des œuvres de l'esprit, se
rapportent à des traits de lettres figurées
avec des poinçons sur des peaux de mouton,
et qu'on a nommés des *diphetères;* mais il est
juste de dire que c'était moins l'industrie
qui manquait alors, que la matière première;
car on savait dans le même temps travailler
l'or, le cuivre, l'ivoire et le lin ; quelques-uns
de ces diphetères, néanmoins, conservés avec
des soins et hors des atteintes de l'humidité,
ont offert ultérieurement, et même après plusieurs siècles, des traits ou caractères assez
lisibles pour établir des généalogies : une

---

(1) Le plus beau Jupiter des Grecs a été celui de Phidias, qui a déclaré l'avoir conçu d'après Homère.

telle découverte a eu lieu à Samos, et l'histoire en a pris date.

L'emploi du papyrus ou biblos a réellement fait dans les sciences et les sociétés, une révolution presque égale à celle de l'imprimerie. L'usage en était généralement répandu au temps d'Hérodote, qui vivait un siècle avant Alexandre. Cette révolution avait d'abord alarmé ou excité le courroux des oracles et des sacerdoces ; ils prévoyaient justement que leur empire en serait un jour détruit ; mais ils se sont bientôt rassurés, sur la durée indéfinie des guerres et des tyrannies, pour faire éteindre, chacun dans leur ressort, les lumières que l'art d'écrire pourrait transmettre.

Il n'y a point de nations dans le monde qui puissent offrir de plus grands effets de la tradition, que les nations gauloises ou celtiques ; le dogme, les lois, les mœurs, les usages et les grands exploits y étaient exclusivement confiés aux druides ; dans chaque sacerdoce on retrouvait les origines de toutes les institutions ; nous en avons une grande preuve dans l'universalité des coutumes sous l'empire desquelles chaque nation était régie, et sans qu'il ait été au pouvoir des dominateurs ou des conquérans d'en effacer, ni même d'en atténuer les dispositions morales.

Nos anciens historiens et publicistes ont considéré les vieilles coutumes nationales et celles importées par de grandes colonies du Nord, comme une tradition non interrompue des usages et des mœurs qui existaient déjà chez les anciens Gaulois, nos légitimes aïeux (1); ils sont d'accord sur ce point avec César, Tacite et Strabon. Le cours ou l'accomplissement de ces coutumes était confié à la masse entière du peuple même; les Romains, quoique vainqueurs et puissans, n'ont pas osé les abolir, ni même les enfreindre; mais les Armoriques se sont le plus longtemps fait remarquer par un attachement invincible à leurs coutumes.

_ (1) Nos historiens, et surtout les historiographes, se complaisent à signaler les Francs comme d'illustres conquérans, et leurs rois comme des législateurs; c'est une grande erreur, que démontre l'histoire même des temps. Ainsi que tous les peuples venus du Nord, ils ont apporté, il est vrai, des coutumes, des usages de mœurs; mais en ce qui concerne la législation, ils n'en ont pas eu d'autre que celle des Gaulois et des Romains : c'est un point qui est mis au grand jour dans mon *Histoire de l'agriculture sous les rois francs*.

Lorsqu'au douzième siècle on a commencé
à en faire mettre quelques-unes en écrit, on
y a procédé avec des formalités solennelles,
afin de ne point altérer le texte de tradition.
La coutume de Lorris a été une des premières; elle a même fait une grande époque
dans le cours de la jurisprudence française.
Ainsi, on voit donc encore que, sous l'empire
de la tradition, des coutumes de droit et
de fait se sont conservées intactes pendant
plus de vingt siècles, et même à travers les
plus affreuses tourmentes des guerres et des
tyrannies. Les rois, dans tous les temps, ont
rendu constamment hommage aux traditions
nationales, en ordonnant partout des enquêtes par turbes sur des points douteux ou
controversés; les rois mêmes à leur sacre,
avant d'être élevés sur le pavois, ou de recevoir l'onction sainte, devaient en jurer la
continuation et le maintien.

Après avoir rendu cet hommage à la tradition, considérons maintenant les influences
de l'histoire écrite (1), de laquelle on ne dira
jamais ce qu'on dit de la voix du peuple; mais
pour ne pas nous perdre dans les siècles

----

(1) *Voyez* les chapitres x, xi et xii de ces Considérations.

reculés, ne prenons l'histoire qu'à l'époque
d'Hérodote, que tous les écrivains modernes
regardent comme le père de l'histoire, quoiqu'il serait plus juste de dire, qu'il a été celui
des historiens, depuis Cyrus jusqu'à Napoléon.

Les premiers résultats des guerres ont été
partout l'esclavage; il a même primé l'impo-
sition du joug au front des taureaux. Les rois
et les tyrans se sont tous entendus sur ce
point, qui est devenu rapidement un droit
commun de la guerre, inhérent aux victoires.
Les nations elles-mêmes ont accueilli et
sanctionné ce droit impie et terrible. Si-
cyone, Naxos et Messène accusent à jamais
Athènes et Lacédémone de cette horrible
doctrine; car à leur voix le glaive et l'ana-
thême y ont sans cesse frappé, et jusque
dans les champs, les vieillards, les femmes
et les enfans. Syracuse la première a vendu
ses prisonniers de guerre à l'encan; le moindre malheur qui pouvait arriver aux habitans
d'une ville ou d'une contrée soumise, c'était
d'être arrachés de leurs foyers, et d'être envoyés en colonies dans une île, ou dans un
pays que la guerre avait déjà ravagé, et souvent en des climats lointains. Ce dernier sys-

tème date de loin : telles furent les colonies d'Héraclée par Lacédémone, et d'Athènes dans l'Eubée, où les indigènes simples pasteurs furent dépossédés de leurs champs propres, pour les donner à la colonie ; telle fut aussi celle de Corcyre par Corinthe, et sous le commandement d'un Corinthien ; telles furent, et plus terribles encore, celles d'Alexandre, après ses immenses exterminations à Thèbes, à Tyr, à Gaza, dans l'Assyrie et la Bactriane. La fondation de la superbe Alexandrie a fait donner le signal de la destruction de Memphis. Pour la peupler immédiatement, et pour réparer l'excessive mortalité qui éclata pendant sa fondation, on eut recours à une presse générale sous le glaive ou le fouet, dans les campagnes de l'Asie, de la Syrie, et jusque dans la Grèce. On sait que ce conquérant, pour honorer son cheval, fit édifier une ville sur l'Hydaspe, et qu'il la fit peupler de la même manière qu'Alexandrie.

Si l'on pouvait douter encore des profondes et perpétuelles combinaisons de la tyrannie et des hautes dominations, on en trouverait la preuve dans tous les mouvemens imprimés aux colonies. Il n'a point suffi que des peuplades entières aient été arrachées à leurs berceaux et à leurs pénates, on leur a encore imposé des tributs, des servages divers, et l'obligation d'accourir, en cas de guerre, sous les drapeaux du dominateur. Pour que rien ne manquât aux précautions de la prudence contre des Tyrthée ou des Caton, chaque prince ou chaque métropole entretenait un chef gouverneur, c'est-à-dire un maître absolu auprès de la colonie. L'Egypte et la Grèce ont la triste gloire d'avoir constitué l'esclavage en droit public, et de l'avoir imposé aux colonies. Les Romains n'ont fait que l'aggraver; et la servitude, comme le démon du mal, a traversé tous les siècles, depuis les parias de l'Inde et les rajahs de la Grèce, jusqu'aux serfs de Saint-Claude.

Les nations, il faut en faire l'aveu, ont été les plus extrêmes dans l'exercice de la souveraineté; Athènes et Lacédémone offrent trop de preuves sanglantes de leur barbarie sur les peuples subjugués. Les Romains, à leur tour, n'ont été ni moins injustes ni moins cruels; tous ont imposé des habits ou des marques distinctives aux esclaves de leurs conquêtes. Dans l'Attique, l'esclave devait porter, sous peine de punition corporelle, un vêtement qu'on nommait la *catonacé;* il descendait aux genoux ; il était d'étoffe grossière, et bordé d'une lisière de peau avec sa laine ; tous les esclaves enfin étaient exclusivement condamnés à travailler la terre. Faut-il s'étonner maintenant du mépris qui s'est projeté de siècle en siècle, de la part des grands et des historiens, envers ceux qui exerçaient l'agriculture? Quand, au surplus, des hommes comme Socrate et Phocion ont été sacrifiés chez un peuple célèbre par sa consistance politique et par ses lois, peut-on s'attendre à trouver la vérité dans les livres des historiens qui s'étaient mis à la suite des rois et des tyrans? Ctésias, contemporain de Xénophon, s'était fait l'historien d'Artaxerce : pouvait-il dire la vérité, ou s'exposer à déplaire, lui qui, pour me servir des expressions de Lucien, espérait, par son histoire accommodée au goût de son héros, obtenir la robe de pourpre des Perses, un collier d'or et un cheval nyséen? La position ou l'appétit des historiens n'a pas changé, depuis Ctésias jusqu'à Tite-Live, et depuis ce dernier jusqu'à M. de Lacretelle le jeune. Un simple coup-d'œil sur les grands historiens suffira pour convaincre de cette marche ouverte par le pouvoir et soutenue par la crainte ou par l'ambition.

Plutarque nous a mis sur la voie des partialités d'Hérodote, historien de Cyrus et de Cambyse ; le fait que le chantre d'Halicarnasse a lu, ou plutôt chanté à Elis, l'histoire de la bataille de Platée, ne peut être regardé comme une sanction de la Grèce ; il est juste d'avouer qu'Hérodote a enrichi son histoire de plusieurs particularités sur les mœurs et sur le régime de vie des Perses et des Grecs ; mais il faut dire en même temps que son premier but était de flatter les Grecs. Il a consigné dans ses livres une foule de préjugés qui tiennent moins aux erreurs populaires qu'à l'ignorance des choses de la nature. Pour en citer un exemple, il a dit que la terre de Ninive produisait constamment deux à trois cents par chaque grain de blé, que les feuilles de l'orge et du froment y étaient larges de quatre doigts, qu'il y avait des tuyaux à *deux épis*, etc.

Thucydide, après avoir bien servi sa patrie, a subi l'exil : pour en adoucir l'amertume, il a écrit l'histoire d'une guerre à laquelle il avait pris part ; mais cette histoire, qui est toute locale, n'offre point l'intérêt d'une

cause nationale. Mulcté par sa patrie, sa mémoire l'a seule servi dans ses descriptions.
Son style élégant et nerveux l'a fait placer au
premier rang des historiens; il brille surtout
dans ses discours et ses harangues, et c'est
là même qu'on reconnaît un homme fort en
politique, en sagesse et en tactique militaire.
Ses harangues, sans doute, sont fort belles;
mais ce genre a été bien funeste au but et au
prix de l'histoire; il a été d'un dangereux
exemple pour Tite-Live, qui en a fait un si
étrange et continuel abus; car enfin, l'histoire
ne vit et n'a d'utilité que par les faits.

Xénophon, ce fils moral de Socrate, a été
plus positivement historien; il était sans
doute animé du désir de plaire, de bien mériter de sa patrie et de laisser une histoire
élégamment et dignement écrite. Lui aussi
avait été guerrier. Tous les hommes de guerre
ont admiré et citent encore à l'admiration
sa belle retraite des dix mille; il était digne
par sa valeur, par son habileté et par son génie, d'en être l'historien; tous les hommes de
goût applaudissent à son style, comme tout
grand capitaine applaudit à son beau fait
d'armes.

Le plus grand des historiens, à mon avis,

est Jules-César. Il était digne, comme Thucydide et Xénophon, d'écrire l'histoire de ses guerres et de ses conquêtes ; il s'en est acquitté avec une impartialité remarquable, avec une rare modestie et avec un talent qui manifeste à la fois le grand capitaine et un excellent observateur. C'est par lui qu'on connaît bien le caractère, les mœurs et les usages des nations diverses dans les Gaules. Son histoire, dans le fait, est le monument le plus fidèle de l'existence morale, politique et religieuse des anciens Gaulois.

L'historien de nos jours qui voudrait pénétrer dans cette antique et mémorable sociabilité, n'aurait rien de mieux à faire que de suivre les indications laissées par César (1) ;

____

(1) Il y a une histoire complète des Gaules dans les œuvres de César ; mais quel est l'historien moderne qui a daigné exploiter cette mine si riche et si réelle ? quelle idée peut-on se faire de la science, du mérite et du but de tous nos lettrés du siècle, qui tiennent en réprobation l'histoire des Gaulois ? L'Académie de l'érudition en a donné et donne encore le signal et l'exemple. Elle connaît tout, excepté son pays ; elle cultive toutes les langues, excepté celle de sa nation, elle connaît toutes les antiquités des peuples effacés, elle ignore ou méprise celles de sa propre patrie... (*Voyez* le discours de M. Quatremère au roi, en 1828.)

c'est un témoignage que Strabon et Danville lui ont rendu pour la topographie des lieux. Les meilleurs historiens ont été unanimes sur le mérite des œuvres de Jules-César; ils en ont admiré le plan, l'ordre et le choix des matériaux. Son style est ce qu'il doit être ; simple et abondant quand il raconte, les faits le guident, et il s'y conforme. Les immenses ressources que son histoire me fournit pour le travail qui m'occupe, ne me dictent point cette opinion ou cette apologie. J'ai pour garant au surplus de tout ce que je viens de dire, le grand et vertueux Tacite, qui a déclaré César *summus auctorum*, le premier des écrivains.

Je n'en dirais pas autant de Tite-Live, insigne flatteur, comme Hérodote, parce que ses œuvres sont en général un tissu de choses fausses ou empruntées. Une seule pensée l'a occupé : c'est, pour ne rien dire de plus, de plaire au peuple romain et à l'empereur en place. On ne peut voir dans son histoire qu'une compilation, dont le choix des sujets se rapporte toujours au dessein de plaire à Rome et à ses maîtres de droit ou de fait. Il a consigné comme matériaux dignes de l'histoire, des bruits ou préjugés populaires extrêmes ou ridicules ; la physique la plus simple et l'histoire naturelle lui étaient donc inconnues ; il était absolument étranger à l'esprit d'observation que possédait éminemment Jules-César ; aussi a-t-il transmis dans son histoire des évènemens absurdes ou incroyables. Il a fait un abus arbitraire de longs discours et de harangues absolument inconciliables avec les positions des personnages dont il se faisait l'interprète. Il s'est plu, dans toutes les circonstances, à dénigrer les nations des Gaules qu'il ne connaissait pas, et, pour plaire aux Romains, à faire considérer les Gaulois comme des barbares avides de sang humain. Je conviens sans peine que son style, malgré sa patavinité, est dans le ton vrai, celui de l'histoire ; et il sera toujours lui-même une preuve de cette grande vérité littéraire, que ce n'est pas le style qui constitue l'histoire. Ce fut sans doute à cause de son style qu'il fut admis à lire ses annales à Auguste : ce fait seul l'honore, parce qu'Auguste avait un tact sûr pour juger du style ; mais le fait aussi seul de ses communications à l'empereur de Rome, me porte à décliner ses qualités premières comme historien : les rois peuvent ordonner leur histoire, mais ils n'en sont pas les juges.

Je borne là mes réflexions sur Tite-Live, et j'espère les justifier quand, immédiatement après ces considérations générales, je traiterai de l'agriculture des Gaules. C'est alors que le lecteur pourra lui-même se prononcer sur le mérite de Tite-Live, comme historien. Le soin de venger les Gaulois, nos seuls et légitimes aïeux, et envers lesquels nos propres écrivains sont si injustes, m'impose l'obligation de relever les assertions hasardées de cet écrivain de Rome (1).

Tacite est l'homme par excellence de tous nos lettrés ; son style est leur palladium. Il est le point de mire de tous ceux qui aspirent au titre d'historien. Un éloge est complet aujourd'hui, quand on peut dire que le style d'un auteur est celui de Tacite ; c'est encore une erreur autour de laquelle on voit sans cesse osciller les aristarques et les professeurs

---

(1) De temps en temps on annonce des découvertes d'œuvres non connues de Tite-Live ; on s'extasie sur de tels trésors. S'il s'agissait de celles de Polybe, on garderait le silence. Il semble en vérité que ce dernier a été mis à l'index par les jésuites réunis de robe longue et de robe courte. Le flambeau de la vérité, qu'il tient sans cesse, en est une cause suffisante.

de belles-lettres. Le style de Tacite est inimitable. Pour en avoir un comme le sien, il faudrait avoir son âme, son cœur et son caractère; il faudrait ausssi posséder sa langue; il faudrait avoir exercé ses vertus et ses fonctions; il faudrait avoir pu observer tout les théâtres sur lesquels il s'est trouvé; il faudrait avoir vu de près, comme lui, les lices et les violences de la tyrannie; il faudrait enfin avoir reçu des inspirations d'un aussi grand homme que son beau-père.

Le style de Tacite est inimitable encore; parce qu'il s'est trouvé dans des occasions ardues et difficiles pour sa plume et pour son but; il brille surtout par des coups de pinceaux qui s'adressaient à des hommes avilis, mais qui étaient puissans : il avait à ménager le pouvoir ombrageux du tyran et l'envie des délateurs, qui alors fourmillaient dans Rome. Ne pouvant donc tout dire, seul, jusqu'à présent, il a eu l'art, par des phrases laconiques, de faire penser bien davantage que ce qu'il aurait pu dire (1). En rendant au surplus un hommage bien senti aux œuvres comme au style de Tacite, on ne peut

----

(1) Telle a été la position de Montesquieu parmi nous.

cependant le considérer comme un historien de l'empire, puisque son histoire concerne plutôt sa famille et sa réputation propre, que les intérêts du peuple romain ; tandis que César a tenu toutes les grandes parties de l'empire et celles de l'histoire.

Polybe a été plus positivement historien ; seul entre tous les philosophes et les écrivains, il a la gloire d'avoir deviné et indiqué le gouvernement représentatif (1). Le sang de Phocion et de Philopœmen coulait dans ses veines. Ses liaisons avec Scipion et Fabius donnent déjà la mesure de ses principes et de ses vertus, si même il n'est pas le premier des historiens grecs et latins par son beau caractère et par son amour imperturbable pour la vérité.

Les modernes le déprécient, les hommes d'écoles, échos des jésuites, ne lui pardonnent pas ses idées sur la meilleure forme de gouvernement pour le bonheur et la paix des peuples. Les écrivains du grand siècle, dupes eux-mêmes des secrètes pensées des jésuites et de la cour de Rome, s'entendent pour lui refuser du style, et pour signaler la

----

(1) *Voyez* mon *Histoire de l'agriculture des Romains.*

sécheresse de sa diction; à ce titre donc César serait un mauvais historien. Mais, quoi
qu'en puissent dire les partisans de Tite-Live,
Polybe, au temple de mémoire, occupera
toujours une place supérieure à celle de l'historien de Rome, qui n'a pas craint, au surplus, de se parer des richesses de son devan-
cier. Pour porter un tel jugement, il suffit de
préférer les intérêts de la vérité aux charmes
du style, et les vertus aux calculs de l'ambition.

Plutarque aussi a célébré les rois et les
hommes du pouvoir; ou, en d'autres termes,
il s'est peu occupé du sort des peuples; mais
il a laissé tomber quelques traits d'une aimable philosophie, et presque toujours ceux de
la vérité, même envers ses héros en scène;
on sait par lui une foule de choses que les
historiens ont laissé ignorer, sur les mœurs,
sur le régime de vie et sur l'économie domestique; son style, toujours simple, est riche de choses et varié par une originalité pi-
quante; il s'est d'ailleurs concilié l'estime
universelle; mais il a moins fait une histoire
qu'une galerie d'hommes célèbres ou fameux.

Ceux de nos écrivains généreux et philosophes qui, avant d'écrire, se sont nourris des
livres de l'histoire générale, doivent cepen-

dant s'être bien convaincus que les historiens, à peu d'exceptions près, ont invaria-
blement été des hommes tout dévoués à leurs
dominations respectives. On avait eu quelque temps la pensée en Egypte de soumettre
les rois qui venaient de mourir, au jugement
du peuple ; c'était un premier pas fait contre
la tyrannie ; mais il a été promptement effacé
par l'ascendant continu du pouvoir absolu,
par le concours des ministres compromis, et
par le cortége des flatteurs inhérens à tous
les trônes.

On dit généralement que la Chine doit
sa civilisation à une grande colonie d'Egyptiens; je ne rappelle cette opinion que pour
fixer l'attention du lecteur sur l'usage de faire
juger les rois par les peuples, et pour faire
observer qu'il existe en Chine un tribunal
d'histoire attaché à la cour même de l'empereur. Ses fonctions, par une loi fondamen-
tale de haute antiquité, sont de dire et de
transcrire, jour par jour, les faits et gestes
de l'empereur et ceux mêmes de sa vie privée.
A chaque avènement, le nouvel empereur est
tenu de confirmer ce tribunal ; et, quoique
son pouvoir soit d'ailleurs absolu, il ne pourrait pas plus s'y soustraire, que s'abstenir de

la cérémonie annuelle du labour à la charrue.

L'empereur Tai-T-song avait tenté d'abolir cette institution, dans une circonstance qui révélait à l'empire sa conduite immorale et scandaleuse ; mais ayant promptement reconnu que cette violence lui aliénait toutes les autorités et tous les cœurs de l'empire, il se décida sagement et généreusement à convoquer le tribunal, et à lui déclarer qu'il pouvait sans crainte se livrer à dire toute sa conduite, ayant jugé par lui-même qu'il devait en résulter un grand bien pour l'empire : la Chine est donc dans un autre monde.

On devrait pourtant s'étonner aujourd'hui, qu'après tant de siècles de l'histoire écrite, son existence n'ait été et ne soit encore qu'un simple jouet, ou une lice d'esprit académique (1). On ne pourrait citer en effet un seul

---

(1) Les érudits académiciens de nos jours prétendent que des médailles sont des matériaux authentiques et nécessaires pour écrire l'histoire. Ils sont dans une grande erreur ; car il n'y a pas de tyrans, de monstres revêtus de la pourpre qui n'aient eu des médailles de gloire, de vertus, de bonheur public et de liberté. Il est même fort remarquable que les plus beaux exergues sont empreints aux médailles des princes que l'histoire signale comme des tyrans cruels ou abjects. Il est de fait, au surplus, qu'il y a

dominateur que l'histoire ait rendu meilleur ou plus sage. Parmi ceux qu'on vénère le plus, en est-il même qui se soient fortifiés dans l'exercice des vertus et des devoirs, par l'idée des suffrages ou du blâme qui leur seront décernés *après plusieurs siècles?* Sur cent tyrans armés du sceptre dans la Grèce, l'Egypte et la Sicile, qui en fut une pépinière, on voit à peine apparaître un Pittacus, un Ptolomée, etc. Rome, qui aurait pu trouver tant de sagesse et de nobles vertus dans l'histoire propre de la Grèce et dans l'ordre successif de sa civilisation, n'a suivi, n'a exploité que la carrière native de ses passions superbes ou farouches. On donne parfois le titre d'*homo frugi* à quelques gens de bien de la vieille Rome; on redit encore avec vénération les noms de quelques empereurs; mais on s'abuserait étrangement, si on attribuait leurs vertus à l'influence de l'histoire; car il ne faut les attribuer qu'à la bonté de leurs cœurs et au noble ou pieux désir de rendre les peuples heureux, et de préférer leur amour au

---

eu et qu'il y a encore une falsification de médailles antiques pour tous les âges, et qu'elles sont même un objet de commerce.

sentiment que la crainte inspire : l'histoire.
a-t-elle rendu meilleurs Alexandre, Tibère,
Néron, Clovis, Clotaire, Louis XI, et Napoléon plus sage?

Le pouvoir absolu n'a été généralement,
dans le cours des siècles, qu'un poison qui a
changé et souvent métamorphosé, presque
soudainement, en hommes méchans ou fé-
roces, des hommes qui, dans leur éducation
et leur vie privée, avaient été bons, justes et
modérés. Quelle effrayante série on pourrait
faire de ces exemples, relativement aux rois
et même aux papes! Les rois malheureusement ne sont pas les seuls qui se soient donnés le pouvoir absolu; les chefs des sacerdoces ont presque marché d'un pas égal, et
même plus hâtif, pour l'atteindre et pour en
jouir; trop souvent même ils ont assujetti à
leur empire les souverains du temporel. Dans
ce triste état de choses, ils ont eu grand soin,
par leurs cliens et par leurs colléges, dont
il dirigeaient le cours et l'instruction, de se
faire mettre en première ligne, pour les res-
pects, pour les tributs et pour les priviléges.
Il sera toujours remarquable, relativement à
notre âge, qu'une corporation de quelques
milliers d'individus, absolument étrangers

aux constitutions de l'État, qui, par leur célibat, étaient essentiellement égoïstes, se
soient constamment soutenus comme un faisceau : voici justement la différence qu'il y a
entre l'esprit public et l'esprit de corps.

L'ère chrétienne a fait une révolution toute
nouvelle dans la carrière de l'histoire. Constantin, à Bysance, n'a plus agi et pensé que
comme tenant son trône des prêtres de la
religion chrétienne ; c'était alors le thème sur
lequel pouvaient exclusivement s'exercer les
écrivains. En s'y prenant ainsi, il a préparé
hâtivement ce qu'on nomme froidement aujourd'hui le *Bas-Empire*, vers lequel on nous
pousse, et pendant lequel il n'y a plus eu de
raison éclairée par les discussions. Les muses
et les arts se sont enfuis de cette Bysance
qui, par sa position, méritait d'être la métropole du monde civilisé...

Dans cette fatale période, l'amour de la
patrie a été regardé comme une abstraction,
et le moindre mot de liberté comme un cri
de sédition ; on ne s'est plus alors occupé que
de vaines et ridicules disputes scolastiques
qui ont faussé tous les esprits ; on n'a plus
osé croire aux réalités des vertus sociales et
aux talens ; des sectes ont surgi, comme les

animaux immondes et malfaisans surgissent dans les eaux chaudes et marécageuses ; les hérésiarques et les esprits follets ont attaqué ouvertement la religion sainte du Christ ; l'orgueil, la peur, l'ignorance et le despotisme se sont mis en alliance, et d'immenses ténèbres se sont étendues sur les belles contrées du Latium, de Bysance et des Gaules.

Cet interrègne des sciences, des arts et des beaux talens, a duré plusieurs siècles. Charlemagne un instant a paru vouloir les rappeler ; mais à sa mort les crosses des évêques les ont replongés plus avant encore dans l'épaisseur des ténèbres. Ce n'est qu'aux quatorzième et quinzième siècles que sont apparus quelques hommes vertueux de la magistrature, pour venir au secours du trône, tenu en obsession par le concours combiné du pape et des évêques. C'est en vain que les Joinville, Comines, Daubigné, Pasquier, etc., ont osé faire remonter la raison à ses sources, les sciences et les arts à leurs foyers, et la religion du Christ à son divin berceau ; l'esprit de domination a toujours prévalu. Il faut convenir qu'à cette époque les parlemens se sont montrés nationaux ; car on les a vus souvent prendre les intérêts des pauvres peuples, partout abandonnés aux grands féodaux, aux traitans et aux moines. On ne doit pas oublier encore que ces corps judiciaires, sous le règne de saint Louis même, se sont montrés les défenseurs des libertés de l'Eglise gallicane, que soutenaient également les hauts barons de l'État, croyant ainsi, les uns et les autres, garantir le trône contre les entreprises des papes.

Il est juste encore de faire observer que tous les parlemens et les conseils supérieurs ont rigoureusement maintenu les coutumes nationales, sous lesquelles les peuples des champs assuraient du moins leur existence pour les premiers besoins de la vie. Si le fatal esprit de corps et si la cause des intérêts privés les eussent moins souvent égarés, il aurait pu arriver sous un bon prince et sous un ministère digne de lui et de la France, que les parlemens bien constitués auraient pu faire donner en définitive au royaume une forme qui eût beaucoup approché du gouvernement représentatif, et qui, sans ressembler à celui de l'Angleterre, où l'aristocratie se creuse un grand abîme, n'aurait pas eu du moins les inconvéniens ou plutôt les abus de notre centralisation ; car les intérêts généraux des propriétaires fonciers et des hommes des champs qui cultivent le sol de la Provence, ne peuvent s'accommoder des mesures qui conviennent et sont utiles à la Normandie. Il y avait de l'excès peut-être dans la trop grande circonscription territoriale du Languedoc, de la Bretagne et de la Normandie, et il y en a de même aujourd'hui dans la division par départemens. Elle a été nécessaire dans le temps pour consommer la révolution entreprise par l'Assemblée constituante ; mais si la France est destinée à voir préposer à son administration générale de véritables hommes d'État qui connaissent bien les climats, les terres et les productions de son territoire, on procédera infailliblement et nécessairement à une autre division qui satisferait les peuples, et qui rendrait la Constitution plus durable, l'administration plus facile et surtout plus économique.

CHAPITRE II.

Obstacles qui se sont opposés en France pour écrire l'histoire.
— Mode proposé pour lui donner une influence plus active —
Bossuet et Voltaire considérés comme historiens. — Différence
entre les historiens et les historiographes. — Quelques mots sur
l'abbé de Vertot et sur Duclos. — Des géorgiques nationales seraient un livre d'histoire. — Déclaration de Voltaire sur des
géorgiques françaises. — Les ouvrages anonymes nuisent considérablement à l'histoire et aux progrès des lumières : exemples
cités. — Le devoir civique, l'intérêt général et l'honneur condamnent les ouvrages anonymes sur l'histoire. — Les historiens
anglais n'ont pas été plus fidèles que les historiens français. —
En Angleterre, les historiens et les hommes de lettres ne sont
considérés qu'après leur mort. — Un mot sur Walter Scott,
comme historien.

L'HISTOIRE de la France, sous la troisième
race, offre une considération capitale et bien
propre à faire juger du sort qu'elle a subi
dans toutes ses contrées ; car c'est alors que
se forma sourdement une étrange institution,
celle d'une censure combinée entre les hommes du clergé et ceux du pouvoir royal,
à travers lesquels intervenait souvent celle

du ministère public près les parlemens. Dans
cet ordre de police générale, il était bien
difficile à un historien doué de quelque libé-
ralité, d'aborder franchement des questions
ou des discussions sur la philosophie, sur
l'empire toujours croissant du clergé, sur
les abus de l'administration et sur tant d'o-
dieux priviléges; il était bien difficile de
prendre quelques initiatives sur des droits ou
sur des attributions qui tenaient les peuples
dans un servage accablant, de proposer des
modifications que le bien du royaume, les
intérêts du roi et ceux mêmes du clergé réclamaient impérieusement; il était bien difficile
enfin, à des écrivains généreux, d'agiter des
questions sur des points de doctrines diver-
sement envisagés dans les conciles et en cour
de Rome, de provoquer l'attention du gouvernement et de ses magistrats, sur les
moyens de faire alléger les chaînes de la servitude, parce qu'aussitôt la commission per-
manente du clergé, ses avocats et ses agens,
offensés dans leurs intérêts ou leur orgueil,
accusaient les écrivains et les signalaient
comme des novateurs dangereux pour la religion et pour le trône, duquel, en pareil cas,
les prêtres ne se sont jamais séparés. Les

procureurs et les avocats-généraux, de leur côté, prompts à saisir de telles accusations, prenaient aussitôt des conclusions pour faire punir ou mulcter l'auteur téméraire qui avait invoqué la bienfaisante influence de la philosophie : à ce mot seul, tout le corps du clergé se mettait en émoi; dans les parlemens, des membres plus timorés que pieux, plus esclaves de leur robe que de leur conscience, et plus bourgeois que conseillers d'Etat, étaient si faciles à séduire ! il suffisait aux gens du roi d'annoncer avec art des bouleversemens dans l'ordre politique et religieux, de faire craindre les foudres de Rome et le courroux du prince ou de ses ministres, pour que la masse de ces conseillers, trop souvent en majorité, se hâtât de faire droit aux réquisitoires, et de livrer aux mains du bourreau ou l'ouvrage ou son auteur. D'Aubigné, sous la ligue, et le chevalier de Labarre en offrent des traits bien affligeans.

. Ainsi, pour écrire et produire au jour ses méditations, il fallait nécessairement passer par les dévorantes filières de la triple censure ecclésiastique, parlementaire et ministérielle; peu d'hommes du monde, jaloux de jouir d'une juste indépendance dans la manifestation de leurs pensées, pouvaient donc se livrer à la composition de l'histoire.

L'opinion ainsi domptée, on a laissé créer la maxime que, pour écrire dignement l'histoire, il fallait absolument laisser plusieurs siècles se superposer sur les évènemens qui la concernent.

Les historiens et les lettrés mêmes ont confirmé cette maxime, afin, ont-ils dit, de pouvoir mieux juger de la réalité ou de la vérité des faits. Cette fatale convention que les académies et les écoles maintiennent toujours en vigueur, ôte à l'histoire la grande et vive influence qu'elle pourrait avoir ; c'est un piége dans lequel ont donné tête baissée les historiens les plus généreux des temps modernes ; tandis que si les historiens eussent pris un autre point de départ, c'est-à-dire, s'ils eussent écrit l'histoire des faits et gestes du vivant d'un chef de domination, et dans l'exercice de ses fonctions, de sa suprématie ou de ses guerres, ils eussent éveillé l'attention publique, et prévenu bien des malheurs ou des calamités. Si Athènes, au lieu d'écouter des orateurs qui réclamaient la déification d'Alexandre, avait d'abord chargé des hommes vertueux de faire l'histoire de la prise de

Thèbes et de l'extermination qui s'ensuivit, le conquérant se serait peut-être abstenu de ses atroces expéditions à Tyr, à Gaza, à Persépolis, etc.

Dans la suite des temps, les prêtres et les historiens ont mis trop à l'aise les rois envers l'opinion publique, et même envers le ciel ; les uns, se disant les interprètes de Dieu, ont déclaré que les plus grands crimes, couverts de leur absolution, pouvaient se racheter ou être pardonnés ; les autres, afin de ne pas ternir la mémoire d'un aïeul, ou de ne pas offenser les princes qui suivaient les mêmes traces, se sont attachés à pallier tous les crimes, et à les faire considérer comme des rigueurs salutaires. L'histoire de notre monarchie est fertile en preuves de ce genre. Ce serait donc un grand pas de fait vers l'amélioration de l'histoire, que d'admettre le principe qu'on peut avec équité écrire l'histoire des contemporains ; la vérité en serait d'autant plus sûre, que les vérifications seraient plus faciles ; ou il faut dire qu'on peut mieux savoir les circonstances d'un fait historique après une révolution de deux ou trois siècles, qu'après deux ou trois ans.

Le fonctionnaire public, quel qu'il soit,

prince ou ministre, s'il est homme de bien, et s'il n'est pas un célibataire par état, ne peut être indifférent pour lui et les siens à la manifestation de l'opinion publique sur sa conduite politique ; parce qu'alors elle est nécessairement formée sur des rapports positifs ou contradictoires, ou sur des aveux authentiques, ce qui donnerait à l'histoire une plus grande créance. Oserait-on douter, par exemple, de la bonne foi, de l'impartialité et de la sagesse d'un Malsherbes, d'un Camille Jordan, d'un Lacretelle aîné ? Des hommes de cette trempe mettraient leur gloire, leur honneur et leur devoir à rendre un compte consciencieux des faits qu'ils auraient à transmettre à la postérité, et à les juger même dans leurs conséquences ; leur jugement plein d'équité serait utile à la fois au trône et à la patrie, et à la direction de l'opinion publique.

La France ne possède encore sur l'histoire que deux ouvrages sur lesquels une juste admiration s'est arrêtée : l'histoire universelle de Bossuet et le siècle de Louis XIV par Voltaire ; le premier semble avoir voulu faire pour sa patrie, ce qu'Hérodote avait fait pour la sienne ; le génie, l'élévation des pensées et le style y jettent un éclat qui charment à la fois le philosophe, l'homme pieux des autels et le magistrat. Le second, ayant d'ailleurs trop à faire, et emporté par son génie, le plus étonnant du reste qu'on puisse citer sur la terre, semble moins avoir voulu faire de l'histoire, que laisser un échantillon sur le mode de l'écrire; mais ces deux chefs-d'œuvre, au fond, ne sont que deux abrégés, et ils ne sont au génie de l'histoire, que ce que sont des perspectives de l'art qui nous montrent les plus belles ruines de Pompeï ou d'Herculanum, ou la plus riche basilique du plus célèbre de nos rois. L'histoire veut absolument des réalités, et des applications de ses principes aux intérêts généraux des peuples; elle s'indigne d'être constamment renfermée dans un cercle étroit, et de n'y voir que les mêmes personnes, la même livrée et les mêmes sujets; telle est encore l'allure des historiens qui marchent à la suite des académies et de la cour; tous ne considèrent aujourd'hui que le style; et, dans ce système si fatal pour l'histoire, ils ont encore pour auxiliaires les aristarques littéraires, qui, bien loin de chercher à les ramener au vrai but de l'histoire, les encouragent par des éloges souvent indiscrets, pour ne rien dire de plus. Si pourtant les uns et les autres sentaient bien le prix de la vérité, qui est, dans toute la force du mot, l'âme de l'histoire, ils devraient savoir que déjà plusieurs grands hommes d'Etat, et que de nobles écrivains renommés par leur sagesse, ont maintes fois déclaré, que nous n'avions pas d'histoire de la monarchie. Sur une telle assertion, je dois citer le chancelier de Lamoignon, le grand Colbert et l'archevêque de Reims, le Tellier. Ce fut d'après cette opinion, formée dans le conseil du roi même, qu'ils avaient fait établir une commission académique, afin de rattacher l'histoire de la monarchie à l'ère des Gaulois et aux premiers rois des Francs. J'espère, en traitant de l'agriculture sous la première dynastie, offrir des documens qui s'accordent parfaitement avec la pensée des grands hommes que je viens de nommer. Offrons de suite quelques échantillons du rôle que jouaient les historiographes; il en est un que l'histoire de l'agriculture revendique.

Lorsque Louis XVI fit le voyage du Havre, la Normandie était pressurée de toutes manières par les impôts, et surtout par les vexations des fermiers-généraux, qui n'y permettaient même pas aux pauvres cultivateurs de recueillir les plantes marines que vomit la mer, de peur qu'ils n'y trouvassent des parties salines. L'agriculture et l'économie souffraient beaucoup de ces rigueurs; les terres étaient privées d'un bon engrais; et le pauvre, qui pouvàit à peine se procurer quelque argent pour acheter du pain, pouvait encore moins en trouver pour acheter quatorze sous la livre du sel des gabelles. Que firent les intendans et leurs subdélégués? Ils forcèrent les habitans pauvres de se retirer dans les hameaux et les champs éloignés de la route, afin de n'offrir aux yeux du roi qu'une population riche et endimanchée. Ce voyage, bien entendu, a été un chapitre obligé pour l'historiographe M....

Dans le même temps à peu près, les ministres anglais, jaloux et rivaux, firent annoncer que leur roi, dans un trajet de voyage, avait trouvé sur sa route, dans une seule paroisse, cent quatre-vingts charrues alignées avec leurs attelages, ce qui n'était pas plus vrai que l'aisance des paysans normands; mais c'était ainsi que messieurs les historiographes anglais et français s'acquittaient de leurs nobles fonctions.

On ne peut, sur un tel sujet, omettre de par-

ler de l'historiographe enfant gâté de la fortune, de l'abbé de Vertot, qui, ayant à rendre
compte d'un siége, l'écrivit sur la tradition
des gazettes. Au moment de livrer son histoire à l'imprimerie, il reçut des matériaux
qui changeaient absolument ses données d'inspirations; il dit aussitôt à celui qui lui faisait
ces communications : « J'en suis fâché, mon
siége est fait, et je n'ai pas envie de le recommencer. » *Ab uno..... disce.....*

Duclos passe en général dans l'opinion pour
être un historien de vérité; mais, quoi qu'on
en dise, il ne s'est point élevé à la hauteur
de ses fonctions. Comme les bons limiers,
il est vrai, il s'est obstiné à la piste de quelques hauts personnages, mais on ne le voit
jamais occupé des grands intérêts de la nation,
ni de ceux mêmes de la monarchie. Le chape-
let dont le Saint-Père l'a gratifié, n'est point
un gage de vérité dans ses explications historiques: toutefois, je ne veux pas combattre l'o-
pinion honorable que Louis XV en a portée;
je me bornerai à rappeler seulement celle de
J.-J. Rousseau, qui disait de Duclos, que c'é-
tait un homme *droit* et *adroit*.

J'ajouterai que cet historien serait plus grand
de mérite et de gloire, s'il n'eût pas été un

historiographe de cour, et le secrétaire perpétuel de l'Académie française. Ce dernier titre est bien scabreux ; car, par le fait, on devient homme de la cour et du ministère ; l'illustre auteur des *Templiers* méditerait-il donc une histoire de France, ou celle de l'Académie française, ou celle de ses secrétaires perpétuels ?

Au malheur d'avoir vu les historiens se jeter à corps et âme perdus dans les intérêts des castes privilégiées, il faut joindre celui du recours aux voiles d'anonymes ; il est juste même de faire observer que ce mode a été plus spécialement celui que le dix-huitième siècle a adopté, et qu'on suit encore trop fréquemment. La cause première s'en réfère pourtant à l'influence de l'opinion, née aux temps de la chevalerie, sous laquelle les nobles de vieille lignée s'honoraient d'être ignares et non lettrés. Toute l'éducation de la jeune noblesse, alors, consistait exclusivement dans l'exercice des armes et dans des solennités religieuses ; les études de la nature, des sciences, des arts, et surtout la poésie, ne concernaient encore, sous Louis XIV, que la cléricature et la bourgeoisie. Les écrivains laïcs, dans la noblesse, étaient extrêmement rares ; s'il en apparaissait quelques-uns qui osassent parler en philosophes, les grands, et surtout les prêtres, les regardaient, ou les dénonçaient, comme des novateurs qui arboraient le signal d'une émancipation générale.

La France alors pourtant s'éclairait par plusieurs grands ouvrages qui lui arrivaient d'Angleterre et de quelques points de l'Italie. Il était réservé au grand Voltaire de produire une plus grande effusion de lumières, et de jeter dans tous les cœurs l'amour des lettres et l'ardeur de s'instruire. C'est à lui qu'on doit un goût exquis dans la littérature, et la perfection du style dans tous les genres, pour l'histoire, pour les romans et pour les contes, tous empreints d'une véritable philosophie. S'il ne m'est pas donné de juger sa *Henriade* comme poëme épique, quoique nul autre jusqu'à présent n'en ait fait un qu'on puisse comparer au sien, il me sera permis, j'espère, de dire encore que si, par sa haute position philosophique, Voltaire a mieux connu les cours, les capitales, les grands et les hommes célèbres de son âge, que les peuples des champs, il a du moins rendu justice à l'utilité d'un poëme géorgique, et combattu l'hérésie ou les idées fausses du pédant abbé

Desfontaines, qui en rejetait le sujet dans les choses infimes, prétendant que la poésie devait à jamais le repousser (1).

Malgré ses nobles et longs efforts, malgré l'étendue et la puissance de son génie, Voltaire néanmoins n'a pu parvenir à détourner toutes les vieilles influences des erreurs et des préjugés; car il n'est donné qu'au Dieu du monde d'éclairer à la fois toutes les masses; il a pu bien moins encore amortir ou modérer les haines et les passions de ceux à qui l'ignorance et l'hypocrisie offraient des trésors et des grandeurs. Nul cependant avant lui n'a su mieux disposer tous les ressorts de la raison et de la philosophie, qu'il sut d'ailleurs toujours concilier avec les principes de la religion chrétienne et de l'humanité. Déjà même alors plusieurs savans anglais avaient fait pénétrer dans la haute société de la France, les rayons d'une sage philosophie et d'un vrai patriotisme; mais les hommes intéressés à vivre d'abus, de préjugés et d'ignorance, s'attachaient, par esprit de corps, à repousser ces rayons de lumières hors de

____

(1) *Voyez* la réponse de Voltaire à Rosset, insérée dans mon *Traité de poésie géorgique.*

notre bosphore, comme venant d'un pays qui ne devait avoir rien de commun avec nos lois, nos mœurs et notre religion.

Dans ce conflit d'opinions, quelques hommes du corps de la noblesse française, éclairés par le double flambeau de Voltaire et de Montesquieu, osèrent aussi penser à la manière des Bacon et des Chesterfield; mais ils n'osèrent pas se mettre nominativement en scène; les uns se firent des noms composés, les autres se couvrirent du voile de l'anonyme : citons quelques exemples qui se rapportent à l'histoire, et à celle même de l'agriculture (1).

Mirabeau, le père du Démosthène français, prit le titre modeste, et cependant fastueux,

____

(1) Un des seigneurs de la cour actuelle, et membre de l'ancienne noblesse, vient de faire en France un voyage agronomique qu'il a nommé des *Promenades*. Son ouvrage, en trois volumes, est plein d'intérêt et de notions précieuses sur l'agriculture, sur l'industrie, sur les mœurs et sur l'histoire; mais il n'a osé se permettre que la lettre initiale de son nom, tant les vieux préjugés ont de force. S'il se fût nommé, plusieurs de ses observations auraient pu faire autorité; mais il a craint de se mettre en scène, comme écrivain. Il y a donc des savans, comme il y a des pauvres, qui sont honteux.

de l'*ami des hommes;* et, sous cette bannière, il se fit un héros de philosophie et de patriotisme, un protecteur de l'agriculture, le censeur des intendans et des ministres, et le fléau des publicains; mais tant d'éclat n'était que l'ouvrage de sa plume et non de son cœur. Toute la France sut bientôt ses inclinations pour la cour de Rome, et que d'ailleurs, il n'y avait pas de seigneur plus entiché de ses droits féodaux, et d'homme plus âcre dans sa vie privée.

En 1757, un autre anonyme entreprit de traiter des intérêts généraux de la France, de l'agriculture, des impôts et des priviléges; avec du courage et de la persistance, il pouvait produire d'heureux effets, et il est aujourd'hui complètement ignoré.

En 1760, et toujours sous l'anonyme, parut un traité complet sur les principes de l'agriculture; on y décomposait le chaos; on expliquait la nature de l'air, du feu, de l'eau et de la terre; on en déduisait un agent universel. Cet ouvrage reçut un accueil académique; il fut signalé comme contenant des principes fondamentaux : tant on connaissait peu alors, dans les sociétés savantes, les vrais principes de la physique et de l'économie!

En 1763, un champion anonyme crut battre en brèche les Boulainvillier et les Dubos, sur la conquête des Francs et sur l'origine de la servitude; mais sa science s'évapora comme une ombre.

Les anonymes ou les savans, auxquels on peut justement imputer la timidité de l'orgueil, ont mis le comble aux abus de leur bannière, en prenant des noms de guerre qu'ils se composaient; ainsi, en 1768, s'agissant pourtant des *tenures roturières* et de la glèbe foncière du royaume, un des champions prit le nom d'*Isotephile,* et l'autre celui de *Philariste;* ces tristes débats ont été sans fruit pour la chose publique.

Mais p......ons la question des anonymes au temps présent, et ne la confondons pas avec l'emploi, malheureusement nécessaire ou forcé qu'en font les journaux, contre lesquels on crie tant, et qui viennent de rendre de si grands services à la patrie. Soutenons-en l'inconvenance et l'abus par des faits dont l'opinion est encore frappée. Nous nous ressouvenons tous de l'impression que produisaient les discours du général Foy; supposons que ce digne et noble mandataire ait eu recours à l'anonyme pour transmettre aux jour-

naux des opinions plus fortes et plus har-
dies, que celles qu'il a tenues à la tribune;
ce n'eût été pour l'opinion publique, néanmoins, qu'une simple flèche lancée en l'air,
qui n'aurait eu qu'un éclat fugitif, et que même
on eût laissé tomber, sans daigner la relever.

La Minerve, *le Conservateur* n'ont eu de
vogue et de crédit, que parce que les divers
auteurs avaient pris l'engagement de se nommer, parce que c'est une garantie qui est
chère à tous les partis. Ne pas se nommer,
enfin, quand il s'agit des intérêts publics, ce
n'est plus faire qu'un métier, ou poursuivre
une spéculation; c'est, en outre, compromettre ou avilir l'histoire. J'en dirais presque
autant des anonymes qui critiquent un auteur qui s'est nommé, et je ne sais même s'il
n'y aurait pas quelque sagesse à exiger, sinon
par une loi, du moins au nom de l'honneur,
qu'ils se fissent connaître. Rappelons qu'A-
thènes déclarait infâmes ceux qui n'osaient
pas s'expliquer franchement sur les intérêts
de la république.

Cette question, déjà traitée, a fait mettre
au jour, parmi nous, ces quatre vers :

Un écrit clandestin n'est pas d'un honnête homme;
Quand j'attaque quelqu'un, je le dois, et me nomme.

Pascal sut démasquer l'imposture et le crime ;
Il était honnête homme, et garda l'anonyme.

Les deux premiers vers sentent un peu trop l'indignation, et les deux autres ne sont qu'une réplique d'esprit. Quel homme en France, ayant reçu quelque instruction, pouvait ignorer que les *Lettres provinciales*, dont tout le monde parlait, étaient de Pascal ?

Qu'il me soit permis de faire observer à mon tour, qu'un auteur anonyme s'abuse étrangement dans sa détermination ; car, si c'est le bien public qui l'anime, il manque absolument son but ; si c'est l'amour-propre qui le guide, des confidences intimes ne peuvent lui suffire : tout meurt avec lui. Il n'a pas même la consolation de jouir de la faveur qu'en d'autres circonstances donne la modestie. L'opinion la moins défavorable qui puisse s'élever sur son ouvrage, c'est qu'il n'est qu'un homme timide ou honteux, ayant de l'orgueil ou de la vanité : je n'entends parler, bien entendu, que des œuvres qui concernent les intérêts publics.

Dans la grande question qui s'agite aujourd'hui contre les jésuites, pourrait-on dire que M. le comte de Montlosier aurait fait une

aussi forte impression et porté un coup aussi
sûr, s'il se fût borné à dire les mêmes choses
dans un écrit anonyme ?

On peut en dire autant de la lettre de
M. de Chateaubriand sur la liberté de la
presse, et de la noble profession de foi de
M. Kératry sur la monarchie constitutionnelle.

Quelques littérateurs attribuent plus de
supériorité aux Anglais pour écrire l'histoire,
et ils se fondent sur une plus grande somme
de liberté; mais tout bien considéré, il me
semble que c'est une erreur. Les historiens
d'office, en Albion, ont été non moins asservis, intéressés ou courtisans, que ceux de la
France. L'Angleterre, à bon droit, je l'avoue,
peut se glorifier de l'*Histoire de Charles-
Quint*, de laquelle M. Suard a dit que c'était
un des plus beaux morceaux de la littérature
européenne ; mais il n'en est point ainsi de
l'histoire propre de l'Angleterre, pour laquelle tous les littérateurs ont constamment
suivi le bon plaisir du prince ou les insinua-
tions des ministres. On a toujours vu les savans et les lettrés anglais, surtout les néces-
siteux, éminemment obséquieux envers le
gouvernement. Que le lecteur se rappelle ici

la vie au vrai de Bacon et de Newton. Beaucoup d'auteurs anglais même, pour avoir ex-
cédé les convenances de commande, ont été
déchus de leurs titres, ou punis. Combien de
fois le ministère n'en a-t-il pas mulcté en
défendant des pièces de théâtre qui prêtaient
à des allusions malignes? Il est même peut-
être plus dangereux de dire la vérité à Londres qu'à Paris, parce que les hommes du
gouvernement et les lords en général y font
très peu de cas des hommes qui passent leur
temps à écrire. Pour eux, faire des livres et
composer pour les sciences, ou pour le
théâtre, ce n'est qu'un métier ou une spéculation, telle que serait celle d'un voyage en
Chine, à l'un des pôles, ou l'exploitation
d'une mine. Walter Scott n'est maintenant
qu'un homme qui a une entreprise de romans; lord Byron, pendant sa vie, a été regardé, par l'aristocratie anglaise, comme un
homme qui avait apostasié le patriciat féodal, et qui s'était mésallié par ses fréquentations (1). Le gouvernement lui-même, quoi-

---

(1) Milton, Thompson, Dryden sont morts dans un
état de misère : Newton lui-même ne serait pas aujour-
d'hui invité chez un duc. Si un tory y rencontre un étran-

que Wigth, ou essentiellement du tiers-état, pour se tenir toujours dans les bonnes grâces de la Chambre haute, règle sa conduite et sa marche sur l'opinion des lords et sur leurs dispositions. Il punit le poëte qui se permet des allusions piquantes, et dont la vérité devient alors une offense. Combien les exemples directs et indirects sont nombreux ! A peine y a-t-il des exceptions. Quel écrivain doué de quelque philosophie ou d'une noble indépendance, faisant partie cependant des royaumes-unis, oserait écrire au vrai l'histoire de l'Irlande, sans accuser le gouvernement, et même le trône, de tyrannie ou d'injustice dans l'exercice de leurs fonctions envers un peuple depuis si long-temps malheureux, et traité comme rebelle parce qu'il n'a pas les mêmes opinions religieuses? Quel historien anglais oserait blâmer dans une histoire tant de coups de mains et d'irruptions de flottes anglaises, qui, au mépris du droit

---

ger déjà renommé, le maître s'en excuse suffisamment en disant : *C'est un homme à talent.* La haute aristocratie consent seulement à faire cause commune après la mort d'un écrivain en renom : c'est un usage qui a force de loi, et qui fait même ouvrir les portes de Westminster.

des gens, et sans déclaration de guerre préalable, ont attaqué et pris les vaisseaux d'autres nations qui, sur la foi des traités, naviguaient en paix sur le vaste Océan? Le peuple anglais lui-même ferait un mauvais parti à l'historien qui oserait critiquer ou blâmer des victoires, ou des préhensions de ce genre; il serait d'ailleurs si facile au gouvernement, au moyen de quelques phrases de tribune qui flatteraient l'orgueil national, de justifier ces actes de perfidie! En Angleterre, les défaites seules ont tort, c'est un principe national, et l'historien ne manque pas de s'y conformer.

Si on considère maintenant l'*Histoire de Charles-Quint* par Robertson, et la *Défense des Stuart en France*, il faudrait presqu'en conclure que, pour obtenir une bonne histoire de la France, on ferait bien d'en confier le soin à un digne et consciencieux historien anglais, et que pour rendre le même service à l'Angleterre pour ses trois royaumes, on devrait en charger un écrivain français renommé par ses vertus, par son talent et par une imperturbable philosophie. Cet échange littéraire serait d'autant plus facile, que les deux gouvernemens sont, de vieille date, assez indifférens pour les choses que traitent leurs écrivains respectifs.

Walter Scott est une preuve de cette conjecture ; car il n'eût pas osé mettre à nu la conduite, les mœurs et le caractère d'Henri VIII, d'Anne, et celle privée d'Elisabeth, sur lesquels pourtant il y aurait tant de ressorts cachés à découvrir et tant de choses curieuses inédites à faire connaître. Il faut savoir gré à l'auteur écossais de ses investigations, sous les mêmes rapports, à la cour de Louis XI, bizarre, cruel et despote. Si, de sa part, ce n'est pas un trait de génie sur l'art d'écrire l'histoire, c'est du moins une très-heureuse pensée, et qui lui fait d'autant plus d'honneur, que, le premier, il a donné aux romans qui nous inondent, le caractère de l'histoire, et à l'histoire les couleurs aimables et attrayantes du roman. Je ne lui refuserai pas, même aujourd'hui, la justice de déclarer qu'il a su élever et embellir ses premières œuvres du style vrai de l'histoire, soutenu d'ailleurs par des pensées philosophiques. Il a fait une fortune brillante en France ; tous les écrivains ont loué son style, sa manière et ses sujets : disons plus, il a révélé parmi nous un ordre de choses que l'opinion, la règle et l'Académie tenaient rigoureusement hors du domaine de l'histoire. Pourquoi l'homme étranger que nous admirions tous, s'est-il écarté de la belle et noble route qu'il s'était frayée, pour se jeter dans la voie des publicains, qui ne cherchent que la fortune? Qu'on ne croie pas nulle part, même en Ecosse, que cette volte-face en France et dans sa capitale, ait pour cause, ou un esprit versatile, ou l'*Histoire de Napoléon*, dont il a voulu briser l'idole. Ses plus indulgens admirateurs n'y ont vu qu'une témérité irréfléchie; les hommes impartiaux, qu'une passion vulgaire, ou le désir de plaire à la nation britannique, en rabaissant la nation française et l'homme qui en fut quelque temps le héros; ce dernier motif est d'autant plus blâmable, que les Français et leurs écrivains ont plus que de la propension à louer exclusivement les œuvres des Anglais, depuis le poëme épique jusqu'au mors d'un coursier.

CHAPITRE III.

Considérations sur la langue française, sur son origine et sur la révolution dont elle est menacée. — Les exigences du style nuisent à l'influence de l'histoire. — Les élémens de l'histoire ne doivent pas être restreints au personnel de ceux qu'on met en scène. — La vérité des faits en est le point essentiel, comme la simplicité du style en est le charme le plus réel. — Le *Voyage du jeune Anacharsis* n'est pas un livre d'histoire. — Quelques idées sur un jury de littérature. — La nécessité du style est exagérée.

Après nous être expliqué sur le but qu'on doit se proposer en écrivant l'histoire, et sur l'influence qu'elle devrait avoir pour améliorer successivement l'ordre des sociétés et les positions des individus, il nous reste à traiter du mode et des conditions pour écrire avec fruit l'histoire en France, à dire les obstacles qui s'y sont opposés jusqu'à présent, et à faire connaître le besoin ou la nécessité d'en changer les erremens.

La langue française est la première considération qui frappe dans l'usage d'écrire l'his-

toire. Son existence et le rang qu'elle occupe aujourd'hui dans le monde entier, si
on se reporte seulement aux règnes de saint
Louis, de Charles V et même d'Henri IV,
est un des plus rares et singuliers phénomènes
qu'on puisse citer en toute civilisation ou sociabilité. Il y avait déjà plus de douze siècles
que la langue latine, langue faite et digne de
celle des Grecs, quoique moins harmonieuse,
était entendue et même parlée, du Rhin aux
Pyrénées, et des Alpes aux Armoriques,
non seulement par la magistrature civile et
militaire, mais encore par la masse entière
des peuples libres, serfs et affranchis, lorsqu'au dixième siècle est survenue, sans causes
ou desseins prémédités, une nouvelle confusion de langues diverses, étrangères les unes
aux autres, et à la suite desquelles l'ignorance et la barbarie ont envahi toutes les
Gaules. On ne s'entendait plus nulle part;
l'autorité partout était obligée d'avoir recours
à la langue latine; la langue de l'Austrasie était
étrangère à celle de la Septimanie; dans les
cours même des rois, le langage était absolument différent de celui des sujets immé-
diats et de ceux des rois circonvoisins; ceux
au surplus qui voudront pénétrer cette bi-

zarre et inconcevable révolution, n'ont qu'à comparer la langue latine avec celles d'oc et d'oïl, et à suivre leurs significations respectives dans les capitulaires, les conciles et les ordonnances. Leur étonnement ne fera que s'accroître ; ils n'y trouveront même pas les désinences qui se rapportent aux anciennes langues grecque, latine ou celtique, si ce n'est pour quelques noms propres.

La langue française n'était pas même encore fixée au grand siècle ; car les mystiques, les quiétistes et les précieux de l'un et de l'autre sexe, la circonvenaient de toutes parts. Boileau sans doute a la gloire d'avoir fait un grand chablis de mots barbares, incohérens, et de hiatus plus barbares encore qui se trouvaient en profusion dans la langue romane et surtout dans celles des Normands et des Bretons ; mais on est assez généralement d'accord pour attribuer à Racine, à Pascal, à Voltaire, la gloire éminente d'avoir fixé la langue française : il importe d'en faire la remarque aujourd'hui ; car une foule de petits novateurs et de jaseurs l'attaquent à l'envi, et veulent en faire une langue que le vulgaire ne puisse ni parler ni comprendre.

Si les écrivains capables de donner une

heureuse impulsion à notre littérature et des perfections à la langue , continuent eux-mêmes à se laisser séduire et entraîner par le flot écumeux des novateurs actuels, ils verront, et de leur vivant peut-être, transporter le sanctuaire du Pinde français en Ecosse, où les anciens poëtes furent toujours plus familiers avec les plaines de l'air et les ombres de la nuit, qu'avec le terre-plein des monts et des vallées.

Selon les anciens romanciers et les jeunes romantiques, la vraie poésie consiste dans l'imagination et dans la fréquentation des sylphes. Pour les uns comme pour les autres, la nature terrestre n'est qu'un lieu d'exil ou d'épreuves. C'est bien alors qu'il est vrai de dire que la langue française est ingrate, pauvre et timide; mais cette phrase, toujours répétée par ceux qui se mettent en dehors du commun de la nation, n'est au fond qu'un propos d'eunuques, dont la voix douce et féminine flatte et chatouille agréablement les sens et les organes des romantiques. Il est remarquable au surplus, car c'est un fait, que dans ces derniers temps, les muses des femmes sont infiniment moins dégénérées que celles des hommes. Comparez seulement le style de

Mme de Staël, avec celui de nos Campenon, et la poésie de Mme Tastu, avec celle de nos Millevoie et Lamartine (1).

Je ne sais si je me trompe, mais il me semble que M. de Lamartine, à son début, était plus poëte qu'il ne l'est au milieu de sa carrière. J'ai admiré plusieurs de ses méditations, riches, trop riches peut-être de poésie; des louanges extrêmes qui avaient plutôt leurs motifs dans le genre, que dans l'excellence des idées et la justesse des expressions, ont égaré bien loin ce chantre sanctifié, qui lui-même, pour plaire davantage, a exagéré ses tons et ses pensées : de tels éloges ont été pour lui ce que sont des feux éphémères pour les papillons de nuit.

Millevoie également a produit des œuvres de poésie où brillent un aimable naturel et une simplicité pleine de charmes et de grâces; mais sa muse s'est trop tôt ressentie du vice et du déclin de ses forces physiques; frappé peut-être aussi des éloges prodigués au romantisme, il a pris les sylphes pour des muses, et il s'est fait aérien : toutefois, pour n'être

----

(1) *Voyez* mon *Traité de poésie géorgique*, où des preuves de romantisme sont données.

pas accusé de partialité, j'ai cité, dans mon *Traité de poésie géorgique*; les divers morceaux qui m'ont paru frappés au coin le plus fort du romantisme; mais en le faisant, je n'en ai pas moins d'ailleurs honoré leur talent poétique.

Si les dignes écrivains ne se hâtent donc de signaler cette décadence, en remontant eux-mêmes aux sources qui ont fait immortaliser Racine et Voltaire, la langue française, je le prédis, subira dans ce siècle même une grande révolution. Bion et Moschus ont porté les derniers coups à la langue grecque; le Bas-Empire a tué la langue latine; Delille avait déjà bien avancé cette révolution, et je ne crains pas de dire, en pensant à Racine et à Voltaire, que le chantre des *Jardins* a été lui même le père du romantisme. Quoi qu'il en soit, nos romantiques ont mis en fuite Apollon et les muses, et on ne voit plus qu'un pavillon de couleur équivoque flotter au-dessus de l'Académie française, qui ne fait que s'élimer, et qui, si on n'y prend garde, peut tomber en charpie.

Les écrivains qui, par circonstances, jouissent de quelque faveur, s'imaginent avoir fait une maxime nouvelle, en déclarant que la littérature est l'expression de la société; mais ils pouvaient tout aussi bien dire, que la société est l'expression de la littérature. Ceux qui tiennent ce langage, n'entendent parler sans doute que de ce qui se rapporte à la capitale; car c'est leur monde, comme leur Parnasse; le domaine physique, qui est le théâtre des champs, leur est tout à fait étranger; pour eux, les muses n'habitent plus que les salons, les académies et les entours du trône. Ainsi donc, pour tous ces écrivains, il n'y a de littérature, et conséquemment de société, que dans l'enceinte des murs de Paris; et les inspirations n'appartiennent qu'au génie qui s'élève, se forme et se fixe exclusivement au théâtre de la capitale.

Cette pensée, dont on fait une maxime, a pris naissance à l'époque où Fénélon a fait un poëme en prose, où Gresset a fait entrer sur les théâtres populaires la comédie des salons; mais c'est surtout depuis que Buffon a dit que *le style était tout l'homme* (1), que la tendance de la langue et du style vers une élégance exquise, a été extrême et révolutionnelle. Telle est la cause active qui fait mettre

____

(1) Buffon avait bien ses raisons pour dire cela.

presque au néant le véritable style de l'histoire.

Dans l'opinion des lettrés, des académies
et des journaux qui s'immiscent encore de juger les ouvrages littéraires, le style en effet
est devenu le point essentiel, et tellement
exclusif, que leur critique, s'ils n'y voient que
des choses dites avec simplicité et vérité, est
constamment dédaigneuse ou amère.

On traite aujourd'hui les œuvres même de
l'histoire, comme celles de l'architecture,
pour laquelle, avant tout, on exige la perfection des surfaces et le beau idéal des aspects ;
mais si, parmi les œuvres du génie et les méditations de l'esprit, il y en a qui ne doivent
pas être soumises aux charmes exquis du style
et du beau idéal, c'est bien assurément l'histoire, dont le prix le plus réel et le plus utile
se rapporte à l'exposition vraie des faits et
de leurs circonstances dans un ordre métho-
dique, et dont le but, en définitive, est d'être
utile.

Puisque nous venons de nommer l'architecture, prenons-la pour exemple. L'étranger
qui, du boulevard de la Madelaine, jette ses
regards vers le majestueux édifice où les
mandataires de la nation s'occupent à faire et

à défaire des lois, sa première impression est celle de l'admiration, tant il est séduit par une superbe colonnade, par un auguste fronton et par l'aspect imposant du dôme des Invalides, qui s'y rattache; mais si cet étranger veut y pénétrer, on l'avertit que le péristyle est fictif, et que l'entrée en est à l'opposite ; son admiration alors disparaît, et il s'indigne même que, dans la capitale des arts, dans la nouvelle Athènes, il y ait un édifice dont la base des colonnes soit plus élevée que la tribune aux harangues, et que le temple des lois, qui pourtant coûte si cher, soit moins bien traité et disposé qu'un tribunal ou qu'une église rurale.

Il en est ainsi d'un livre d'histoire qui n'offre qu'un style superficiel, exquis et brillanté ; il ressemble trop bien à l'architecture de la Chambre des députés, qui n'a rien dans son intérieur de sa destination utile et naturelle; car on n'y voit que des faux-fuyans, comme dans un labyrinthe, et qu'on a rendus en quelque sorte inaccessibles aux citoyens qui veulent être témoins des débats législatifs, et d'où les échos ne font entendre que des sons tellement confus, qu'on ne peut croire souvent qu'il y soit question d'éloquence ou de patrie.

Un livre d'histoire doit sans doute offrir un style qui excite et soutienne l'intérêt; mais la première des règles, quoi qu'en disent les écrivains perlés, c'est de proportionner le style aux faits et aux personnes; c'est le sens de la maxime : *facta, dictis exequanda*. L'historien donc qui n'offrirait que de riches consonnances, que des effets d'harmonie imitative, et sans laisser ni instruction, ni intérêt, ressemblerait parfaitement à la façade brillante ou pompeuse d'un édifice dans lequel il n'y aurait aucune disposition utile ou attendue. Le style, comme la musique, a plusieurs tons que le goût doit choisir et s'approprier. Un véritable historien doit se garder au contraire de viser sans cesse au style académique, et bien moins encore au beau idéal que les romantiques s'efforcent d'accréditer (1).

Le maître qui a dit le premier, que pour écrire l'histoire il fallait beaucoup d'art, lui a porté un coup funeste. Si cet art encore ne devait porter que sur le choix et l'ordre des

----

(1) Dans leur bon temps, les jésuites avaient fait le mot *idéalisme*, dont le Père André était le père. La race ou la génération n'en est pas perdue : nous avons aussi notre Père André.

matériaux, il y aurait quelque vérité dans le précepte; mais il ne concerne malheureusement que le style, duquel on fait un but unique et même absolu. Tout historien aujourd'hui, pour peu qu'il soit accrédité par des cours publics, ou dans les salons, ne vise qu'à la gloire de briller par le style. Le narré des faits est à peine, à la contexture de ses idées, ce qu'est la chaîne de gros fil aux brillantes tapisseries des Gobelins. Aussi les aristarques et leurs échos, quand ils rendent compte d'un livre d'histoire, parlent légèrement du fond de l'ouvrage, mais toujours du style, pour lequel, selon le parti (car malheureusement la littérature, comme la politique, est en proie à ce fléau), l'auteur est de suite dans le journal qui rend des oracles, à la manière des sibylles, un Thucydide ou un Tacite, un Saumaise ou un Barthole.

On ne peut disconvenir qu'il y a en France, surtout à Paris, infiniment de gens d'esprit; c'est le résultat du système ou du cours de nos études scolastiques, pendant lesquelles l'esprit de la jeunesse reçoit, par intervalles, des chocs divers, qui, semblables à ceux d'une machine électrique, ne produisent que des étincelles fugitives, et bien rarement un feu

suivi qui fait brûler le cœur et l'âme de l'a-
mour de la science ; mais l'esprit qui ne provient que des études scolastiques, est nécessairement superficiel, et c'est par lui, malheureusement, que la doctrine exclusive du style
se soutient et s'accrédite, parce qu'il s'y trouve
du prestige et des couleurs brillantes qui
séduisent toujours. L'influence des gens d'esprit est telle, que les hommes qui n'ont que
de la science et du raisonnement, n'osent
s'exprimer franchement sur ce qui manque à
l'histoire, dans la crainte de passer pour des
novateurs ou des gens à systèmes.

En ce qui concerne le style, on exige maintenant qu'il soit élevé à une hauteur toute académique ; mais cette exigence extrême pourra
bien n'être qu'une mode ; car il est aussi dans
la nature du style de prendre un niveau ou
un juste milieu. Il est impossible au surplus
qu'on n'en vienne pas à un style noble, simple et pur, le seul digne d'elle, et en même
temps au but vrai de l'histoire. Il est de fait,
relativement à nous, qu'il y a eu dans le seizième siècle, plus de courage, de bonne foi
et de vérités de la part des historiens laïques,
que dans le dix-huitième. On suit servile-
ment, en effet, comme sous le règne de

Louis XIV, l'ordre et l'assortiment des matériaux ramassés par les Frédegaire, les Gaguin (1) et les Velly, sans s'occuper du soin et du devoir de les discuter, ou pour les accréditer ou pour les rejeter. La tâche de tous, au contraire, c'est de s'y conformer avec une sorte de respect. Les historiographes ont répété, comme des échos, tout ce qui avait été dit et classé par les historiens du clergé, sur Pharamond, Mérovée, Aetius, sur Clovis, Louis-le-Débonnaire et Louis d'Outremer. Dans les colléges et dans les écoles, on en fait même encore une sorte de Bible ou d'Evangile qu'il faut suivre et vénérer. Il en résulte un tel désappointement pour ceux qui se sont fait une foi en histoire, que nul n'ose critiquer ou contredire des droits, des évènemens ou des fables que la simple raison repousse.

Combien il y aurait pourtant de choses nouvelles et justes à dire sur les règnes des rois de la première et de la seconde race, et sur le sort malheureux des peuples! Il semble que tous les écrivains soient engagés par serment à tenir l'histoire de ces temps ense-

____

(1) Général des mathurins sous Charles VIII.

velie sous le fatras des glossaires des historiens d'office ou du saint-office. Pour s'en
convaincre, il suffit de voir quels sont encore
aujourd'hui les livres classiques pour l'histoire imposés aux colléges et surtout aux sé-
minaires. Je ne veux point dire que tout soit
à rejeter dans les anciens historiens ; car les
faits seront toujours la base et le plus juste
contrôle des livres de l'histoire ; je n'attaque
ici que les partialités, la mauvaise foi, les
fables, les préjugés, le silence sur les intérêts généraux des peuples et le choix des
matériaux qu'on regarde comme exclusifs au
style de l'histoire. Mais qui pourrait se flatter
de faire changer ces livres de commande?
Car, s'il s'agissait, même en gouvernement
ou en concours académique, de faire et de
publier l'histoire complète de la monarchie,
on imposerait encore l'obligation de suivre
les erremens offerts et tracés par les Gré-
goire de Tours et les Daniel! N'a-t-on pas
imposé déjà, et comme par prévision, la
vieille orthographe et la rigoureuse ortho-
doxie, à l'introduction historique de l'*Expédition d'Egypte?*

J'ai osé cependant m'écarter de ces voies
ouvertes et battues ; mais je ne l'ai fait que

d'après des preuves de fait et des motifs raisonnés. Le lecteur pourra juger de mon travail, quand il en sera à l'histoire de l'agriculture sous la première et la seconde race.

Dans les cours publics à Paris, il est sans
cesse question des choses qui composent le
domaine de l'histoire; on y fait même des catégories pour celles qu'on juge dignes ou
indignes du style de l'histoire. Ainsi, un de
nos doctes académiciens expliquant Hérodote, le justifie de son silence sur la Lydie,
« en ce qu'elle n'offrait d'autre sujet *digne de*
« *l'histoire* que les *paillettes d'or* qui se déta-
« chent du Tmolus, et que roule le Pac-
« tole, etc. »

On fait plus actuellement, on répute, plus
positivement qu'au temps de Voltaire, les
choses champêtres, les soins et les détails de
l'économie, tout à fait indignes du style. Les
animaux des champs, sauf ceux qui sont devenus les emblêmes de la ruse, de la férocité,
de la force ou du despotisme, sont ignobles
ou immondes; on n'a pu pardonner encore
à Homère d'avoir parlé de l'âne, du porc,
du bœuf; de telles choses révolteraient dans
un historien. Il est donc plus juste de dire
que, pour bien écrire l'histoire, il faut plus de

talent que d'art, plus de solidité que d'éclat, plus de principe que d'esprit, et plus d'amour pour la vérité que pour la gloire.

Supposons que le gouvernement et les Chambres, peu satisfaits des livres d'histoire expédiés par les moines, les abbés et les historiographes, ordonnent de concert que, de période en période, des commissaires-enquêteurs viendront rendre compte de ce qu'ils auraient appris ou vu, pour servir à l'histoire de la France; cette innovation n'aurait rien d'extraordinaire; car il suffirait de faire observer à ceux pour qui les améliorations sont des révolutions, que la Grèce, en corps, se rendit à Elis pour entendre Hérodote. On sait d'ailleurs qu'Auguste, le plus imposant des protecteurs de la littérature, réunissait près de lui les hommes les plus savans de Rome, pour entendre les annales de Tite-Live.

Il n'y a jamais eu pour nous, car la cause des Grecs est doublement la nôtre, de sujet d'histoire plus riche et plus neuf, que celui de la guerre de la Grèce, qui, esclave, isolée et sans consistance politique, a eu le noble courage de braver et de résister au puissant empire ottoman. Son amour pour la liberté, ses résistances, ses victoires en ont fait rapidement un peuple de héros digne de l'admiration des siècles. Une telle histoire, si elle est bien entreprise, peut être un monument pour la postérité : la politique européenne elle - même peut en profiter pour prévenir bien des guerres et des malheurs.

L'art le plus sûr pour bien écrire l'histoire, c'est de proportionner le style au sujet, et le sujet au style. Dans la chaire sacrée, le ministre de l'Evangile qui raconte nuement les travaux du divin fondateur, les actes des apôtres, ou la vie de quelques saints, renommés par leur bienfaisance envers le peuple, est toujours entendu avec un religieux recueillement ; mais si, comme les derniers missionnaires, il se jette immédiatement dans quelques controverses, contre les hérésiarques, contre des sectaires ou contre les philosophes, l'auditoire n'écoute plus, ou il s'endort, s'il n'avertit même à sa manière le prédicateur, qu'il attend impatiemment la fin du sermon.

A nos théâtres, où se donnent constamment des leçons de morale, c'est l'exposition des faits qui captive avant tout l'attention des spectateurs. Racine, sur ce point, est un vrai modèle. Quel poëte, en effet, est plus simple et plus compréhensible? Les romantiques, les Lamartine sont à ses antipodes. Le sage historien que l'intérêt de la vérité guide et domine, doit imiter le grand orateur, et s'abstenir de ces excursions passionnées qui occupent les oisifs, mais que la réflexion ou le temps absorbe au même instant.

La vie de l'histoire, cette vie qui ne finit qu'avec les siècles, se compose exclusivement des faits qui s'y rapportent. L'historien doit laisser au lecteur et à la postérité, le soin de juger les hommes qu'il met en scène; la phrase et la déclamation sont les mortelles ennemies de l'histoire : le trait du chevalier d'Assas porte avec lui tout son sublime.

On ne pouvait choisir une époque plus favorable que celle actuelle pour démontrer que le style, ses accompagnemens et les affectations d'élégance, nuisent essentiellement au mérite et au but sacré de l'histoire. Je citerai à ce sujet le *Voyage du jeune Anacharsis*, par l'abbé Barthélemy, dont le style, le style seul, a fait la brillante fortune; mais est-ce bien là un livre d'histoire? n'est-ce pas plutôt un roman de pure imagination? On doit rendre grâce au jury des prix décennaux, qui, n'en déplaise à M. Villemain, a parfaitement bien jugé cet ouvrage.

Si les hommes du pouvoir étaient réellement animés du soin et du désir d'honorer et d'illustrer le trône et la patrie, ils ordonneraient, sans se détourner de leur administration, la formation d'un jury pour connaître et juger les ouvrages littéraires qui intéressent la France. Le jury impérial n'a fait que passer; mais n'y eût-il que son jugement raisonné sur l'ouvrage de l'abbé Barthélemy, il suffirait seul pour faire revenir à cette belle et sage idée, de laquelle il faudrait faire une institution : ce serait le seul moyen d'atténuer, ou de tuer le double esprit de parti et de coterie.

Si, dans l'Académie française, il n'y avait pas de ces coteries toujours obséquieuses envers le pouvoir, elle devrait de droit former un jury spécial; mais ses antécédens et sa composition actuelle, malgré ses derniers renforts, ne sont rien moins que favorables à une telle institution ; elle a donc oublié, ou elle n'a pas su ce que Champfort disait dans

une séance académique ; il ne fut jamais plus
à propos de le rappeler :

Mes amis, jurons tous, dans le temple où nous sommes,
De ne point avilir l'art de parler aux hommes,
De faire devant nous marcher la vérité,
De ne mentir jamais à la postérité.

L'intérieur des académies est habituellement déplorable, et leurs règlemens sont en
général funestes aux progrès des lettres et
des sciences. Les membres une fois nommés,
se regardent comme se regardaient autrefois
les chanoines dans les chapitres. c'est-à-
dire dispensés de tout travail actif; car ce
n'est point le respect pour l'opinion qui les
porte à se taire sur les œuvres littéraires.

L'Académie française s'imagine qu'elle n'est
appelée qu'à juger les ouvrages mis en concours pour des prix; il suffit de voir avec
quelle nonchalance elle s'occupe du dictionnaire national (1). Dans un tel ordre de

____

(1) Comme membre de l'Institut, j'ai assisté à quelques
séances sur des mots de ce dictionnaire : j'en ai été scan-
dalisé. Les uns causent, les autres lisent, deux ou trois
membres à peine suivent les propositions du rapporteur;

choses, le gouvernement pourrait donc faire un meilleur emploi des fonds qui sont destinés aux académies ; car c'est ordinairement le public qui juge le mieux et le plus souvent. On en reviendra infailliblement à l'usage des jetons honoraires aux assistans des séances ; plus dignes des lettres, plus justes et plus nobles que des *appointemens;* mais alors, il faudrait exercer une munificence royale envers ceux qui auraient fait des ouvrages mémorables par leur éclat ou par leur utilité ; c'est ainsi qu'il faudrait honorer les sciences et les lettres ; un vrai jury des sciences et des lettres, mais indépendant, serait alors une grande et heureuse institution ; il serait en outre un excellent moyen pour stimuler l'esprit ou le génie des académiciens, et pour ré-

---

ils ignorent absolument les noms des choses les plus essentielles à la science, à l'art agricole et à la physique rurale, dont les dénominations, comme les définitions, sont pourtant du ressort de la langue nationale, et intéressent d'ailleurs les progrès des sciences.

Le rapporteur était M. l'abbé Morellet, et le président M. de Lacretelle, l'un et l'autre fort étrangers à l'ordre agronomique : au surplus, je n'y connais pas un seul membre à qui l'agronomie soit familière.

veiller la paresse de ceux qui s'endorment dans leurs fauteuils. Il pourrait en résulter une grande émulation qui nous reporterait aux beaux siècles d'Athènes et de Rome, et à laquelle la nation éclairée prendrait nécessairement une part active ; ce serait enfin un très-bon moyen d'anéantir tous ces misérables pamphlets qui ne sont que l'ouvrage de l'envie ou de folliculaires stipendiés : les sciences et les lettres seraient donc ainsi rendues à leur dignité légitime.

Nous voyons tous les jours que, sans hésiter, on cite le style comme la preuve d'un grand talent ; mais tout écrivain a son style propre, comme chacun a sa physionomie et son caractère. Aurait-on commandé à Montesquieu le style de Montaigne, à Florian celui de Voltaire, à l'abbé Barthélemy celui de Bossuet ?

Le style sans doute est un bel ornement, même pour un livre d'histoire ; il en fait le charme, le succès et la durée ; mais il n'en est pas la partie essentielle. Cependant, je n'hésite pas à dire que toutes choses égales au fond, un livre d'histoire qui signale un style noble, pur et soutenu, et à la manière de Voltaire, est infiniment au-dessus de celui qui n'offre qu'un style brillanté, ou un style diffus, embarrassé et prétentieux; c'est pour le style surtout qu'il faut savoir faire l'application du précepte d'Horace : *Sunt certi denique fines.*

" L'histoire exige un style d'un caractère particulier; et l'historien doit se guider sur les circonstances et sur les personnages, élever ou réduire son style en raison des évènemens. Si parfois de grands crimes, ou une odieuse indifférence pour le malheur des peuples, excite son courroux, son style, semblable à un fleuve débordé, doit immédiatement rentrer dans ses limites, et reprendre son cours habituel. "

" Pour écrire l'histoire, il n'y a pas de modèle exclusif, parce que le style et ses accompagnemens doivent varier, en raison des sujets, des personnes et de tous les incidens qui naissent de la politique ou des révolutions. L'histoire des Grecs doit avoir une clef toute différente de celle des Incas ou des Gaulois; celle de la philosophie ne pourrait s'accommoder du style propre à l'histoire des cultes; et l'histoire du commerce, convenir à celle de la musique.

Mais, quelle peut-être la puissance du

style, quand l'historien personnellement est resté toute sa vie étranger aux choses mêmes dont il fait l'histoire? Cette réflexion, si sim-ple et naturelle, n'a pourtant pas fait arrêter l'usage de confier cette auguste fonction aux hommes du clergé, qui, étrangers au métier des armes, n'ont jamais reculé devant la nécessité d'écrire des siéges et des batailles. Quelle histoire aussi pourrait-on citer qui se trouve conforme à la stratégie, ou même à la géographie?

C'est une prérogative dont le clergé, et surtout les jésuites, ont senti tous les avantages pour eux, et toute l'influence sur l'esprit de la jeunesse et du vulgaire des lettrés. Duclos ne fait pas même une exception ; car il a été, comme Boileau et tous les historiographes, soumis et docile à suivre les voies tracées et ordonnées par les historiens du clergé, qui fut le régulateur suprême et absolu des choses à consigner dans les livres d'histoire.

On cite sans cesse en modèle, pour le style, Thucydide, Xénophon, Tacite ; mais la position de chacun a fait et dut faire une grande différence dans leur style. Plutarque ne ressemble pas plus à ces trois historiens, qu'Aristophane ne ressemble à Sophocle ; le style est ce qui l'a le moins occupé : cependant, qui oserait faire un élagage dans ses œuvres?

· Montaigne, par son style haché, par ses mots bizarres, par ses pensées profondes et piquantes, et par son terroir même, est dans son style propre, un écrivain tout à fait indépendant. Qui oserait aujourd'hui le mettre en style académique? Avant donc de nous imposer toutes les rigueurs du style, les maîtres auraient dû s'entendre sur les règles, sur le goût et l'élégance qu'ils prescrivent si impérieusement ; mais, au lieu de nous donner des règles (s'il y en a pour le style), ils se sont exclusivement occupés de faire des catégories, et de condamner une foule de choses qui sont du domaine de l'histoire, tels que les intérêts généraux résultant de l'agriculture, du commerce et de l'industrie. Le sort des hommes qui s'en occupent, ainsi que le domaine physique de la nature, ne les touchent point; il devient même presque du bon ton aujourd'hui, pour se faire agréer comme historien du premier rang, de s'abstenir de parler des lois et des mœurs nationales.

Si on veut être de bonne foi cependant, on sentira que c'est manquer de philosophie et de conscience même, que de tenir en dehors de l'histoire d'un grand Etat, le sort, les mœurs et les lois de ceux qui en composent les quatre cinquièmes, la partie la plus active, et conséquemment la plus utile. Croit-on que, dans le style de l'histoire, une teinte de philosophie ne donnerait pas du charme au sujet qu'on traite, fût-ce en l'honneur du plus brillant des héros ? Ainsi, par exemple, un beau trait de courage ou de générosité, de la part d'un bûcheron ou d'un charbonnier, peut faire une ombre agréable à l'action d'un héros ou d'un roi. Qui voudrait effacer dans l'histoire d'Henri IV, la scène du meunier et de sa famille ? Une simple et pauvre villageoise qui accueille à son foyer un homme qui se dit proscrit, et qui lui donne du miel et du lait, rend le malheur plus auguste. C'est à l'auteur, s'il a du goût, à régler son style et ses pensées sur le sujet qu'il traite, sans s'embarrasser de ce qu'en diront l'Académie et les aristarques à la mode.

Nos historiens, en général, sont si peu observateurs des choses qui se passent dans l'ordre de la nature et dans le cours des sciences physiques, qu'ils s'aventurent souvent, comme Tite-Live, à raconter aussi des incidens manifestement faux ou impossibles. Pour citer un trait de ce genre, je choisis l'*Histoire du Bas-Empire*, par M. Lebeau, qui jouit d'une estime générale, comme historien; il dit :

« Au siége de Rimini, par Bélisaire, une femme nouvellement accouchée, laissa par terre son enfant, et s'enfuit. Aux cris de l'enfant, une chèvre accourt, l'allaite et le *défend* contre les animaux qui rôdaient autour de lui. L'enfant y fut bientôt tellement accoutumé, qu'il refusait obstinément le sein des femmes-nourrices qui s'offraient pour le nourrir; la chèvre, de son côté, les repoussait et les *querellait;* elle ne s'éloignait jamais au-delà du jet d'une pierre; si l'enfant criait, elle accourait, et le couvrait de son corps. »

Tout est faux et absurde dans ce trait, qu'un panégyriste de M. Lebeau a cité comme une preuve de la variété et de l'intérêt qui règne dans cette histoire. Une mère qui accouche, si elle fuit, emporte avec elle son fils : la femelle d'un singe n'abandonnerait pas le sien. Une chèvre, d'ailleurs accoutumée à nourrir un enfant, peut fort bien connaître sa voix ou ses cris ; mais on ne peut la supposer sensible aux cris d'un enfant qu'elle n'a pas connu, et au point de venir d'elle-même lui présenter sa mamelle. Il n'y avait donc pas là d'autres femmes pour prendre soin de l'enfant? c'est faire aux mères une injure gratuite, pour le plaisir de faire un épisode qui ne serait jamais venu dans l'idée même d'un poëte ami extrême du merveilleux. En lisant celui de M. Lebeau, on est mal disposé à croire ses autres récits, et, malgré soi, on lui fait l'application de la pensée de Phèdre : *Quicumque semel innotuit..... etiam si..... amittit fidem.*

CHAPITRE IV.

Le mépris pour l'agriculture, de la part des écrivains du dix-huitième siècle, a été funeste à la poésie géorgique, qui, bien comprise, est elle-même un livre d'histoire. — Virgile et Horace sont bien contraires à notre opinion commune sur l'agriculture et sur la poésie géorgique. — Quelques considérations sur des géorgiques françaises. — Opinion de Voltaire. — Condition imposée pour devenir un vrai poete géorgique. — Boileau, Lamotte, l'abbé Desfontaines et La Harpe ont à l'envi repoussé la poésie géorgique. — Influence attribuée à la capitale. — Motifs de la publication de mes Géorgiques. — Erreurs de Gibbon, de Montesquieu et des encyclopédistes. — L'industrie manufacturière ne doit occuper qu'un rang secondaire.

Si l'on pouvait douter du mépris et du dédain imprimés par le grand siècle à toutes les choses qui se rapportent au théâtre des champs, et à toute économie politique, rurale ou domestique, il suffirait en quelque sorte de rappeler les disputes et même le procès scandaleux intenté par les auteurs modernes aux auteurs anciens; pour le prouver encore, il suffirait de faire observer comme un fait, que les écrivains du dix-huitième siècle, en général, ont accueilli sur ce point les doctrines des Rapin (1), Terrasson, Lamotte, etc. L'abbé Desfontaines, qui a été, dans la période la plus brillante de notre littérature, une sorte de Despréaux, ne laisse aucun doute sur cette aberration.

Virgile, l'admirable Virgile, n'a pas même pu obtenir grâce pour un genre qui fait sa plus noble gloire. Ils ont préféré, ces faux prophètes du Parnasse, les uns, refaire Homère ou l'accabler de sarcasmes et de moqueries, et les autres, ne voir dans les *Géorgiques* de Virgile, qu'une œuvre d'allusions mystérieuses, politiques et morales. Ainsi, selon ces derniers, tous les vers de Virgile sur l'ignoble ou serve charrue, sur les troupeaux, sur la vigne, sur les abeilles, etc., seraient des pensées purement symboliques. Ainsi, les hommes de la même trempe ont dit par suite que Pétrarque avait voulu, sous le nom de Laure, chanter la beauté, les vertus et les grâces de la sainte Vierge.

Je ne prends point de tels écarts dans une hypothèse; car ils ont été offerts et produits

______

(1) Jésuite.

dans nos tristes ébats littéraires ; mais, sans remonter au grand siècle, qui pourrait nier aujourd'hui l'opinion commune, et même le jugement porté par tout le peuple lettré, que des géorgiques françaises sont impossibles dans notre langue? Il faudrait n'avoir point lu le programme de l'Académie française, qui, dans le prix qu'elle a proposé et qu'elle vient de décerner, a déclaré que les sources propres de la poésie dépendaient de l'imagination.

L'Académie a donc ignoré ce que dit Pindare, dans sa deuxième ode olympique, de ceux qui sont étrangers à la nature, et qu'il compare à des corbeaux qui ne font que du bruit.

Dans sa troisième ode néméène, il dit : « Le poëte qui ne sait que par ses études, est obscur et n'est assuré de rien ; il parle de tout, et ne sait rien de positif. »

Quintilien a dit : *Nil... perfectum... nisi naturâ juvetur.*

Horace a raison, la nature a besoin de l'art, et l'art a besoin de la nature ; mais il n'a pas, comme l'Académie, banni la nature.

Si nos aristarques n'ont vu dans les *Géorgiques* de Virgile, que le cours des travaux auxquels se livrent de grossiers paysans, ou des bourgeois ignorans, que faut-il penser de leurs études classiques, relativement à Horace, qui, dans ses œuvres, a soumis à son génie, et la lyre d'Apollon et les tons de toutes les muses? On ne peut lui refuser, certes, une haute philosophie et beaucoup d'érudition ; il brille d'ailleurs, avec un goût exquis, par ses pensées et par la hardiesse de ses expressions; il est, en outre, un fidèle historien des mœurs anciennes et nouvelles. Il n'a point imité Pindare dans ses sujets ni dans son style; ce caractère d'indépendance dans chaque genre, en a fait un homme unique dans la littérature.

Nul poëte, cependant, n'a mieux connu et senti le prix de la vie des champs, les trésors et les charmes de l'agriculture. S'il ne l'eût chantée que dans ses satires, on pourrait dire qu'il a voulu mettre en scène l'agromanie; mais c'est précisément dans ses odes qu'il se livre avec plus de verve et de plaisir, à décrire le bonheur de la vie qu'on passe aux champs (1). J'ai dû m'attacher moi-même

____

(1) *Voyez* les odes 1re, 7, 9, 12, 14, 16, 18, 19, 25, 31, 36, liv. Ier; 5, 6, 9, 11, 12, 15, 16, 17, 18,

Cons. sur l'histoire

7

pour convaincre, ou plutôt pour convertir, à faire un extrait relatif, dans chaque œuvre d'Horace, des choses et des traits qui se rapportent à l'agriculture et à l'économie rurale ou domestique ; je réserve cet extrait pour l'histoire spéciale de l'agriculture des Romains, et dans lequel j'ai consigné de précieux documens, comme preuves de maintes réalités, dans l'histoire du peuple roi. Je me bornerai donc à faire observer ici qu'Horace, qui avait une si haute idée de Pindare, n'a pas dédaigné dans ses odes, dont le genre est plus positivement exclusif des choses infimes et vulgaires, de parler des bœufs et de la charrue, etc.; il n'a pas craint d'offenser Apollon, les muses, les poëtes et les puristes de Rome, en nommant et faisant intervenir des choses que nous réputons abjectes, telles que la houe, la charrue, la fourche, les *cavales* (1), la mauve, la chicorée, le chêne, l'yeuse, le platane, l'orme, la laine, les brebis, les bornes des champs, les glèbes du la-

---

liv. II; 4, 6, 11, 12, 15, 16, 17, 18, 21, 23, 24, liv. III; 2, 3, 4, 5, 8, 12, 14, liv. IV; 2, 6, 10, 16, épod.

(1) *Amor et libido equarum.*

bour, le sanglier, le porc, la corneille, la *truie* (1), la lice, la femelle du renard, la rouille, la vache (2), le veau, le bœuf, l'*ail*, la ciguë (3), les *contagions* qui frappent les troupeaux (4), la fourmi, les aires, la fougère, les mittes, les teignes, les champignons, la laitue, le poivre blanc, les squilles, l'ortie, la gale, le scorpion, etc. etc. (5).

Je termine ces réflexions, en rappelant le jugement qu'Horace a porté sur cette question même : « Si on peut devenir poëte par l'art, et, si le génie ou la nature seuls, peuvent en former. » Voici quatre vers de son *Art poëtique*, et que l'Académie française semble avoir ignoré, quand elle a délibéré son programme de 1820 :

Natura fieret laudabile carmen, an arte,

---

(1) *Porca bimestris, avida porca.*

(2) *Decent vaccœ.*

(3) *Cicutis, allium nocentius.*

(4) *Contagia.*

(5) On ne peut que s'étonner que le traducteur-poëte d'Horace, devant lequel tous ces mots et toutes ces choses ont dû nécessairement passer, ait fait un si froid accueil à la première tentative de géorgiques frança'ses, quoique l'auteur lui en eût humblement déféré l'examen et le jugement.

Quæsitum est? ego, nec studium, sine divite vena,
Nec rude quid prosit video ingenium, alterius, sic
Altera poscit opem res et conjurat amice.

J'avais besoin de faire ces réflexions, avant de soumettre au lecteur l'utilité et la nécessité même de faire jouir la France d'une véritable histoire de l'agriculture, ce qui est le principal but de cet ouvrage ; je l'ai entrepris surtout, parce que je ne crois pas qu'il existe un autre agronome qui ait recueilli autant de matériaux que moi ; les fonctions que j'ai remplies, comme membre du comité d'agriculture et de commerce à l'Assemblée législative, comme administrateur, comme membre du conseil d'agriculture et des arts, près le ministère de l'intérieur, comme membre de plusieurs sociétés savantes, et comme préfet pendant quatorze ans, me donnent cette conviction, dans laquelle, j'espère, le lecteur ne verra que le désir d'être encore utile à ma patrie.

En écrivant l'histoire de l'agriculture, j'entreprends, je le sens, néanmoins, un ingrat et passif défrichement ; car que peut-on espérer d'une histoire de l'agriculture, quand deux siècles de haute littérature signalent non seulement de l'indifférence pour un sujet qui a immortalisé Virgile, mais encore du mépris pour la composition d'un poëme géorgique ? J'en suis moi-même une preuve par celui que j'ai publié, il y a quatre ans, et pour lequel, malgré quelques suffrages donnés par des hommes du premier rang dans notre littérature, il y a eu plus que de l'indifférence : tant les hommes de lettres, par esprit de vieille école ou coterie, et par leurs études, sont restés persuadés, que les choses du domaine des champs sont indignes à la fois et du rhythme poétique et du style de l'histoire. Quel Mécène, digne de celui qui a fait illustrer le règne d'Auguste, pourra désabuser un jour sur cette fatale opinion, et ramener les lettrés et les historiens à l'agriculture, qui, en définitive, est le principe de toute richesse et prospérité publique ?

L'homme qui a bien médité sur l'influence de la littérature, doit être convaincu de ce point de fait, que la poésie a été la première dépositaire de l'histoire ; je n'associe donc point deux principes contraires, en mettant ici sur la même ligne des géorgiques et l'histoire de l'agriculture ; car Virgile, dans les siennes, a donné l'histoire des Romains ; je n'ai donc fait moi-même que remonter à la source commune qu'ont recherchée et suivie les anciens, et qui, dans leurs œuvres de poésie, donnaient tous, en même temps, les annales de l'histoire de leur patrie.

En Grèce, les poëtes ont précédé les historiens prosateurs; il en a été ainsi chez les Arabes; il est avéré et reconnu que ceux qui, dans les temps modernes, ont écrit l'histoire des plus anciens peuples du Nord, n'en ont trouvé les premiers élémens que dans les œuvres poétiques, c'est-à-dire, dans les vers scythiques ou runiques. C'est également dans les chants des Péruviens que Garcilasso a puisé ses commentaires sur l'histoire des peuples de cet hémisphère.

Les temps n'ont point fait changer le principe, « qu'un vrai poëme épique ou géorgique est et doit être un livre d'histoire : » cette preuve est donnée par Homère et par Virgile, et c'est à ces deux grands génies qu'il convient de rattacher ici l'influence d'un poëme géorgique, jusqu'à présent si méconnue. En ce qui concerne mes géorgiques françaises, et auxquelles j'ai rattaché sans cesse les réalités ou l'intérêt de l'histoire, je devais m'attendre, en me supposant du moins un peu de modestie, à quelques critiques rai-

sonnées sur le rhythme ou le précepte didactique ; je les avais sollicitées en faveur de ce
genre de poésie. L'ordre, le plan, le style et
les préceptes étaient-ils dans l'essence du sujet ? Les aristarques, les censeurs et les membres de l'Académie qui journalisent, devaient
le dire ou le contester par des raisons môti-
vées ; cela leur était d'autant plus facile , que
je leur en avais ouvert la carrière dans mon
Traité de poésie géorgique, dans lequel j'avais
comparé les œuvres géorgiques de Rosset,
de Roucher, de le Franc de Pompignan et
de Delille, avec ceux de Virgile.

Il leur était donc bien facile de juger si,
dans mes géorgiques, la distribution des sujets
était en raison des climats de la France, des
saisons, et du système général de notre agriculture ; si l'exécution offensait la science acquise et ses méthodes ; et s'il y avait quelques
analogies pour les préceptes didactiques avec
les géorgiques d'Hésiode et de Virgile ; si le
rhythme enfin était proportionné à chaque
sujet : il était de leur devoir de le déclarer.
Par-là du moins ils prémunissaient les élèves
des muses contre ce genre de poésie ; ils devaient même signaler quelques parties de mon
texte didactique ; et charitablement, puis-

qu'ils se croient si riches en haute poésie, et puisqu'ils se font les arbitres du goût, ils devaient encore offrir, comme argumens négatifs, des textes autrement exprimés, et avec l'élégance qu'ils imposent si facilement à tous les genres de poésie. Le titre seul du premier poëme géorgique qui ait été fait sur les élémens indiqués par Virgile, leur imposait même ce devoir envers le public.

Ces observations, je prie de le croire, ne proviennent pas d'un amour-propre offensé ; car jamais je n'ai prétendu à la gloire de faire d'un premier jet un poëme géorgique digne d'un assentiment général. J'ai voulu seulement prouver au lecteur impartial qui a su apprécier Virgile, et qui a pénétré les motifs de ses *Géorgiques*, qu'on est au Parnasse français absolument étranger aux connaissances agronomiques ; et que cette ignorance et ce dédain, loin de diminuer, ne font que s'accroître.

Voltaire du moins a gémi « de ce que dans
« le sein du repos et du luxe des villes, on atta-
« chait malheureusement une idée basse aux
« travaux champêtres et aux détails de cet
« art utile que les maîtres et les législateurs
« de la terre cultivaient de leurs mains victo-
« rieuses. »

Plus tard, Poinsinet, pour faire agréer sa traduction d'Anacréon aux poëtes du jour, faisait observer qu'autrefois, les naïvetés étaient à peine distinguées de la bassesse ; il se félicitait que les idées champêtres étaient de son temps moins avilies. Mais qu'on lise les œuvres de nos romantiques, on sera de suite convaincu qu'un poëme géorgique est fermement à l'index de nos lettrés et de nos Académies. Les jésuites du moins avaient abordé ce genre, que nous ignorons et que nous méprisons. Je n'exagère point l'opinion littéraire sur ce point ; qu'on interroge l'Académie française en corps, les poëtes, les érudits et les élèves des muses, encore frappés des leçons de leurs maîtres, tous répondront que des géorgiques françaises sont impossibles. Que nos jeunes littérateurs, car il n'y a rien à espérer des vieux, sachent pourtant que Voltaire, le grand Voltaire écrivant à Rosset, qui croyait avoir fait des géorgiques, s'expliquait ainsi : « J'ai dit que nous n'avions « pas de géorgiques, mais je n'ai jamais dit « qu'il était *impossible* d'en faire. »

Toutefois, comme je ne combats pas ici pour ma cause propre, mais uniquement pour celle de la poésie géorgique, je veux retracer

les élémens et les conditions indispensables
imposés à tout poële qui voudra entrer dans
cette carrière ; en le faisant, je ne m'écarte
point de mon sujet, c'est à dire de l'histoire
de l'agriculture, puisqu'un vrai poëme géorgique est lui-même une œuvre historique :
Virgile nous en a donné la preuve de fait.

C'est inutilement que des hommes de génie ont vu dans les géorgiques latines un but
noble et élevé, celui d'adoucir le caractère
violent et farouche des guerriers vétérans,
d'apaiser les factions, de mettre fin aux cris
des lois agraires, en faisant une répartition de
bien-fonds dans les pays conquis, de consoler les hommes persécutés ou frappés d'exils,
en ce que l'agriculture offrait à tous, et même
aux ambitieux, des charmes et des trésors ;
quel exemple plus touchant dans les géorgiques de Virgile, que celui du vieillard du
Galèse? Y a-t-il dans toute la littérature européenne un épisode plus agréable et plus philosophique?

Digne organe des vœux de sa patrie, et
juste interprète des intentions d'Auguste, Virgile a voulu non seulement calmer ou neutraliser les factions et les tempêtes qui désolaient le monde, mais encore faire du vieil

empire de Rome, un empire tout nouveau, fondé sur les propriétés foncières cultivées et embellies, sur des mœurs plus douces et sur des lois plus sages; c'est dans ces vues nobles et généreuses, qu'Auguste lui même pressait si souvent Virgile d'achever ses *Géorgiques,* dont il pressentait l'éclat qui devait en rejaillir dans la postérité, sur son règne et sur sa personne.

Quel empereur dans le monde a joué un plus beau rôle? c'était le seul capable de faire oublier les excès de sa politique. Quel poëte aussi a été appelé à remplir une mission plus auguste? L'un et l'autre au surplus attachaient infiniment plus de prix aux *Géorgiques* qu'aux *Eglogues,* et même qu'à l'*Énéïde.*

Je n'ai point, à Dieu ne plaise, de comparaison à faire entre les vétérans de Rome et ceux de notre grande armée; les premiers, exercés au brigandage et accoutumés à passer, selon la circonstance, d'un parti ou d'un camp dans un autre, ne voyaient la patrie que dans leur pécule; les seconds, au contraire, habitués à ne servir que leur patrie, n'aspiraient qu'aux moyens de la rendre heureuse et libre; les uns, en quittant le théâtre de Rome, se regardaient comme les suzerains des peuples vaincus, et s'emparaient sans scrupules des biens patrimoniaux des indigens : tel ils se conduisirent à Mantoue envers le père de Virgile ; les autres, quoique le front toujours couvert des lauriers de la victoire, sont venus déposer humblement leurs drapeaux et leurs armes, parce que la patrie exigeait ce sacrifice de leur gloire propre. Nous les avons tous vu rentrer sans murmurer dans le sein de leurs familles respectives, sans rémunération, sans fortune, et réduits à travailler de leurs bras; ceux-ci à fouir la terre avec la houe, et ceux-là à tenir la charrue *pour autrui.* Leurs officiers n'ont pas été plus heureux; ils cultivent eux-mêmes les champs de leurs pères, et ils n'en font pas moins des vœux pour le prince et pour la patrie. Combien, dans de telles circonstances, si nos poëtes de cour n'étaient pas en général des hermaphrodites, et si les autres n'étaient pas aussi étrangers à la poésie géorgique, ils devraient sentir tous, qu'une œuvre comme celle de Virgile, serait un grand bienfait et une époque qui éleverait la poésie française, puisqu'il s'agirait d'honorer l'agriculture, de donner des conseils à des guerriers que vingt années de victoires ont dû nécessairement détourner des travaux ou des loisirs des champs, de consoler ceux que les injustices et l'oubli exaspèrent, et auxquels on ne laisse aucun avenir de gloire, de bonheur ni de bien-être.

Je ne parlerai point ici de mes Géorgiques, quoique les sentimens que j'exprime ici, aient été ceux-là même qui m'ont enhardi et soutenu dans la carrière géorgique que j'ai osé ouvrir le premier. Je crois donc faire une chose doublement utile en faisant à la jeunesse française un appel à l'étude des choses de la nature, qui révèle mieux que la théologie, la toute-puissance de Dieu, et en cherchant à ramener l'opinion vers la poésie géorgique, puisqu'elle doit en quelque sorte consacrer l'histoire générale, et spécialement celle de l'agriculture ; je crois enfin faire une chose utile pour nos jeunes littérateurs et pour la gloire de la France, en faisant connaître sur quelle base et à quelles conditions on peut établir parmi nous un vrai poëme géorgique ; on ne me refusera pas du moins, j'espère, le droit de le dire et de le faire ; mes Géorgiques d'ailleurs, telles qu'elles soient, en sont déjà une première explication : un plus grand talent peut seul faire la différence de l'exécution.

Je ne dois pas dissimuler qu'il faut un ensemble de circonstances bien rares à rencontrer dans l'état actuel de notre société, et dans les systèmes de notre instruction publique; car il faut absolument avoir fait un cours suivi d'études et d'observations sur les généralités de l'art et de la science agronomique, et sur l'économie rurale et domestique.

Je vais donc tâcher d'offrir, d'une part, les parties les plus essentielles pour la composition d'un poëme géorgique, et, de l'autre, celles qui peuvent réellement se rapporter à l'histoire de l'agriculture dans un grand État agricole, comme la France.

1° Il faut être né, ou avoir passé sa première jeunesse aux champs du labour et avoir participé à la vie qu'on y mène; cette condition est plus utile qu'on ne pense, car l'enfant dont les premiers rayons d'intelligence ont été bien dirigés, est naturellement observateur; ses premières impressions restent gravées dans sa mémoire, et elles se reproduisent sans cesse à son esprit, dans l'adolescence, dans l'âge fait et bien plus encore dans le vieil âge.

2° Il faut absolument s'être exercé soi-même aux pratiques de l'agriculture, en connaître les peines et les charmes , les bénéfices et les dommages , les progrès et les méthodes , la routine et les abus.

3° Il faut s'être habituellement familiarisé avec l'éducation des troupeaux, en avoir observé les élans et les instincts, en avoir suivi les destinations et les améliorations; avoir dompté ou fait dompter en sa présence des coursiers et des taureaux, les avoir exercés au char et à la charrue.

4° Le véritable agronome doit être au courant de la culture des plantes textiles et tinctoriales, pour en fournir au commerce et à l'industrie ; c'est par elles qu'il peut prendre ses premières initiatives dans l'économie politique.

5° Il doit sans cesse s'occuper d'améliorer les races des divers animaux, surtout celles des coursiers, des bêtes à cornes et à laine, dont les productions forment une si grande richesse pour l'Etat.

6° Il doit assez connaître les divers climats, pour bien conduire la culture de la vigne et ses modes; pour établir des préceptes sur la vinification la plus profitable, et sur les acclimatemens.

7° La formation, la culture et l'entretien des vergers et des jardins ; l'ordre et les soins des irrigations, forment ses plus utiles et charmans loisirs.

8° Son manoir doit avoir des entours agréables, par des plantations, par le charme des arbustes, et par les fleurs, qui furent toujours chères aux belles âmes, et dont l'art aujourd'hui a tant multiplié les variétés et l'éclat.

9° Les soins d'une basse-cour ne sont point indignes de lui ; une douce philosophie doit même le porter à y observer les mœurs et les caractères des espèces qu'elle renferme.

10° Il doit s'attacher à bien observer les animaux sauvages, les oiseaux sédentaires et ceux de passage périodiques ; il peut en tirer d'utiles pronostics (1).

____

(1) Les oiseaux particulièrement offrent à l'observateur une foule d'indications utiles ou pleines de charmes ; mais ce n'est que dans les pays bocagers qu'il pourra bien en jouir. Je n'en citerai que les nids, dont les compositions sont aussi variées que les espèces, et dont le choix des sites manifeste au plus haut degré une somme d'intelligence qui étonne et confond l'intelligence humaine même. On a dit, on répète que c'est une routine imposée par la nature ; s'il en était ainsi, il y aurait encore de l'intelligence à s'y tenir ; car il serait impossible au génie humain de

11° Il est essentiel de connaître la chasse, la pêche, et les allures du gibier, afin de bien juger des instincts et des influences de la domesticité, et, dans certains cas, afin de combattre aussi avec plus de succès les animaux malfaisans.

12° Les poissons des étangs et des eaux courantes, méritent un cours d'observations et des soins économiques.

13° Quand de toutes parts on détruit les forêts, les bois et les bocages, l'agriculteur que le sentiment de la patrie anime, doit se mettre en exemple pour en conserver, ou

---

faire mieux ; mais est-ce une routine de la part de l'oiseau, de choisir tous les ans, dans un arbre ou dans un buisson, la place qui convient le mieux pour affermir son nid contre les vents et les orages, et pour le disposer de manière qu'il conserve la chaleur nécessaire à l'incubation, en laissant néanmoins l'eau de pluie s'échapper ? est-ce la routine encore qui le fait disposer de manière qu'il soit soustrait à la vue des passans, des pies-grièches et des reptiles ? Mais, s'il ne faut pas s'étonner de l'uniformité des nids de chaque espèce, qu'on nous dise donc pourquoi la nature, qui commande tant de soins dans les nids de certains oiseaux, assure la reproduction de certains autres qui se bornent à placer leurs œufs à nu sur les petits cailloux plats d'un torrent ou d'une rivière ?

pour en créer ; s'il cède à son indignation, il doit signaler l'impiété et l'égoïsme des des-tructeurs, quels qu'ils soient.

Or, maintenant, je le demande, quels sa-vans ou lettrés oseraient dire que toutes les indications que je viens de faire ne sont pas du ressort de la poésie géorgique? Et s'il faut absolument des épisodes dans un poëme géor-gique, combien il en trouvera, dans les assem-blées ou veillées villageoises, où les mères, selon l'usage, produisent leurs filles âgées de quinze à seize ans; dans les foires et mar-chés, où le commerce et l'industrie étalent tout ce qui peut tenter le luxe admis dans les campagnes, et où, pour en jouir, la jeune fille fait le sacrifice de sa belle chevelure, pour avoir d'un marchand de la mousseline ou quelques dentelles.

Il en trouvera dans ces réunions de jeunes vierges admises à la première communion, et dans les cantiques qui terminent un si beau jour pour elles.

Il en trouvera dans ces processions augustes qu'on nomme des *rogations,* et dans lesquelles toute la population du village, échelonnée par âge et par sexe, répète les versets que le vé-nérable curé proclame. Il ne manquera pas de faire observer, qu'à l'apparition de la croix et des bannières de la sainte Vierge et du patron, les pâtres, les bergères et les laboureurs accourent vers le chemin de la procession, et qu'en lés voyant tous à genoux, le bon curé s'arrête, pour leur donner sa bénédiction, ainsi qu'à leurs troupeaux et à leurs charrues.

O poëtes des villes, combien vous perdez d'inspirations pleines de charmes en vivant loin des champs!

. Si la France un jour a le bonheur de posséder un poëte géorgique, je prédis, sans hésiter, qu'il sortira des pays bocagers dits *de petite culture;* car ce n'est que là qu'on peut recevoir et garder des inspirations. Les pays de grande culture, par leurs vastes superficies et par leur monotonie, attristent l'âme et l'esprit; mais que celui qui sentira les inspirations de ce genre de poésie, ne s'en tienne pas aux observations des lieux qu'il habite; qu'il voyage, et il sentira grandir et varier ses inspirations premières; des idées nouvelles ou neuves enrichiront ou embelliront ses tableaux; car dès qu'il s'agit, dans un ouvrage qu'on médite, du domaine physique de la nature et d'un plan géorgique, il faut absolument voyager. C'est en voyant les di-

vers bouleversemens du globe, que le génie
du poëte, comme celui du philosophe, s'é-
lève et s'agrandit ; c'est en voyant des monts
chargés de neiges et de glaces ou de forêts,
qu'il se rend compte des sources, des rivières
et des fleuves, et qu'il admire, avec Homère,
la haute sagesse du Créateur, et les bienfaits
des grands végétaux, qui, du haut des monts,
attirent les eaux du ciel sur les plaines qu'elles
fertilisent.

- Il n'y a presque pas d'exemples que des na-
turalistes aient fait des découvertes, et moins
encore des perfectionnemens, en se bornant
aux livres des voyageurs ou aux études d'é-
chantillons. Fourcroi a beaucoup et bien
parlé de l'histoire naturelle ; mais il n'avait
pas voyagé ; on sent encore, en le lisant, que
toute sa science était d'emprunt, comme celle
du bon Valmont de Bomare. M. Cuvier est
venu à Paris avec de grandes dispositions au
génie, et même à la philosophie ; mais il est
fâcheux que l'ambition politique soit venue traverser sa carrière, de laquelle on ne dira jamais ce qu'on dit de celle de Franklin, de
Saussure et Dolomieu, et quoiqu'ils n'aient
pas été de l'Académie française.

Je donnerais également le conseil des voyages aux amis des lettres qui ne se sentent point appelés à un genre spécial de littérature, et qui vivent dans le vague des généralités littéraires. Des voyages pourraient les fixer sur certaines études, et leur révéler même un goût qui ferait leur gloire ou leur satisfaction. J'en dis autant pour les jeunes gens qui ne signalent, après leurs études, que de l'indifférence pour la carrière des sciences et des lettres; car tous les hommes naissent avec plus ou moins de jugement, de mémoire et d'imagination. Les voyages, les aspects, les frottemens de cervelles, pour me servir du mot de Montaigne, peuvent développer tout à coup d'autres idées, et décider une vocation ou un goût déterminé. Des voyages du Rhin aux Pyrénées, et des Alpes à l'Océan, pourraient déjà beaucoup servir; et màlheureusement ce sont ceux-là mêmes qu'on néglige le plus. La France est digne d'occuper des hommes de génie; elle est peut-être la seule sur le globe qui offre l'ensemble majestueux et varié des richesses et des catastrophes de la nature, et d'une plus grande diversité dans la composition des terrains. Nulle part on ne trouvera plus de charmes dans les climats, les aspects et les dispositions des monts et des collines, plus de trésors dans les œuvres de la nature et de l'industrie ; nulle part le poëte géorgique ne trouvera plus de variétés et de bizarreries dans les sites, dans les caractères et les mœurs des habitans ; ainsi que dans les affectations spéciales des oiseaux sédentaires et voyageurs. Il faut voir enfin beaucoup de pays pour bien juger des acclimatemens fortuits et prémédités, et ce n'est qu'alors qu'un poëte géorgique sera plus sûr de lui, plus fécond et plus hardi.

Si Homère n'eût pas voyagé, l'*Iliade* et l'*Odyssée* n'auraient pas le prix et la perfection que nous y admirons. Virgile, parti de Mantoue, avait pu d'abord observer le littoral classique de la Toscane ; il avait tenu tout le Latium quand il fit ses églogues. Avant de composer ses *Géorgiques*, il avait fait divers voyages dans la riche et belle Parthenope. Pour mettre en œuvre son dessein sur l'*Énéide*, il avait senti le besoin d'aller à Athènes, ce noble sanctuaire de la poésie et de la philosophie. C'est ainsi, au surplus, que Platon, Aristote et Pythagore sont devenus si riches de science et de méditations profondes. Pétrarque n'a cessé de voyager ; il revenait toujours avec plus de génie et d'amour pour

Laure ; il en était aussi plus éloquent. Le Tasse n'avait pas encore fini sa *Jérusalem*, quand un jour il s'écria : « Mon imagination est épuisée (1), il faut que je me remette en voyage, afin de recueillir des idées nouvelles. » Mme du Bocage doit en grande partie à ses voyages ses succès et sa célébrité ; il faudrait presque en dire autant de Mme de Staël.

Mais avant de voyager, bien entendu, il faut s'être lesté des connaissances premières, avoir sondé son goût et ses forces ; il faut avoir les premières notions sur l'ordre et la vie des champs, sur l'art de cultiver, sur les vrais principes de la fertilité, sur les qualités respectives des terrains, sur l'ensemble du territoire, sur l'industrie, sur les usages et les coutumes qui ne sont pas toujours issus de la routine, sur les mœurs et les caractères, sur les plaisirs et les distractions des hommes des champs, sur le commerce et le luxe qu'on trouve dans les foires, les marchés, et dans les assemblées villageoises, sur les divers concours consacrés par le culte, sur les époques des mariages, et enfin sur les divers pré-

____

(1) *Vie du Tasse*, par Muratori.

jugés et les pronostics admis dans la tradition.

Jeunes élèves des muses, que les circonstances fixent ou retiennent aux terres qu'habitent vos pères, suivez les conseils que je vous donne : faites vous *agronomes*, c'est-à-dire, étudiez bien l'agriculture, et ne vous arrêtez pas que vous n'ayez été initiés à ses principes, à ses causes et à ses exceptions ; c'est le meilleur moyen d'apprécier tant de livres et de systèmes mensongers, et de vivre heureux. Gardez-vous de généraliser des applications qui vous flattent ou vous enchantent ; pénétrez-vous bien, au contraire, que chaque localité a sa nature propre, je veux dire son climat et sa vertu productive ; observez bien chaque sol, son grain de terre, sa profondeur et ses abris, parce qu'il en résulte toujours des produits distincts, et souvent des qualités opposées. Ainsi, dans un vignoble qu'un simple sentier sépare, la partie à droite donne un vin qui se vend 1200 fr. le tonneau, quand celle à gauche en produit un commun qui ne se vend que 100 à 200 fr. : tel est le petit vignoble de la Romanée. Examinez, vous trouverez que dans la partie où le vin est exquis, le sol est éminemment calcaire, entremêlé d'une arène ferrugineuse, et à une grande profondeur; un tel sol, pénétré par les labours faits à la houe, accroît et garde plus long-temps la chaleur des rayons du soleil, et imprime à la végétation des sucs plus élaborés; tandis que l'autre, plus près du tuf ou de l'argile, ne reçoit et ne garde la chaleur qu'à sa superficie. Poursuivez ces observations, et vous trouverez les justes causes de différences qui sont extrêmes dans le prix des produits et dans la valeur des fonds; ne croyez jamais les préceptes que vous lance la théorie de Paris, qui généralise tout : croyez plutôt, et croyez toujours la fidèle expérience.

Je n'offre ici sans doute qu'un dessin général des choses qui sont du domaine géorgique; je ne les improvise pas; Virgile en a déjà tracé presque tout le plan; mais on conviendra du moins que la France aujourd'hui peut offrir de riches trésors inconnus aux Romains, et que la science a fait infiniment de progrès qui réclament des géorgiques nouvelles et d'autres préceptes didactiques.

Il est possible, cependant, qu'un jeune poëte ou qu'un homme fait, épris d'admiration pour Virgile, se trouve aussi tenté, comme moi, de préluder à quelque œuvre géorgique; mais, je le demande à tout homme réfléchi,

en état de juger de l'opinion et de la littérature, pourrait-il espérer, surtout s'il n'a pas
fait quelque début heureux dans l'art dramatique à Paris, de voir accueillir ses accens et
d'entendre quelques murmures flatteurs sur
sa composition, quand il voit d'avance que
les académies, les lettrés et l'opinion repoussent les notions agronomiques et la langue
géorgique dans les vils rebuts du Parnasse ;
quand il voit qu'on ne décerne des prix et des
couronnes qu'aux œuvres dramatiques et aux
romans, dont le goût et l'influence dominent,
dans les palais, comme dans les mansardes,
et même jusque dans les bourgs et les chaumières ?

Les littérateurs du grand siècle, et ceux de
nos jours, se sont tous montrés absolument
étrangers à ce genre de poésie, qui comporte
ou exige un cours continu d'images, sans lesquelles il ne peut y avoir ni poëme épique
ni poëme géorgique : toute notre littérature
atteste cette triste vérité.

Boileau, qui a voulu marcher sur les traces
d'Horace, a gardé un silence de mépris sur la
poésie champêtre, dont son modèle pourtant
avait semé son *Art poétique*, ses épîtres et
ses odes, de tant de mots heureux et d'ima-

ges charmantes, il n'a pas même daigné parler de l'apologue, que La Fontaine a consacré,
à ses yeux et à ses oreilles, par un style plein
de grâces et de naturel. Notre littérature
compte maints poëmes didactiques : celui de
Watelet sur la peinture, de Dorat sur l'art
dramatique ; il y en a sur la chasse et la
danse, etc.; sur le vaudeville, sur la loi sa-
lique, sur la guerre, etc., etc. ; mais il n'y en
a aucun sur la poésie géorgique didactique,
parce que Boileau, l'abbé Desfontaines, La
Harpe, en ont déshérité les muses françaises ;
parce que l'Académie, toujours pauvre, et
parce que ses membres, toujours plus courtisans que lettrés, ont ignoré le prix et les
charmes de ce genre de poésie.

Comment pourrait-on se flatter de voir un
jour des géorgiques françaises, quand, d'une
part, la jeunesse des écoles est, de règle, mise
ou jetée et tenue en dehors de tout le domaine physique, sur lequel se fondent principalement les grandes inspirations; quand, de
l'autre, les maîtres et tous les hommes accré-
dités en littérature, regardent comme impossible une composition géorgique? Arrêtons-
nous un instant sur ces fatales dispositions.

L'Académie française a dans son ensemble

quelques gens d'esprit ; mais si on peut y compter quelques abeilles, combien il s'y trouve aussi de bourdons et de mulets, ou de mangeurs de miel ! Supposons pourtant qu'un poëte nourri de Virgile, et fort des inspirations que donne le génie de la nature, vienne à publier un poëme géorgique, quel en sera le sort ? Le moindre malheur qui pourrait arriver à son auteur, serait d'exciter quelques lourdes critiques, ou de le livrer au ridicule, et à toutes fins, de faire encore imposer silence à ceux qui voudraient l'imiter ; mais quoi qu'ils fassent tous, la poésie géorgique triomphera des faux critiques, comme Racine et La Fontaine ont triomphé de Mme de Sévigné, de Boileau et de Lamothe ; parce qu'il est impossible que le goût et les inspirations n'en reviennent pas un jour à Virgile, qui s'est acquis tant de gloire par ce genre de poésie.

Il est pourtant affligeant de penser, que si par hasard il apparaissait sur notre horizon littéraire un vrai poëme géorgique, il ne se trouverait pas même des juges en état de l'apprécier ; non que l'esprit, le goût et l'érudition manquent à nos premiers littérateurs, mais parce qu'ils sont étrangers aux choses,

qui constituent un vrai poëme géorgique didactique, dont l'ensemble est, d'une part, le
domaine physique de la nature, et, de l'autre,
le tableau général de l'agriculture, et dans
les divers climats. Qu'un Mécène puissant,
ou qu'un prince ami des lettres ordonne
l'examen d'un tel poëme, les juges naturels
devraient être, pour lui, les membres de l'A-
cadémie française ; mais quels sont donc,
dans cette Académie, ceux dont les études
et les œuvres pourraient faire espérer un jugement raisonné et justement fondé? On
n'en pourrait citer un seul, même parmi ceux
qui ont enrichi la scène dramatique, parce
qu'il ne suffit pas de posséder du goût, le
rhythme poétique et le style de l'éloquence
ou de la philosophie; il faut encore connaître, pour un poëme didactique, les principes
de la science ou de l'art de cultiver.

A ces causes premières il faut joindre encore une opinion fort injuste, celle de ne ré-
puter poëtes que ceux qui habitent la capitale; mais qu'on y mette en conclave toute
l'Académie française; qu'on lui impose seulement la condition de produire une idylle
dans le goût de celles de Théocrite, ou un
chant de géorgiques françaises; qu'on y joigne

tout le ban, l'arrière-ban, et tous ceux enfin qui battent sans cesse les buissons du Parnasse ou les cercles d'amateurs, et l'on jugera si les chefs de la littérature se connaissent à donner à l'art de cultiver, à cet art que Virgile possédait éminemment, le langage des immortels (1).

La capitale, je m'empresse de le dire, offre de fait une grande prérogative, celle de former le goût pour toutes les œuvres d'esprit dans les sciences et surtout dans les arts : elle mérite à juste titre cette supériorité dont jouirent autrefois Athènes, Marseille, Alexandrie et Rome ; elle mérite incontestablement encore cette supériorité pour tous les beaux-arts et pour la poésie dramatique, parce que les auteurs divers y trouvent les élémens essentiels qui se rapportent aux arts qu'ils y

---

(1) Quel poëte, quel littérateur, quel érudit, dans l'état de notre littérature, eût osé même proposer l'idée de chanter l'agriculture, si Virgile n'eût pas pris cette initiative, puisque encore, malgré sa gloire et l'admiration des siècles pour ses *Géorgiques*, il règne une opinion générale dans tout l'empire des lettres, que des géorgiques françaises sont *impossibles?* C'est bien le cas de dire que ce mot n'est pas français.

cultivent; parce que l'immense agglomération des hommes et des femmes y offre une ample moisson de vices, de vertus et de travers, dans tout état ou position : ainsi Athènes pour Euripide, Rome pour Térence, Paris pour Molière, ont pu suffire à leurs inspirations, et au point d'en assurer l'influence ou le reflet dans la postérité la plus reculée.

Je suis loin de nier qu'un vrai poëte géorgique ne doive pas fréquenter la capitale; mais, je l'en avertis d'avance, il n'y trouvera ni guides ni conseils, car la langue géorgique y est aussi inconnue que celle des Indiens et des Africains, parce que, dans les Académies des sciences et des lettres comme dans celles des jeux, la devise commune est *chacun pour soi;* parce que encore la littérature y est aussi mobile que la politique.

Avant 1789, la poésie légère tenait le premier rang; dans la révolution, il a été dévolu aux sombres mathématiques, dont M. de Laplace s'était fait le suzerain, et souvent le despote : c'est en effet sur son initiative, que tout l'Institut a déclaré qu'elles devaient avoir la prééminence sur les *sciences physiques.* L'ancienne Académie française, alors, a été heureuse de trouver un petit coin dans la

(128)

troisième classe. A la restauration, la fortune
ou la gloire des mathématiques a pâli ; la
littérature a repris quelque faveur, et la
palme a été déférée à la poésie dramatique,
qui déjà elle-même est bien tombée et décolo-
rée. Dans ces derniers temps, la censure,
de honteuse mémoire, lui a porté des coups
mortels ; le génie tragique, naturellement fier,
s'en indigne. Le besoin d'avoir du comique,
pour faire de l'argent, y soutient *seul* encore les
théâtres. Aristote est relégué aux antipodes ;
on fait des comédies avec le ton et l'appareil
des tragédies ; le drame lutte avec avantage
contre le goût qu'avaient formé Molière, Racine et Voltaire. L'Ecole normale a été précipitée avec les accens d'un courroux bien
senti ; et l'Ecole polytechnique ne ressemble
pas plus à celle des Monge et Berthollet, que
nos romantiques ne ressemblent à Corneille.

Quoi qu'il soit de ces réflexions, je me
crois autorisé à me citer en exemple ; et je
m'offre en holocauste aux justiciers du Parnasse. J'ai fait et publié un poëme géorgique
didactique en douze chants, duquel du moins
il restera, dans les catalogues de la librairie
du temps, le titre historique ; mais je dois
compte au bienveillant lecteur des motifs qui

m'ont déterminé à produire mes nouvelles *Géorgiques françaises.*

Porté dès mon jeune âge à observer et à participer aux grands travaux des champs; épris d'admiration pour Virgile, j'en ai conçu un goût prononcé pour l'agriculture; après m'être livré activement pendant trente ans de ma vie aux soins qu'elle commande et comporte, j'ai eu la pensée bien téméraire, sans doute, d'en soumettre les principes et les détails à des accens géorgiques; mais, je l'avouerai, j'étais bien loin de penser qu'il y eût dans le monde lettré une aussi grande antipathie contre la poésie géorgique. Poussé peut-être aussi par l'indignation de voir l'agriculture pratique travestie par l'abbé Delille, qui y était encore plus étranger que les Dorat et les Marivaux, j'ai voulu faire ouvrir à la carrière géorgique didactique, une voie toute différente de la sienne, ou du moins donner un autre et plus sûr signal aux dignes amis des muses.

Quelques lecteurs savent déjà peut-être le sort de ma tentative, ou de ma hardiesse; mais si je n'ai pas eu à combattre des critiques, des censeurs et des aristarques titrés, j'ai du moins la satisfaction de dire que mes

Géorgiques, établies sur le mode même des géorgiques latines, sont incontestablement les premières qui aient été faites pour l'agriculture de la France ; et j'ose prédire que sous les rapports du rhythme didactique et des principes dans l'art de cultiver, elles resteront en littérature. Je suis presque fondé à le dire, en m'appuyant sur les jugemens raisonnés des Fontanes, Parny, Volney, Dupont de Nemours, Toulongeon, dont les lettres motivées existent dans mon *Traité de poésie géorgique,* je pourrais encore y joindre une pareille lettre de Lemontey. Je ne serai plus, quand on en reconnaîtra la base, les motifs et les justes inspirations ; c'est dans cette idée, que l'âge me rappelle sans cesse, que je me permets cette prédiction ; mais je serai vengé, dès qu'il s'élevera un poëte capable de comprendre et d'assortir les matériaux d'un poëme géorgique.

———

Post-Scriptum.

Puisque je viens de parler de moi ; puisque je prends le titre de membre de l'Institut de France, et de plusieurs sociétés savantes, nationales et étrangères ; puisque, par mon âge et par mes travaux, je me suis cru en position de donner quelques avis à ceux qui se trouvent dans la carrière législative et administrative, ainsi qu'à ceux qui pourront un jour s'occuper d'économie rurale ou de littérature géorgique, je dois offrir et laisser à mes lecteurs une notice générale de mes faibles et modestes ouvrages, afin de les convaincre, d'une part, que j'ai mérité du moins les suffrages des fondateurs de l'Institut, et, de l'autre, que je n'ai pas démérité de ceux qui le composent aujourd'hui.

Je le fais encore pour obtenir plus sûrement l'estime et la confiance publiques, en faveur du grand ouvrage que j'entreprends, l'*Histoire de l'agriculture ancienne et moderne en Europe*, et qui sera composée : 1° de l'agriculture des Gaulois; 2° de celle des Grecs; 3° de celle des Romains; 4° de celle des Hébreux, suivie d'un appendice sur les Juifs; 5° de celle des Francs, sous la première, la seconde et la troisième race, jusqu'au dix-neuvième siècle, en les rattachant à l'agriculture de l'Espagne, de l'Italie, de l'Angleterre et des Etats du Nord.

Cette notice aura pour moi l'avantage de prouver du moins, que le temps passé dans ma carrière a constamment été employé à des choses d'utilité publique : c'est le témoignage que j'ambitionne le plus pour moi et pour les miens.

Notice de mes ouvrages et de mes nominations.

En 1786, *Recherches sur les abus qui s'opposaient aux progrès de l'agriculture* : cet ouvrage fut présenté à Louis XVI, en sa personne, et sous les auspices de M. le comte de Chinon, devenu duc de Richelieu, et qui, depuis, m'a honoré de son estime.

En 1787, élu au scrutin dans la Société royale d'agriculture, pour y succéder à M. de Buffon.

En 1790, plusieurs notes et rapports insérés dans les trimestres de la première Société royale d'agriculture.

En 1792, élu, par le département de l'Yonne, membre de l'Assemblée législative, où je fus secrétaire du comité d'agriculture et de commerce.

En 1795, un *Annuaire des cultivateurs*, pour les pays de la *petite culture*, jusqu'alors oubliée ou méconnue. Un vol. in-18.

En 1797, élu, à une grande majorité de suffrages, membre non résident de l'Institut.

En 1798, *Essai sur le commerce, considéré dans ses rapports avec l'agriculture*. Un vol. in-8°.

En 1798, Rapport général, au nom du conseil d'agriculture, contre le desséchement général des étangs en France, avec tableaux. Un vol. in-8°; 110 pages.

En 1799, un Mémoire sur les chanvres indigènes propres au service de la marine, avec tableaux, imprimé par ordre, et sur la proposition de M. Chaptal. In-4°, 120 pages.

En 1800, nommé préfet de l'Yonne, où j'ai administré pendant treize ans consécutifs.

En 1801, Mémoire imprimé sur les abus des défrichemens, sur la destruction arbitraire des bois et futaies; lu à l'Institut, et destiné à la collection de ses Mémoires.

En 1803, un projet de Code rural. Un vol. in-4°. Imprimé et distribué au conseil d'Etat.

En 1805, première édition de mes *Géorgiques françaises*. 2 vol. in-8°.

En 1814, *Notice sur la consistance politique des Gaulois*. Un vol. in-8°.

En 1817, un Cours complet d'agriculture-pratique, publié par livraisons, pendant quatre ans. Huit vol. in-8°.

En 1819, divers opuscules sur l'art de faire le vin, sur le cadastre, etc., etc.

En 1824, deuxième édition de mes *Géorgiques*, dans laquelle on trouve les opinions des Fontanes, Parny, Volney, etc., sur les premières ; les secondes, suivies d'un *Traité de poésie géorgique*. Deux vol. in-8°.

Ayant été élu au scrutin, et à majorité presque unanime, membre de l'Institut, j'avais bonnement pensé qu'en revenant prendre ma résidence habituelle à Paris, il me suffisait de me présenter, pour être admis à occuper un fauteuil vacant; car la loi constitutive ne fait pas de différence entre les membres résidens et non résidens : ces derniers avaient tous les droits des résidens, excepté les appointemens; ils en portaient le costume, prenaient séance, et délibéraient sur leurs propositions. Il me semblait du moins que la concurrence ne pouvait concerner, dès lors, que des membres non résidens.

Lorsque je cessai d'être préfet, le fauteuil occupé par le vénérable Parmentier était vacant; j'ambitionnai beaucoup de lui succéder, et je jouissais d'avance du bonheur de faire connaître moi-même à la postérité les services et les bienfaits d'un savant qui avait été mon maître et mon ami.

Cependant, sur quelques avis, je pris la précaution de faire imprimer et distribuer à la classe une notice de mes ouvrages publiés jusqu'alors : seul moyen honnête et honorable de demander des suffrages. J'annonçais en outre, que j'étais devenu membre des sociétés d'agriculture, de Florence et de Milan, de Lyon, de Rouen, de Caen, de

Bordeaux, de Châlons, et fondateur de celle de l'Yonne.

M. Thouin fut nommé rapporteur. Quel fut mon désappointement, quand, s'expliquant au nom de la section dans laquelle étaient mes anciens confrères, Huzard, Tessier, Bosc, Sylvestre, et qui tous m'avaient exprimé *cordialement*, et surtout M. Thouin, le désir de me voir parmi eux, il proposa M. Yvart, ancien précepteur des enfans Chabert, et dont tous les titres connus se réduisaient à l'exploitation si facile d'une ferme située aux portes de Paris.

Dès cet instant, je l'avoue, j'ai pris congé de ma classe, et ne m'y suis plus présenté. D'autres vacances ont eu lieu : mes anciens et bons confrères n'ont point cherché à m'y rappeler, tant est fort, là, comme là, l'*esprit de corps*. La congrégation des jésuites, du moins, ne frappe ses propres membres que lorsqu'ils sont *apostats*.

Mais si je me suis cru avoir des droits pour faire partie de l'Académie des sciences, *section de l'agriculture*, je suis bien loin de dire et de penser que je méritais même les regards de l'Académie française; toute mon ambition à son égard s'est bornée au désir de la voir s'occuper de la poésie géorgique, qu'elle tient en perpétuelle disgrâce, ou dont elle ne se doute pas.

Je me suis adressé d'abord à son digne secrétaire perpétuel, M. Raynouard, qui avait eu l'extrême bonté d'entendre quelques-uns de mes chants, de me donner des avis, et de m'offrir même de corriger les épreuves de l'édition.

J'ai fait remettre au secrétariat des exemplaires de mes *Géorgiques;* j'ai supplié M. Raynouard d'en entretenir l'Académie, par le motif que ce genre de poésie n'était pas accrédité, et qu'il méritait de l'être. M. le secrétaire m'a opposé l'usage et les règlemens. Je lui ai représenté que je ne demandais, quoique de l'Institut, ni communication immédiate, ni faveur, ni suffrages, et que mon insistance n'avait d'autre but, que de frapper l'opinion de l'intérêt que pourrait offrir un vrai poëme géorgique.

Je lui ai fait observer encore, qu'ayant critiqué et combattu de toutes mes forces, dans mon *Traité de poésie géorgique*, le programme de l'Académie, qui réduit le génie poétique « aux rapports de l'homme avec la Divinité, la patrie, la société et les familles, » rejetant ainsi toutes les inspirations du domaine physique, je désirais moi-même, dans l'intérêt de la poésie, connaître le fond de la pensée de l'Académie sur les principes contraires que j'avais établis, avec des développemens long-temps médités.

Dans une troisième conférence, je représentai à M. Raynouard qu'il avait lui-même fait l'analyse et l'éloge de certaines géorgiques portugaises, et qu'en ne considérant que son opinion propre, il serait digne de lui de proposer du moins à l'Académie un grand prix décennal et royal au poëte agronome qui, dans une époque donnée, produirait des géorgiques françaises à rythme didactique, et à la manière des géorgiques latines (1).

Tous mes efforts ayant été vains, j'ai abandonné mon poëme et le traité qui y est joint, au cours du temps et aux circonstances d'un prince et d'un ministre qui penseront comme Auguste et Mécènes, sur l'influence d'une œuvre géorgique didactique dans un grand Etat agricole.

---

(1) On paie avec magnificence des tableaux, des statues, des zodiaques, des antiquités égyptiennes, et on ne songe même pas à mettre les jeunes poëtes sur la voie d'imitation des poëmes d'Homère et de Virgile.

CHAPITRE V.

Erreurs de Gibbon et de Montesquieu sur l'influence de l'agriculture. — Les auteurs de l'*Encyclopédie* ont partagé cette erreur. — Les économistes et les hommes d'Etat de nos jours
s'égarent, en subordonnant l'agriculture à l'industrie et au commerce. — Abus des écoles scolastiques. — Quels sont les devoirs
du gouvernement sous ce rapport. — Les études de la nature,
unies aux belles-lettres, peuvent faire de grands hommes. —
Coup-d'œil sur Milton. — L'imagination seule n'a jamais fait de
grands poetes. — Le vice habituel de l'enseignement dans les
colléges. — Quels doivent être les soins d'un bon gouvernement
dans l'éducation publique. — Quelques exemples et faits cités sur
les études actuelles.

Toujours malheureuse, l'agriculture, malgré les efforts de quelques hommes généreux,
n'a pu se relever du mépris que lui a porté le
grand siècle. Elle n'a pas eu seulement pour
ennemis jurés les poëtés et les lettrés, elle
n'a pas été mieux comprise et traitée par les
écrivains en prose. Gibbon et Montesquieu
ont fait l'histoire de l'élévation et de la décadence des empires ; mais il n'est venu dans

l'idée, ni à l'un ni à l'autre, de faire considérer que l'agriculture, *exclusivement livrée à
des esclaves*, n'avait offert nulle part assez de
garantie pour donner et entretenir l'abondance. Ils ont dû voir cependant, et souvent,
que le sort et la tranquillité du peuple-roi
même, dépendaient de l'état de l'agriculture
dans son territoire immédiat, puisque les colonies et les peuples asservis manquaient à
chaque guerre d'envoyer leurs tributs. Ils
ont dû faire quelque attention à ce cri terrible, et sans cesse prononcé, *panem et circenses.* Ils n'ont pu ignorer à quelles angoisses
s'étaient livrés les empereurs les plus stu-
pides ou les plus despotes, quand les vents
contraires ou les ennemis retardaient ou
arrêtaient les convois nourriciers. Ils ont été
bien loin chercher des causes, quand l'état
mobile et précaire de l'agriculture du Latium
et de ses succursales, exposait si fréquemment le peuple, le Sénat et les empereurs, à
des convulsions ou à des révolutions. Ils ont
creusé les foyers des passions humaines, afin
d'y trouver des ressorts cachés ou inaperçus
par des devanciers, ce qui est maintenant
une sorte de gloire dans les compositions savantes ou philosophiques ; ils ont supposé

dans les conquérans des vues généreuses de civilisation. On s'étonne encore, autant qu'on s'afflige, d'avoir vu Montesquieu faire un tel honneur au fils de Philippe, le plus grand exterminateur (quoi qu'en ait dit M. Bellart de Napoléon) qui ait jamais paru sur le globe. Il était si simple pourtant de voir et de juger, que toute terre conquise et subjuguée, mise de fait en marches ou en déserts, et qui n'était remuée que par des esclaves, n'était elle-même qu'une terre de famine et de révolutions! Il était si facile de voir qu'en honorant la charrue on multipliait le nombre des hommes heureux, forts et fidèles, qu'on rendait le trône cher et sacré, et qu'on créait une patrie avec d'innombrables citoyens!

Je ferai le même reproche aux auteurs, d'ailleurs célèbres de l'*Encyclopédie*, dans laquelle il n'y a pas une seule page raisonnée sur les principes physiques qui concernent l'agriculture, sans laquelle cependant, et philosophiquement parlant, il n'y a ni corps social, ni bien-être, ni prospérité; je pourrais ajouter, ni religion; car c'est dans les champs cultivés qu'elle est plus vive et plus pure. Mais les encyclopédistes ont pensé, comme les académiciens et les gens lettrés du monde, que l'agriculture, exercée par des hommes des champs, ne devait pas sortir des ténèbres de l'ignorance et des ornières de la routine, où la féodalité et le despotisme l'avaient jetée et maintenue. Croyant eux-mêmes, pour le succès de leur grande entreprise, aux effets d'un style noble ou élevé, ils ont dédaigné tout ce qui pouvait la compromettre ; en conséquence, ils ont rejeté toute diction qui aurait senti l'agronomie ; ils ont au contraire célébré l'économie politique, qui, bien comprise, n'est qu'une abstraction, quand elle n'a pas pour base ou pour cause une agriculture prospère et florissante. Belloni, dans son *Traité du commerce*, a pensé bien différemment que Montesquieu et que les encyclopédistes, car il a déclaré formellement que le commerce d'une nation continentale ne pouvait prospérer que par une riche agriculture.

Loin de voir l'opinion s'amender en faveur de l'agriculture, il vient de s'élever depuis dix ans un nouveau système contre elle ; nos savans et nos hommes d'Etat, ou prétendus tels, d'accord avec les hauts financiers, proclament en première ligne *l'industrie manu-*

facturière, sur laquelle ils appellent tous les capitaux et les encouragemens de l'Etat. Ce système est le résultat du crédit inconsidéré accordé par un de nos ministres à certains financiers, manufacturiers, qui, libres d'exploiter la France, se seraient fait donner le monopole *des grains et des laines*, ainsi qu'on a pu le voir par des communications faites aux pieds du trône (1).

Au renouvellement de la Chambre élective, en 1828, on a créé et constitué un ministère du commerce; cette mesure ressemble beaucoup à une concession de circonstances. Quoi qu'il en soit, si ceux qui ont eu cette pensée, et ceux qui en ont délibéré, avaient mieux connu la France, ils n'en auraient point isolé l'agriculture, que l'Assemblée constituante, la seule jusqu'à présent qui se soit montrée digne interprète des vœux et des intérêts nationaux, fit toujours marcher

---

(1) *Voyez* mon *Cours d'agriculture*, dans lequel j'ai fortement combattu les demandes de M. Ternaux, l'une pour la concentration des laines, l'autre pour de grands approvisionnemens de blés. Cette dernière demande était appuyée par une consultation officieuse de M. Say, qui passe pourtant pour un grand économiste.

d'un pas égal avec le commerce. Il était réservé à notre ère, si fière de sa science administrative, de voir séparer la mère du fils,
qui est encore si jeune et si faible, qu'on lui
permet à peine de prendre quelque essor. Il
nous était encore réservé de voir la Chambre
de 1827 séparer les forêts des eaux, que la
nature elle-même, que l'ordonnance de 1669,
vrai monument de sagesse et de science physique, et que plus d'un siècle et demi d'expérience avaient jugé devoir être à jamais insé-
parables ou indivisibles ; l'ordonnance donc
qui sépare le commerce de l'agriculture, est
une véritable anomalie ou aberration.

Ce n'est point ici le lieu d'entrer dans des
détails qui justifieraient cette affirmative; je
dois me borner, pour le présent, à placer
quelques jalons qui du moins feront connaître au lecteur la marche qu'il faudrait suivre
en gouvernement, pour assortir mieux les
attributions et les matériaux d'une grande
administration d'Etat :

1° L'agriculture du royaume fournit au
moins les trois cinquièmes du commerce national : les grains, les vins, la laine, la soie,
les chanvres et lins, les bestiaux, les chevaux,
les bois, les fourrages, le beurre, le laitage,

les huiles, les fruits divers, et la masse immense des choses qu'on nomme *denrées.*

2° L'agriculture intéresse directement et
indirectement vingt millions de Français :
l'industrie en compte à peine deux.

3° L'agriculture, bien comprise, est elle-
même une grande manufacture, dont les produits se confondent, comme matière première, dans les élémens de l'industrie : cette
pensée est simple, juste et vraie, et pourtant
on s'en détourne à l'envi, pour ne voir que
les produits *industriels* et les *profits commerciaux.*

4° Le commerce ne vit que par l'industrie;
sans le commerce, l'industrie languirait; sans
le commerce et l'industrie, l'agriculture res-
terait pauvre et stationnaire : tel est le triple
pivot sur lequel doit rouler tout l'édifice de
l'administration du gouvernement. Pour obtenir un rouage naturel et régulier, ou régulateur, il faudrait prendre l'agriculture pour
base; mais les théoriciens, toujours d'accord
avec les gens à argent, font mettre en
deuxième ligne l'industrie, et c'est le commerce qui prédomine l'une et l'autre.

5° Constituer le commerce sans constituer l'agriculture, c'est vouloir élever un édi-

fice en quelque sorte aérien, puisqu'il est sans base ; c'est regarder l'agriculture comme une abstraction, quand tout, dans le commerce et l'industrie, se rapporte à elle, même la soie avec ses brillantes métamorphoses.

Un arpent de lin, toujours travaillé à la sueur du front, peut produire à l'agriculteur cent à deux cents francs, mais il peut en valoir mille et deux mille à l'industriel ; le premier craint ou éprouve les dommages qui résultent des saisons ou des météores ; il paie annuellement pour sa terrè l'impôt de première classe, et il faut de *longues années* avant qu'il reprenne une telle culture, *urit enim lini campum seges ;* le second, au contraire, ne craint rien, ne paie rien ; il triple ou décuple son capital.

6° Tous les produits du territoire sont mis à contribution par les impôts directs et indirects, par les douanes, par les octrois, par les centimes additionnels indéfinis. Ce sont pourtant tous les produits que donne la terre, qui composent les millions et le milliard que reçoit annuellement le trésor, et c'est par eux que se soutiennent et se fortifient le crédit public et la rente ; tandis que les millions de l'industrie et du commerce se versent dans les fortunes particulières, *souvent étrangères,* et sur lesquelles, même dans un danger public, le gouvernement n'a et ne peut avoir aucun dévolu.

7° L'invention des inscriptions de rentes non assujetties à l'impôt commun, et qu'on garantit sans cesse contre les moindres atteintes, tend évidemment, et de plus en plus, à constituer en France un système général d'agio qui déjà porte des coups mortels à l'agriculture; je me bornerai sur ce point à rappeler nuement le passage de l'édit Colbert (1660) :

« Les profits excessifs qu'apportent les « constitutions de rentes, pouvant servir « d'occasion à l'oisiveté, et empêcher les su- « jets de s'adonner au commerce, aux manu- « factures et à l'agriculture, il a été estimé « nécessaire..... »

Il est de fait que le système de l'agio se généralise, et que, par conséquent, il enlève aux campagnes les métalliques, dont l'usage est encore bien plus nécessaire à l'agriculteur qu'au fabricant et au commerçant, qui rigoureusement peuvent se contenter de signes fictifs. Combien le petit grand-livre de M. l'abbé Louis a été fatal à l'agriculture !

Car, aujourd'hui, les artisans et même les métayers jettent leurs épargnes dans le grand agio. Ainsi donc, un gouvernement, qui d'ailleurs accable d'impôts le sol agricole, et favorise exclusivement le commerce et l'industrie, se déclare hostile envers l'agriculture, ou il faut qu'il supporte le reproche qu'il est dans une ignorance complète sur les causes qui font prospérer l'agriculture, laquelle pourtant est bien, dans toute la force du mot, la mère nourrice du trésor public.

Nous avons eu, dit-on, depuis 1789, quarante ministres et dix législatures; il n'est venu dans l'idée à aucun, et bien moins à aucune, d'assigner à l'agriculture la juste place qu'elle doit tenir dans l'administration générale.

On est généralement persuadé, même aux Chambres, que les attributions des ministères sont bien coordonnées; on croit et on dit, que le ministre de l'intérieur est celui de l'agriculture, parce que cela est dit ainsi dans l'*Almanach royal* : le lecteur va en juger.

Le ministre de l'intérieur, dans le fait, a dans sès attributions deux écoles vétérinaires, trois à quatre haras, quelques pépinières, et une fois par an, la présidence aux courses de chevaux dans le Champ-de-Mars; mais ce ministre de l'intérieur se réduit tout simplement à M. Syrieys de Mayrinhac : telle est au vrai la grande attribution du ministre de l'intérieur, pour faire prospérer l'agriculture du royaume.

Le ministre des finances, au contraire, a toute la glèbe foncière, tous les impôts directs et indirects sous lesquels gémit l'agriculture. Il a tous les toits, ceux du riche comme ceux du pauvre, et l'air même qu'on y respire.

Il a la direction du mandement ou répartement de l'impôt annuel; celle du cadastre, qui a déjà fait tant de mal à l'agriculture de la France.

Il a les eaux et forêts, et conséquemment les grands défrichemens, les desséchemens et les irrigations.

Il a la police des fleuves, des canaux de navigation, et les tarifs.

Il est le régulateur des fonds de non valeurs.

Il a l'initiative des monopoles dont se plaint l'agriculture.

Il a les douanes, c'est-à-dire tout ce qu'il importe au propriétaire foncier et au fermier de vendre ou d'échanger au-dehors.

Qu'on ne dise pas, que le ministre de l'intérieur peut s'entendre avec celui des finances : apprenons sur ce point, que M. Gaudin, étant ministre des finances, s'est opposé vivement à ce que le ministre de l'intérieur demandât des renseignemens aux préfets sur l'état de l'agriculture dans leurs départemens, et que le ministre de l'intérieur révoqua sa circulaire.

Mais quelles sont, du reste, les fonctions d'un ministre des finances ? c'est d'être toujours en haleine, en presse ou en gêne, pour faire de l'argent, ou, en d'autres termes, pour appauvrir d'écus les campagnes ; autre genre de centralisation, plus funeste encore que celle de la bureaucratie. Ainsi l'agriculture, en masse et en détail, se trouve livrée à deux ministres, dont l'un attire tous les métalliques au trésor royal, et l'autre veille sans cesse à tout ce qui peut favoriser exclusivement le commerce et l'industrie ; regardant tous les deux l'agriculture comme un plastron commun, et s'imaginant de bonne foi, peut-être, que c'est à la Providence seule à veiller sur les cultures.

A la fin de l'Assemblée constituante, on

eut l'heureuse pensée de créer un ministère
des contributions directes : c'était là une
grande idée qu'il fallait soutenir et constituer
nationalement ; c'était voir la patrie dans l'a-
venir : mais, hélas! ce ministère échappa
presque aussitôt à M. Tarbé, l'un des premiers commis des finances, et si digne de l'occuper et de l'exercer.

Quant à l'industrie, et moi aussi je dirai
comme les journaux constitutionnels : Honneur aux capitalistes qui sont venus au secours des manufacturiers de Mulhouse! et
je ne rappelle moi-même ce beau trait que
pour faire observer qu'il serait tout aussi honorable et aussi sûr, de venir au secours d'une
contrée ravagée par un fléau.

Cette pensée infailliblement fera sourire
de surprise ou de pitié certains financiers et
certains hommes d'Etat : n'importe, je tiens
à en expliquer les moyens d'exécution : c'est
mon devoir.

Je suppose qu'un grand et riche vignoble
ait été ravagé par la grêle : d'après l'ordre de
la culture de la vigne, il n'y a rien à espérer
du fonds, pendant deux à trois ans, parce que
la taille en est perdue ou à refaire; parce que
la terre des coteaux a été précipitée dans les

vallées; parce que le cours des provins en est interrompu; parce qu'après une telle pleurésie, il faut à grands frais raviver la végétation, afin de remettre en équilibre la circulation de la sève; mais, en attendant, le propriétaire n'en est pas moins contraint de payer l'impôt courant et de nourrir ses vignerons, comme cela se pratique dans la Haute-Bourgogne, où les vignes se cultivent à moitié profit.

Pourquoi, dans une telle circonstance, ne serait-il pas permis de recourir à un emprunt dont la garantie reposerait sur une valeur décuple de biens fonds *libres?* L'administrateur local aurait à recevoir les déclarations et les pièces à l'appui. Une fois assuré de la rentrée des fonds, le receveur particulier, duement autorisé, délivrerait une série d'obligations payables à jours fixes.

Dans ce cas, le gouvernement devrait intervenir pour réduire au *minimum* les droits relatifs; il devrait encore *payer les intérêts;* ce qui serait de toute justice, car partout les vignerons ne travaillent, en quelque sorte, que pour lui. Quant aux fonds, ils sont dans ses mains et dans le budget, c'est-à-dire, ceux de non valeur assignés au département frappé, et subsidiairement ceux des départemens dont les récoltes auraient prospéré. Cette affectation serait d'autant plus facile, que tous les ans ces fonds sont éparpillés en ordonnances souvent de 15, 25 à 30 centimes. Il est enfin dans son intérêt et dans sa justice distributive, de secourir une culture qui lui vaut tant de millions.

Voilà comme il faudrait se conduire dans un gouvernement où il y a des hommes dignes de gouverner et d'administrer, et dans lequel le véritable esprit d'ordre est inspiré par un honorable esprit public, c'est-à-dire par la patrie.

Malheureusement les économistes académiciens, leurs postulans et les théoriciens à la mode se sont faits les échos du système en faveur de l'industrie. En conséquence, on a créé des écoles et des professeurs de *commerce*, de géométrie, de mécanique et d'économie industrielle, dont les journaux, selon les coteries, ou plutôt selon les notes communiquées, ont soutenu et vanté ce genre d'enseignement (1). Toutefois, je fais bien

____

(1) Pourrait-on cependant comparer ou préférer les discours de MM. Say et Charles Dupin, à l'acte du gou-

volontiers une exception en faveur de l'école de Châlons-sur-Marne, dont les principes de morale et d'éducation étaient excellens, et dont l'*utilité pratique* était si hautement démontrée. Il n'y a même aucune comparaison à faire avec celles où se débitent de beaux discours; car rien ne peut remplacer *la pratique effective ordonnée et exécutée à Châlons.*

J'ai eu l'occasion de suivre l'instruction d'un jeune homme de Picardie, dans un de ces établissemens, à Paris. Ses parens, peu fortunés, ont dépensé beaucoup d'argent, croyant qu'au sortir de l'école, les négocians de la capitale, devenue si marchande, le mettraient en concours. Le jeune homme, fort studieux, avait remporté des prix et obtenu des lettres de grande capacité. Ses parens l'ont proposé à maints négocians; ils n'ont trouvé qu'un épicier qui, en remettant à l'élève savant le tablier, lui a dit : «Travaillez,

---

vernement qui, d'avance, aurait protégé le commerce dans l'Amérique méridionale? La flotte brésilienne, contre tout droit des gens, ne se serait pas emparée, en 1827, du navire *l'Auguste*, monté par le capitaine Coutard, et notre commerce n'eût pas éprouvé, dans ces parages lointains, les affronts et les pertes qui en sont les suites.

« jeune homme, afin d'apprendre à devenir
« commerçant (1). »

Dans tous les discours, on fait par suite
prévaloir encore l'industrie et le commerce
sur l'agriculture; mais faut-il donc faire un
grand effort de méditation pour voir que
l'agriculture est la source première de laquelle découlent tous les filets qui, en défini-

---

(1) Faites à Paris, messieurs, ce qu'on faisait à Châlons, du temps de M. de Liancourt, et vous ferez plus de
bien à l'industrie et au commerce, qu'avec des discours et
des tableaux de calculs dont les bases reposent trop souvent sur de fausses données ou sur de vaines conjectures.
J'ai vu à l'école de Châlons une petite légion de jeunes
Dalmates exercés à apprendre divers métiers, afin qu'à
leur retour dans la Dalmatie, voisine des frontières de la
Turquie, ces jeunes gens y apprissent des métiers utiles.
Voilà une belle idée morale et philosophique; voilà bien
la guerre la plus légitime à faire aux Turcs; voilà une
mesure qui vaudrait mieux que des discours académiques
ou que les petits livres bibliques de la philanthropie anglaise, ou que la caravane des Osages; voilà enfin une mesure que la religion, la philosophie et la politique comman-
deraient encore de prendre à l'égard des Grecs, des
Brésiliens, des Californiens, etc.; car la connaissance des
arts et métiers est le plus grand moyen de civilisation et
de confraternité : Dieu même l'ordonne; mais les missionnaires disent le contraire.

tive, composent l'industrie et le commerce?

Il y a un si grand éloignement, de la part des lettrés, pour les connaissances agricoles, qu'on est en quelque sorte forcé, pour les convertir sur leur utilité, de reproduire les mêmes argumens, soit qu'il s'agisse de géorgiques françaises, soit qu'il s'agisse de l'histoire de l'agriculture; mais, pour les écrivains, comme pour les hommes d'Etat, l'agriculture n'est-elle pas le tableau de la nature, avec plus de richesses et d'embellissemens? et n'est-ce pas le centre d'activité des choses les plus utiles à la société?

Depuis dix ans, le système d'éducation publique a considérablement perdu sous les rapports sociaux : il semble, en vérité, qu'on se conjure pour donner au monde le spectacle d'un nouveau Bas-Empire, et qu'il soit question de meubler encore le théâtre des champs de moines, de serfs et de prolétaires. Ce système a pris un tel ascendant, que la moindre contradiction est regardée comme coupable; on dirait même qu'on redoute une agriculture florissante, comme un luxe dangereux, et qu'en définitive, le bonheur public peut faire donner le signal des insurrections contre le trône et contre l'autel.

On doit enfin reconnaître aujourd'hui que, pour avoir élevé trop haut le système de l'éducation nationale, on s'est éloigné de plus en plus, du vrai but qu'on doit se proposer pour l'enseignement public. C'est encore un fatal tribut qu'il a fallu payer à la théorie, qui a toujours considéré la masse des peuples comme susceptible de perfectibilités indéfinies(1), quand au contraire on devait absolument, en raison des personnes, des états et des fortunes, simplifier, varier et modifier les applications de l'enseignement.

Les législatures n'ont pas été plus sages que les *Helvétius*, les *Demeunier* et les *Talleyrand*. Pour elles, du moins, c'était un devoir de faire le plus grand nombre de citoyens aptes à exercer des fonctions, des emplois, des arts ou métiers, et, de la part du gouvernement, de régulariser et d'assortir l'enseignement aux états divers, aux besoins de la société, aux progrès des lumières, et d'assigner le terme des études à l'âge où le jeune citoyen peut, selon son goût et ses moyens, se faire une profession dans l'ordre social.

Les études scolastiques ne font ni les poëtes,

____

(1) C'était la chimère de Condorcet.

ni les historiens, ni les magistrats, ni les philosophes ; les exceptions ne suffisent pas pour déroger au principe de l'effet commun : quelques exemples de précocités ne sont, à la science faite, que ce que sont à la nature, des primeurs dans les serres chaudes. Le gouvernement ferait donc un acte de sagesse en faisant travailler à un système d'éducation nationale, et tel qu'il conviendrait à un grand peuple spirituel, agricole, industrieux et commerçant. Autrefois, c'eût été un problême : mais aujourd'hui, sous un gouvernement constitutionnel et nécessairement durable, il suffirait d'avoir un ministre de l'intérieur, digne de la nation et du roi, qui chargerait une commission spéciale, composée d'hommes sages, de travailler à un plan d'études qui fût national, et dans lequel les premiers élémens pourraient également servir à l'homme des champs, à l'homme industrieux des cités, et à la jeunesse qui se destine à toute magistrature, laissant ainsi aux uns et aux autres les chances d'exceptions que peuvent faire naître les circonstances de la fortune, les différences de caractères, les germes des talens et les passions de la gloire ou de la célébrité.

Dans un tel système , tout Français serait appelé à posséder ce qui est utile et indispensable dans l'ordre social, c'est-à-dire, lire, écrire et compter, laissant du reste aux parens le choix d'ouvrir à leurs enfans la carrière des études littéraires et scientifiques, dans laquelle, bien entendu, le gouvernement devrait offrir les moyens de s'instruire : mais il aurait payé sa dette ou rempli ses devoirs envers la patrie, dès que sur tous les points du royaume tout Français des champs et des cités pourrait trouver les premiers élémens d'une éducation relative. On doit sentir qu'il est de l'intérêt d'un gouvernement paternel, de ne pas laisser passer les plus belles années de la jeunesse dans des exercices d'esprit qui faussent ou égarent le jugement, qui ravissent à l'industrie et aux arts un temps précieux, et pour lesquels les cours complets des études les rendent moins propres. Ce n'est pas seulement un luxe que cette longue série de choses à apprendre dans les colléges ; c'est un abus digne de toute l'attention d'un gouvernement. Que les pères de familles et que les hommes d'Etat ne s'inquiètent point, de ce que ces divers degrés d'instruction ne soient que facultatifs ; nous n'en aurons pas moins de grands magistrats, des jurisconsultes célèbres, des législatifs instruits, des mathématiciens, des philosophes et des poëtes. Les inscriptions dans les écoles de droit font-elles donc des hommes versés dans les lois? des examens de fait, sur le droit, ne seraient-ils pas préférables? Qu'on ne craigne pas que de grands talens ne sortent plus des classes premières élémentaires ; presque tous les membres de l'Académie des sciences prouvent le contraire : on ne résiste pas à son génie propre, ni dans les arts, ni dans les sciences. Pour nous résumer, enfin, le gouvernement d'un peuple libre constitutionnel ne doit aux jeunes citoyens qu'une instruction élémentaire ; les familles doivent se charger de toute instruction ultérieure : l'émulation, bien dirigée, serait encore plus féconde que tous les cours forcés qu'on impose à la jeunesse.

Le véritable savant, magistrat ou lettré, conviendra, s'il est de bonne foi, qu'il ne doit, après être sorti du collége, qu'aux études personnelles *ultérieures* de son goût, de son choix et de son propre mouvement, les succès ou la célébrité dont il jouit ; comme il avouera que les études scolastiques de son adolescence n'ont été pour lui qu'un vague défrichement.

Faisons observer encore, que les excès de scientification sont extrêmement nuisibles aux progrès des sciences. A Rome, nous a dit Juvénal, la jeunesse doit être élevée et instruite de manière à pouvoir toujours bien servir la patrie, soit en se livrant à l'agriculture, à l'état militaire et à tous les arts que la paix laisse le loisir de cultiver :

. . . . . . Patriæ idoneus, utilis agris,
Utilis bellorum et pacis rebus agendis.

Il n'est plus question pour nous de gymnastique, de ces exercices qui rendaient les jeunes gens agiles, forts, robustes, ardens, et capables de défendre la patrie ; on ne veut et on n'aspire, dans les colléges, comme dans les familles, à n'avoir que des merveilles hâtives, qui ont constamment le sort des plantes éphémères ou étiolées.

L'universalité des matières dans les écoles n'est pas seulement un vice ou un système fâcheux ; elle est encore un obstacle vif et persistant à l'étude la plus nécessaire et la plus féconde, à celle des choses du domaine

physique de la nature, qui seule, j'ose le
dire, peut faire les grands poëtes, les véritables historiens, les magistrats éclairés et
les savans les plus utiles. C'est en se mettant
sous les auspices de la nature, que les chantres des Grecs et des Latins ont donné tant
de prix et de charmes, l'un à ses œuvres épi-
ques, l'autre à ses églogues, à ses *Géorgiques*,
et même à son *Enéide*. Ces deux grands hommes me préservent assurément du reproche
que je m'abandonne à un esprit de système ;
mais si nos lettrés de vieille date m'en accusaient, je leur demanderais seulement pourquoi, depuis trente siècles, il n'y a pas eu un
seul poëme digne d'être comparé à ceux d'Homère. Quels plus beaux sujets pouvait-on
trouver pourtant que les Alexandre, les Charles, les Philippe, les Pierre ! Mais qui oserait
citer *l'Alexandriade*, *la Pétréade*, les *Caroléi-
des*, les *Philippides*, etc. ?

Pendant deux mille cent quatre-vingt-six
années, le monde a retenti de la gloire d'A-
lexandre-le-Grand. Si tout ce qu'en ont dit
les anciens historiens et les orateurs de chaires et de tribunes eût été *juste et vrai*, y a-t-il
eu jamais un plus beau et plus brillant sujet
pour faire un poëme épique ? Où existe-t-il ?

Pourquoi encore depuis dix siècles, pendant lesquels la langue latine n'a cessé d'être familière à tous Français lettrés, ne s'est-il pas élevé un seul poëte qui ait fait des églogues ou des géorgiques dans le sens et le goût de celles de Virgile, qui était déjà pourtant un simple et admirable modèle? Quel poëte épique moderne, en Europe, a seulement approché de Virgile pour les connaissances historiques, physiques et agronomiques, et dont il a pourtant embelli son *Enéide?*

Mme du Bocage, à laquelle on ne peut refuser du génie poétique, a fait *la Colombiade* et *le Paradis terrestre;* mais ces deux poëmes sont restés oubliés, parce qu'ils sont sans vie, *et hors des réalités de la nature* et de l'histoire.

Cette absence de poésie épique, dans un temps où il y a eu une haute civilisation et tant d'essais en littérature, ne montre-t-elle pas enfin que tous les poëtes vivant loin du théâtre des champs, qui n'est que celui de la nature, n'ont eu et n'ont pu avoir recours qu'à leur *imagination?* Ce mot seul explique la différence des poëtes anciens avec les modernes.

Le dix-huitième siècle a été remarquable par le grand nombre de ses héroïdes. Ce genre facile et bâtard ne donne-t-il pas la preuve positive qu'on ne connaît pas les vraies sources de la poésie épique et géorgique ?

Nous avons fait en France une grande réputation au poëme d'*Abel*, de Gessner ; il y en a eu des imitations et des traductions multipliées ; mais le poëte ou l'homme de goût qui met en première ligne les inspirations et les images de la nature, ne peut voir dans ce poëme qu'une série de scènes imaginatives ou romantiques, et d'afféteries extrêmes.

M. Huber, son traducteur, épris d'admiration pour Gessner, a renchéri sur toutes les exagérations du poëte, qui anime les mottes de terre, qui prennent des figures ; il fait sauter la terre et la prairie : Abel entonne des cantiques ; Eve fait un lit de mousse et de fleurs ; les oiseaux pleurent ; les anges apportent des brouillards ; les ruisseaux gazouillent ; Eve et Adam arrosent un autel de larmes ; partout des bosquets, des berceaux de fleurs, des gazons fleuris, etc. Il faut avoir bien peu d'idées, de goût ou de jugement, pour applaudir à une composition qui est indigne du Créateur, de ses œuvres et de sa majesté, et qui est telle, au fond, que Caïn inspire plus d'intérêt qu'Abel même : car sur le champ ce dernier passe dans le parvis céleste. On se rejette sur la langue allemande; mais il ne faut voir que les choses; et ces choses sont des absurdités, surtout sous la plume de M. Huber.

Je ne chercherai point à faire prévaloir pour la France *la Henriade*, que je regarde comme un monument à la gloire nationale; mais il est de fait qu'il n'a pas le vrai caractère épique. Les Anglais s'enorgueillissent du *Paradis perdu* de Milton : que dis-je? les lettrés français sont d'accord sur ce point avec les Anglais, dont nos savans et nos littérateurs sont les tristes et serviles échos.

Cette tendance commune des auteurs français en faveur des auteurs anglais, a sa cause première dans l'admiration de certains philosophes français pour la révolution de l'Angleterre, alors qu'elle s'est affranchie du joug de la cour de Rome, et à la suite de laquelle elle a fondé sa liberté. Les philosophes, les littérateurs, et même les hommes d'Etat du dix-huitième siècle, sans cesse en butte à la cour de Rome et à sa milice, ne pouvant jouir de la même liberté pour écrire, ont tous envié le sort des Anglais. Ils se sont adonnés à célébrer outre mesure les œuvres de compositions littéraires anglaises ; et cet aveuglement a été si grand, qu'en France on n'a commencé à apprécier Montesquieu, que d'après l'éloge que fit Chesterfield du livre de *l'Esprit des Lois.*

Nos éloges toujours inconsidérés, souvent injustes, ont inspiré aux Anglais un tel orgueil, qu'ils ne doutent même pas de leur prééminence sur les Français pour toutes les parties, sans en excepter même les forces physiques, le courage et la valeur. Dans une telle exaltation, ils proclament que Milton est leur Homère, Dryden leur Virgile, et Young le premier agriculteur de l'univers ; et ils s'écrient d'un commun accord :

Cedite romani scriptores, cedite Graii.

Ce fol enthousiasme mérite qu'on s'en explique. On sait, en ce qui concerne Milton, qu'après avoir communiqué son *Paradis perdu* à des savans et à des lettrés, le plus hardi libraire ne lui en avait offert que trente pistoles ; on sait que, peu satisfait lui-même de ce premier poëme, il s'était mis à composer le *Paradis reconquis*, auquel il a donné une haute préférence : mais il est arrivé qu'Addisson et lord Somers se sont avisés, assez long-temps après, de dire que *le Paradis perdu* était supérieur à *la Jérusalem* du Tasse. Il n'en a pas fallu davantage pour faire en France une grande réputation à Milton. Des lettrés mêmes ont exagéré à un tel point leur admiration, qu'ils ont signalé Milton beaucoup au-dessus du Tasse, daignant à peine nommer Voltaire.

Il ne s'agit point, à Dieu ne plaise ! de mettre en parallèle ou comparaison, Milton avec Homère, ma plume s'y refuserait : je me bornerai à faire observer que l'Homère anglais, qui a fait de l'arc-en-ciel le violon du firmament, des sept planètes les sept notes de musique ; qui a fait battre la mesure par le Temps, qui a fait danser le Diable avec les sept Péchés mortels ; qui a inventé la monstrueuse naissance de la Mort et du Péché ; qui a fait battre deux jours de suite les armées du Tout-Puissant par le Diable ou Démon ; qui, dans tout le cours de son poëme, mêle et confond sans cesse les fables ou la mythologie avec les vérités de la religion ; qui avilit enfin la majesté divine, n'a jamais été, ni un grand poëte ni un homme de goût. Je ne serai pas injuste moi-même au point de

refuser au chantre anglais des beautés poétiques qui décèlent du génie ; mais il convient
encore de faire observer, d'une part, qu'il a
emprunté ses plus belles descriptions du
Tasse même ; et, de l'autre, qu'il a pris dans
Hésiode tout ce qu'il dit du chaos. D'autres
ont trouvé que le plan de son poëme est cal-
qué sur celui d'Andreini (*Adamo, Giovani,
con figure : Milano* 1613). Il n'y a pas enfin
un seul homme de sens et de goût qui ne
mette *la Jérusalem délivrée* infiniment au-dessus du *Paradis perdu* ou *reconquis.* Cependant,
les aristarques modernes proclament à l'envi
Milton, les uns comme le Titien, et les autres
comme le Carrache de la poésie. Les mêmes
hommes qui s'expriment ainsi sur Milton,
regrettent que Voltaire n'ait pas fait sa *Henriade* en prose : voilà, certes, un singulier
échantillon de notre esprit public et de notre
justice en littérature.

J'eusse à peine osé déclarer cette opinion,
si elle ne m'eût été suggérée par un aristarque
anglais, M. Garth, qui n'hésite pas à dire
que Milton a gâté les poëtes de l'Europe. Il
lui accorde du génie et de grandes beautés,
mais il en blâme le plan et la contexture ; et
je préfère ce témoignage à celui de l'abbé De-

lille, qui, en traduisant Milton, n'a consulté que le dessein de plaire aux Anglais, ou d'accroître la fortune de l'avide sybille qui lui commandait des vers. Prenons pour juge de la question du poëme épique, le célèbre d'Alembert, qui, s'expliquant sur ce sujet même en 1760, déclara, au sein de l'Académie et en séance publique, qu'il n'y avait encore de vrai poëme épique, que celui du Tasse.

Je ne prétends pas sans doute faire changer l'opinion, qui n'a presque plus d'organes pour la postérité ; je veux seulement faire observer que les poëtes et les aristarques, en concentrant toujours le génie poétique dans l'imagination, se rendent coupables d'une grande hérésie envers la nature, qui seule, peut donner, enrichir et embellir les plus nobles et les plus grandes inspirations. Si ce n'est pas là un principe favorable au génie, c'est du moins une vérité de fait dont Homère offre en vain la preuve depuis trois mille ans. Ce principe, il faut en convenir, n'a pas été senti dans toute sa force chez les Latins, comme chez les Grecs homéristes : pour en juger, il suffit de comparer *l'Enéide* à *l'Iliade,* et, pour le Parnasse moderne, *le Paradis perdu* ou *reconquis,* à *l'Enéide.* Serait-il donc dans les destinées de l'homme, de subir des altérations dans son génie en même temps qu'il en subit dans ses forces physiques?

Quoi qu'il en soit, on doit gémir de voir un corps académique jeter toute la jeunesse dans de fausses routes; de le voir proclamer pour la haute poésie le champ exclusif de l'imagination, c'est-à-dire mettre précisément en interdit les inspirations qui ont fait Homère et Virgile, et qui furent l'un et l'autre si familiers avec l'agriculture et les climats de leurs pays respectifs.

Il est également pénible, pour ne rien dire de plus, de voir sur ce point l'indifférence et l'apathie de notre gouvernement; comme si *l'Iliade* et *l'Enéide* n'étaient pas les deux plus grands trésors que nous ait légués l'antiquité. Un gouvernement, sans doute, n'a point à s'occuper de faire des poëtes et des orateurs; mais il est de son devoir de faire ouvrir à la jeunesse des lices où elle puisse s'exercer sur des choses qui concourent à la gloire de la patrie et du trône. Les ministres à courtes vues peuvent avoir de bonnes raisons pour craindre les discours, les satires ou les pamphlets; mais il vaudrait encore mieux, pour eux-mêmes, avoir des hommes comme Cicéron, Virgile ou Juvénal, que des Linguet, des Florian ou des Marivaux. Quant aux orateurs, qu'ils y prennent garde ; ceux-ci seraient encore moins dangereux que les rhéteurs.

Qu'ils sachent qu'on en élève aujourd'hui par pépinières ; que ce sont les rhéteurs qui ont fait le Bas-Empire, et qui par suite ont perdu le trône impérial ; que ce sont eux qui ont fait presque effacer le goût et l'amour des lettres, sans lesquels il y a une tendance invincible vers la barbarie : sur ce point, il n'y a plus de preuves à donner.

Un bon gouvernement, semblable à un digne père de famille, doit assurer à tous les enfans de l'Etat les premiers principes de l'instruction, ainsi que le Dieu du monde assure et distribue sa bienfaisante rosée à tous les végétaux dans chaque climat, laissant à la raison et au génie de l'homme le soin d'y suppléer, ou de se préserver, soit contre les rayons trop brûlans du soleil, soit contre des météores destructeurs.

Les hommes du grand siècle ne se sont pas contentés de vouloir faire de la langue de la cour, une langue exquise, académique, ils se sont encore attachés, avec une ardeur

émule de celle qui animait les missionnaires
contre les hérésies, à faire bannir de leurs
livres élémentaires ou classiques tout ce qui
pouvait rappeler des choses roturières, telles
que celles qui se rapportent à l'agriculture,
laquelle pourtant, de leur temps comme du
nôtre, faisait vivre les armées, les courtisans
et les savans.

On n'a pas été plus raisonnable dans le
dix-huitième siècle : Le Batteux, La Harpe,
Boileau, Lamothe et Fontenelle, ont déclaré, avec l'autorité que l'opinion leur a
déférée, que le goût et le style repoussaient
des œuvres de l'esprit tout ce qui pouvait se
rattacher au théâtre des champs, c'est-à-dire
à l'agriculture.

Le trop fameux abbé Desfontaines n'a-t-il
pas dit « que le goût et l'élégance repoussaient
« les choses grossières et communes, comme
« les travaux de la campagne, que l'agricul-
« ture devait être rangée au nombre des arts
« mécaniques, et qu'on ne pouvait s'exposer
« à donner des préceptes sur ces choses sans
« *dégoûter* ses lecteurs? »

Mᵐᵉ de Staël, qui, par amour pour la philosophie, s'était faite homme, a dit à moi-même
« que l'agriculture pouvait être une fort belle et

« bonne chose, mais qu'elle sentait le fumier. »

L'homme de sens qui n'est point étranger à l'art agricole, fera sûrement prompte justice de l'opinion d'un pédant et du prétendu bon mot d'une femme d'esprit ; mais le monde est si affairé, qu'on préfère tout ce qui épargne le soin ou la peine d'un examen pour juger des réalités.

L'Académie française a voulu couronner les opinions des Lamothe, Boileau et Desfontaines, pour avoir la gloire, à son tour, de tracer aux poëtes du siècle la carrière qu'ils devaient parcourir, afin de bien mériter d'elle et du bon goût en littérature. Elle a donc publié, avec une déclaration solennelle, un programme par lequel elle a réduit les élemens poétiques « aux rapports de l'homme avec la Divinité, la patrie, la société et les « familles ; » elle a décerné le grand prix à un professeur de rhétorique qui, sans aucun doute, s'est montré docile aux conditions du programme.

Une telle manifestation, suivie d'exécution, fait nécessairement supposer qu'il y a eu deux grands examens. Dans ce cas, je le demande à tout homme de lettres de bonne foi, l'Académie ne s'est-elle pas mise en opposition à tous les principes émis et suivis par les poëtes de l'antiquité?

La poésie orientale, et profane et sacrée, est, relativement à nous, dans une constante exagération ; mais, je le demande encore, les pensées et les images ne s'y rapportent-elles pas continûment aux choses et aux êtres du domaine physique de la nature? les cantiques de Job, les hymnes de Salomon, et toute la Bible enfin n'en sont-ils pas des preuves positives?

Qu'on supprime dans Homère, Hésiode, Pindare, et même dans Anacréon, tout ce qui s'y rapporte au théâtre des champs ; qu'on fasse subir la même opération à Horace, à Virgile, M. Cuvier lui-même, quoique de l'Académie française, n'en retrouverait pas les squelettes ; quel homme de lettres, enfin, a pris quelque estime pour *l'Iliade* de Lamothe?

Qui oserait affirmer que ce n'est point Mécène et Auguste qui ont fait Virgile? Le moule de ces trois grands hommes est-il donc brisé sans retour? Quel ami des lettres oserait soutenir, qu'avec un digne Mécène et un prince comme Auguste, il n'apparaîtrait pas aussi parmi nous un Virgile français? Mais il n'en apparaîtra jamais, tant que l'Académie française n'aura pas fait une amende honorable à la nature, sur son fatal et mortel programme (1); car on ne peut le considérer que comme un éteignoir pour tout homme de génie, capable de concevoir et d'embrasser le domaine physique de la terre.

Dans l'état actuel de notre poésie, les écrivains en renom ressemblent beaucoup à nos astronomes devenus riches et célèbres, et qui se font aussi une sorte de point d'honneur de ne s'exercer que sur le domaine céleste ou aérien; tel, nos écrivains à méditations poétiques sont persuadés que, pour se faire une réputation sublime, leur génie et leur style ne doivent embrasser que les hautes sommités du Parnasse, regardant tout le reste comme choses vulgaires, indignes de leur plume et de leur livrée; tel encore, sous Louis XIV, on pensait que les grands peintres ne devaient exercer leur génie et leurs pinceaux que sur les rois et les grands. Les astronomes, de leur côté, regardent les masses des peuples, comme des fourmilières; ils croi-

---

(1) J'ai déjà rapporté et discuté ce programme dans mon *Traité de poésie géorgique*.

raient compromettre leur génie et leurs tubes,
s'ils s'occupaient des choses qui peuvent affli-
ger la terre et les moissons. Il faut aujour-
d'hui, même à nos poëtes comiques, les salons de l'opulence, des rois ou des princesses,
tant nous nous trouvons jetés à une distance
immense de Molière.

Dans les hautes sciences, les géomètres
et les astronomes se sont aussi fait une langue
inaccessible aux simples mortels : ils l'ont
hérissée de formules et de calculs infinis ; de
telle sorte que ceux mêmes qui ont cultivé les
mathématiques, ne peuvent ou les comprendre ou en vérifier les solutions.

Serait-ce pour rendre hommage aux sciences dites *exactes*, qu'on a fait entrer dans l'A-
cadémie française des astronomes, des géomètres, des géologues? C'est une grande erreur, ou plutôt une atteinte fâcheuse portée
à la littérature ; car c'est confondre dans le
foyer brûlant d'Apollon les élémens glacés
des uranistes. Mais qui donc pouvait se flatter d'y mériter l'exception accordée à Buffon?

.. Gibbon, au surplus, pensait comme nous
de la géométrie : il la considérait comme une
reine impérieuse qui méprisait ses sœurs, et
ne faisait aucun cas des œuvres de tout esprit

qui s'écartait de ses lignes, de ses nombres et de ses problêmes. Que des académiciens des sciences soient encore nommés à l'Académie française, et notre pauvre Parnasse sera tout à fait à la glace. Les aristarques titrés, c'est-à-dire ceux qui sont chargés de sinécures, travaillent de leur côté à dénaturer les sources du génie, et à vouloir ramener la littérature à leur genre précieux ou superficiel : ils ne sont occupés qu'à châtier le style et les mots; ils déprécient ou nient la virtualité de la langue, et ils ne cessent d'en accuser l'ingratitude et la stérilité. Le triomphe, en un mot, des savans et des lettrés en faveur, c'est de se faire admirer, et non de se faire comprendre.

Pour m'expliquer plus nettement, enfin, sur les uns et les autres, je mets infiniment au-dessus des Florian et des Millevoie le simple et sublime Fénélon, et M. de Noé, ancien évêque de Lescar, qui, moins connu, a été cependant le plus éloquent de tous les membres du clergé du dernier siècle. Par les mêmes raisons, je mets également infiniment au-dessus de M. de Laplace, l'auguste Franklin et le sage de Saussure, qui n'ont jamais eu l'orgueil, comme M. le marquis, ce fils ingrat d'un homme des champs, de s'isoler du grand théâtre de la nature et de la physique inhérente à l'agronomie. M. le marquis, il est vrai, a composé et laissé deux ouvrages dont les titres seuls le feraient passer pour un demi-dieu, et déjà ses cliens obligés ont inauguré son buste à l'Institut. Tout Anglais un peu savant, un peu lettré, qui entend comparer Laplace à Newton, demande fièrement si le premier aurait jamais reçu une lettre ainsi adressée de Pékin : *A Laplace, en Europe.*

Déjà l'histoire a mis à de fortes épreuves les déclarations du géomètre anglais, sur ses chronologies, sur son système du monde, et l'on revient insensiblement à croire, que le savant anglais avait été mieux inspiré par Descartes, que par le trait de génie qui lui survint, dit-on, en voyant la chute d'une pomme. Déjà même, pour les réalités et la fidélité de l'histoire, M. Fréret a révélé des erreurs et des fautes bien graves ; déjà même, en physique, on attaque le système des attractions, auquel on préfère celui des impulsions.

La faculté de voir par des tubes plus grands et éminemment perfectionnés, art qui fera toujours la gloire de ceux qui s'occupent de cette partie, a suggéré l'audace de révéler encore aux mortels le système du monde et la mécanique céleste. Il eût donc été prudent de laisser s'entremettre une période de vingt-cinq ou trente ans, pour laisser à la postérité le temps de juger une réputation qui déjà rétrograde. Il est possible que M. de Laplace ait mieux établi des systèmes que Newton ; mais il est très-possible aussi, qu'ayant été mieux servi que lui par des tubes plus célestes, il ait vu autrement que le savant anglais. Quoi qu'il arrive, tant que le monde existera, il y aura toujours des systèmes sur les œuvres de la création.

Quand verra-t-on s'arrêter ce cours déplorable de flatteries, et quand l'Académie des sciences voudra-t-elle bien se persuader que c'est la nation même, devenue sage, studieuse et libre, qui peut seule mieux juger du mérite des œuvres de la science ? En considérant un tel désordre, dont l'initiative appartient à des savans qui sont les premiers serviles du gouvernement, on serait tenté de proposer en thèse à quelques modestes savans, et libres de position, cette question : Que, dans l'homme nourri de haute littérature et de science transcendante, le *jugement* est en raison inverse des richesses mêmes que l'homme possède. Si les idées manquaient aux concurrens, les exemples du moins ne leur manqueraient pas : qu'ils pensent à Rousseau, à Lagrange, et à tant d'autres.

CHAPITRE VI.

L'histoire de France, pour être utile et complète, doit contenir les principaux élémens qui se rapportent à l'agriculture, au commerce et à l'industrie. — L'histoire de l'agriculture doit comprendre également les principes qui se rapportent à la sociabilité. — La condition des peuples étant changée, les historiens doivent s'y conformer. — Un coup-d'œil sur les croisades en Orient et en France. — Les historiographes et les historiens — L'année 1709 et ses calamités. — Olivier de Serres mis à l'index par les jésuites. — L'historien doit nécessairement parler de la révolution de 1789, de ses lois et de ses armées. — Il doit passer en revue les actes sur lesquels s'est fondé le crédit public. — Il doit dire toutes les forces virtuelles de la France pour l'entretien de douze armées actives. — La révolution de 1789 impose un nouveau code rural. — Le crédit public tire toute sa force de la prospérité de l'agriculture.

DE toutes les considérations que je viens de soumettre au lecteur, la plus importante, et celle à laquelle j'attache beaucoup de prix moi-même, concerne l'histoire générale du royaume, dans laquelle je place en première ligne celle même de l'agriculture, comme étant seule capable de donner la vie et la durée à l'autre. Pendant des siècles, le Français, maintenu dans l'ignorance, a foulé sous ses pieds des substances végétales, dont la science s'est successivement emparée, pour donner aux tissus des couleurs variées, et dont elle a fixé les nuances par l'intermédiaire de certains sels que la chimie a découverts ou perfectionnés : tel, pendant des siècles plus longs encore, on a méprisé, foulé aux pieds et laissé dans les ténèbres les hommes mêmes dont les travaux donnaient seuls la vie au corps social, et qui aujourd'hui enfin, rendus à leurs droits légitimes et sacrés, forment précisément la partie la plus essentielle de la société.

Tout à ces pensées, je vais donc tâcher de faire considérer, 1° que l'histoire générale de la monarchie, pour être utile dans la postérité, exige absolument que les historiens suivent, dans chaque règne, la marche et les progrès de l'agriculture, dont les malheurs et les fléaux exposent souvent l'Etat à des convulsions, et dans lesquelles s'abîment aussi les divers sceptres des hautes sciences et des beaux-arts.

2° Que le gouvernement et tous les citoyens ont le plus grand intérêt à ce qu'il existe une histoire, de l'agriculture qui se lie, sous les grands rapports, à l'histoire générale de la monarchie. L'une et l'autre, sous de tels rapports, sont insolites et inusitées ; car il n'y a nulles traces des choses de l'économie publique dans les histoires des rois qui sont faites, et celle de l'agriculture est encore à faire.

Ces deux considérations, comme on voit, s'enchaînent et se lient en faisceau. Cette pensée a été celle qui, du temps de Napoléon, avait fait entreprendre des statistiques de chaque département, et dont tous les ministres, jusqu'à présent, n'ont fait aucun cas : ils les ont laissées tomber dans les rebuts de l'ère impériale.

Beaucoup de ces statistiques, cependant, comprenaient des notions historiques précieuses, qui étaient en quelque sorte l'histoire, au simple trait, de celle même que je désire voir accréditer (1).

S'il est du devoir des législateurs, du mo-

---

(1) En 1816, je demandai à un *sous-ministre* la permission de faire des recherches dans le bureau qui s'occupait des statistiques. Voici sa réponse : « Je me ferai rendre compte de ces choses-là. » C'est la formule quand on ne sait rien, ou qu'on ne veut rien faire.

narque et de la haute magistrature de faire considérer dans les motifs des lois, des ordonnances et des actes juridictionnels, les intérêts de la nation, ou, en d'autres termes, ceux du plus grand nombre des citoyens ou sujets, il doit être plus spécialement commandé à un historien qui veut écrire l'histoire, d'embrasser les intérêts généraux de l'agriculture. Il ne peut s'en dispenser, sous peine de passer pour un homme tout à fait étranger aux considérations d'Etat; il ne peut, s'il a la conscience de sa tâche et de ses devoirs, faire abstraction des intérêts et du concours de douze à treize millions d'hommes exerçant l'agriculture, l'industrie et le commerce, et desquels l'Etat reçoit sa vie première, le trône ses appuis et son indépendance, le gouvernement son crédit, et les villes les plus considérables, la capitale même, leur existence et leur repos.

Nous ne sommes plus au temps où les peuples ne savaient ni lire ni écrire, où les nobles mêmes s'honoraient d'être étrangers aux lettres, où l'histoire, en effet, n'intéressait que les nobles de la cour, les chefs des hommes de guerre, les érudits du métier et la cléricature. On continue cependant à écrire

l'histoire, comme au temps de François Ier et
de Louis XIV, c'est-à-dire avec la même règle
d'opinion, avec le même esprit et les mêmes
matériaux. Qu'on jette seulement un coup-
d'œil sur quelques pages historiques des Du-
bois, Daniel, Velly, on y verra que ces derniers ne sont que les échos des Robert Gaguin, Nicole Gile, etc.; on y verra un sommaire aride et monotone sur les personnages revêtus des mêmes titres; on y verra
une série déplorable de guerres et d'attentats,
pour régner ou pour dominer; des schismes,
des hérésies, des félonies, etc.; on y verra le
beau trône de France en butte à la foi puni-
que des Anglais, aux intrigues des courtisans, et parmi lesquels figurent en première
ligne les prélats, les confesseurs, et même
le pape, *dictatus papæ.* On gémira sur les
causes des croisades, qui, après avoir coûté
la vie à des millions de Francs, n'ont valu en
définitive à la France que l'orgueil ou l'invention des armoiries.

Quelques écrivains, plus persuadés de
leurs talens que des vérités qu'ils avaient à
dire, ont cherché, dans le double intérêt
d'une spéculation et de leur amour-propre,
à relever dans l'histoire l'expédition des croi-

sades. M. Michaud, de l'Académie française,
n'a point traité ce sujet comme un simple
filon ; il s'en est fait une mine inépuisable ;
et pourtant il a oublié, dans son texte du
moins, l'admirable invention du moulin à
vent, qui est une œuvre de génie du premier
ordre, sous les rapports de la science et de
l'utilité publique.

La croisade contre les Albigeois méritait
un grand historien, pour révéler à la postérité l'audace des papes et tous les malheurs
qui en sont résultés, pour l'agriculture et
les arts, dans une des plus belles contrées
de la France. Les horribles massacres ordon-
nés contre ceux mêmes qui demandaient à genoux le baptême, n'ont pas fait dévier les
historiens de leurs habitudes à écrire les évènemens ; tous s'accordent, au contraire, et
M. Michaud plus que les autres, à faire considérer les croisades de l'Orient, comme la
cause d'un grand et vaste commerce pour la
France, et d'un élan nouveau vers une civilisation plus épurée. Quelle civilisation,
quelle philosophie, quelle science acquise,
quel commerce et quels arts, que ceux du
règne de Louis XI, de François Ier, et même
du grand Louis XIV !

Il y a déjà bien long-temps que les titres et les qualités des historiens ont fait juger de la véracité de leurs livres d'histoire ; car on devenait à la cour un historiographe, comme on y devenait un porte-cornette ou manteau. Ceux qui écrivaient ainsi l'histoire avaient des rémunérations d'office, et ils avaient en outre des cliens qui, jaloux, à toutes fins, de figurer dans l'histoire, du moins par leurs noms ou par leurs titres, donnaient des épices aux historiographes, ainsi qu'on en donnait aux juges dans les procès. Nous avons déjà fait observer que ceux qui portaient le titre d'*historiens de la monarchie* appartenaient à l'état ecclésiastique, dont l'influence commandait impérieusement le maintien des droits et des priviléges du clergé ; nous avons vu que cette influence pesait aussi sur les écrivains laïcs, qui n'auraient pu se jouer impunément d'une diction qui eût senti la philosophie, ou l'égalité de la justice pour tous.

Dans tous nos anciens livres d'histoire d'office, il n'est jamais question que de certains personnages ou de quelques familles groupées autour du trône, ou des généraux d'armées, ou des ministres en faveur ; mais aujourd'hui

on conviendra du moins, que tout est bien
changé pour les choses comme pour les personnes. Les immenses progrès faits dans la
philosophie, ou si l'on veut dans l'exercice
de la raison, dans les sciences, dans les arts
et dans l'éducation publique, ont donné à
tout le corps social un principe de ferment
généreux vers le bien et les vertus publiques.
La masse des familles, aujourd'hui, prend
un vif intérêt à tous les récits de l'histoire ;
la Charte constitutionnelle a rendu le service
éminent d'éclairer sur les égaremens que la
liberté avait d'abord suggérés ; car jamais le
peuple des champs n'a été plus éclairé. On
peut en dire autant de celui des grandes cités. Un tel état de choses doit, il me semble,
avertir tous les historiens, que ce que leurs
devanciers méprisaient, compose précisément, de nos jours, les matériaux les plus
importans et les plus utiles, et qu'ils peuvent, sans inconvéniens pour la vérité, comme
pour la justice et leur propre réputation, négliger tout ce qui se rapporte aux hommes
du pouvoir royal, qu'un bon plaisir, un caprice et des flatteurs peuvent faire précipiter
tout à coup dans les nullités ou dans les tourmens de l'égalité.

Il est plus que temps de faire prendre à l'histoire ses plus beaux caractères, ceux de la justice et de la vérité, traitées dans les intérêts du trône et de la patrie. Il ne s'agit pas sans doute de faire, comme Machiavel, l'éducation du prince, et d'araisonner les hommes d'Etat sur les grands ressorts de l'économie politique, et sur les causes des guerres et des révolutions; mais un digne historien, après avoir bien médité son plan, doit imiter le peintre ou le poëte, qui, sans se départir du sujet principal, jette néanmoins des accompagnemens et des épisodes qui s'y rattachent.

Ainsi, par exemple, alors qu'il s'agit de Constantin, dit *le Grand*, de Charlemagne ou de Louis-le-Débonnaire, il doit dire l'état au vrai du sort de l'agriculture sous l'influence immédiate du *labarum*, et faire observer l'immense différence des cultures et du bien-être des peuples, sous le chef des Carlovingiens, avec celui qui existait sous le règne de son fils, livré à la triple dictature des évêques, des abbés et des moines: il doit dire tous les efforts de Charles V et de Louis XII pour faire jouir les peuples des champs de quelque repos. Louis XI, comme Richelieu ensuite, ont moins voulu sans doute rendre la France heureuse et tranquille, qu'abaisser ou neutraliser, pour eux-mêmes, le pouvoir des grands féodaux; mais encore le sage historien peut en faire ressortir des considérations nouvelles et utiles.

Le règne de Louis XIV, s'il est repris par un historien généreux, qui réunira au style de Voltaire les pensées philosophiques de Malsherbe sur l'agriculture et sur l'économie, aura un grand sujet à traiter lorsqu'il en sera à l'année 1709, pendant laquelle les bêtes sauvages et domestiques furent plus heureuses en France, que la population humaine. Qu'il n'oublie pas surtout d'offrir en contraste les fêtes de la cour et les sermons des moines, et, dans cette année même, les ridicules ou révoltantes occupations de l'Académie des sciences.

La révocation de l'édit de Nantes doit lui fournir les matériaux d'une description affreuse et déplorable, celle de tant de milliers de citoyens, vieillards, femmes et enfans, fuyant leur patrie, les tombeaux de leurs ancêtres, emportant avec eux leur or, et, pour en emporter davantage, faisant arracher de leurs héritages les arbres et les buissons,

qu'ils réduisaient en cendres, s'ils ne trouvaient pas à les vendre. Quel censeur oserait
dire que l'histoire de la monarchie ne doit
pas comporter de tels détails ?

Dans toutes les circonstances, un écrivain,
fût il un Bossuet ou un Voltaire, doit faire
mention des disettes et des famines, et surtout de leurs causes, puisque dans l'histoire
même elles ont été si souvent les causes de
tant de misères et de révolutions, et que,
dans tous les cas, elles accusent les gouvernemens du malheur des peuples. Ne citons
ici que l'année 1709 : elle fut le résultat d'un
fatal météore, c'est-à-dire d'une gelée vive
et intense, à laquelle succéda immédiatement
une température très-douce. Dans cet état,
tous les végétaux qui avaient ressenti un premier mouvement de sève furent violemment
attaqués, ou périrent; les céréales, partout
dégarnies de la neige qui peu de jours avant
les tenait abritées, furent détruites; presque
tous les arbres fruitiers cultivés éclatèrent
dans leur écorce, et les rayons ardens du soleil en achevèrent la ruine : ainsi que dans le
règne animal, si on soumet immédiatement
à un feu vif des membres gelés, ils tombent
aussitôt en prostration et décomposition.

Mais que fit-on alors dans le gouvernement, dans le culte catholique et dans l'Académie des sciences? On déclama contre la trop grande étendue des vignes ; on ordonna un défrichement général ; on commanda des prières ; on fit des processions de pénitence, pour lesquelles encore, comme devant le Seigneur, on ne devait point se présenter les mains vides. A l'Académie des sciences, on s'occupait gravement des substances qui rompent les jeûnes, de l'eau et du vin pour le baptême, des naissances monstrueuses, de la barbe, et de quelques merveilles de fructifications.

Le gouvernement et l'Académie n'avaient qu'une seule chose simple et urgente à faire : c'était de relever Olivier de Serre de l'index de colère lancé contre lui par les jésuites et compagnie, et de faire imprimer pour toute la France la partie de son livre qui indiquait les moyens de réparer un si grand désastre ; mais Olivier de Serre avait été l'ami de Sully et de Henri IV ; il était protestant, et, pour la congrégation, l'arrêt était irrévocable. Le croira-t-on? *le Ménage des Champs* du sir Olivier était considérable ; il contenait plus de cinq cents pages in-4° : cet ouvrage si mémorable pour l'époque, et qui attestait dans son auteur une science vraie en physique et en économie rurale, ne faisait pas encore partie, en 1789, du catalogue général de De-bure : voilà bien l'esprit des jésuites !

Un véritable historien, alors même qu'il rend compte des faits d'armes ou des ébran-lemens du trône, ne doit pas s'abstenir de faire observer l'état des campagnes que parcourent les armées. Il lui est impérieusement commandé, par exemple, de dire comment la nation française a pu mettre sur pied dix grandes armées, les nourrir, et lutter contre l'Europe. Il ne peut omettre de s'expliquer sur le mode de leur formation, toutes sorties de l'élan national vers la liberté. Ce mode, adopté et confirmé pour la France, n'a rien de commun avec ceux des pays despotiques: il n'est pas celui des Mèdes et des Perses, qu'on rassemblait, au nom du roi, le fouet à la main ; il n'est pas même celui d'Athènes et de Lacédémone, qui composaient leurs armées d'étrangers, d'archers de Crète, et de cavaliers de la Thessalie ; il n'est pas celui de l'ancienne Rome, qui enrôlait par force ses vaincus, auxquels elle donnait seulement des vétérans pour les discipliner, et des hommes de son aristocratie pour les commander ; il n'est pas enfin celui des prélats et des ermites, qui, à la voix du pape, ou à ses instigations, faisaient lever et se croiser deux à trois cent mille hommes.

La conscription, née de la révolution, mérite, de la part d'un historien, de sérieuses réflexions politiques et philosophiques, non seulement sur les principes législatifs, mais encore sur les moyens d'exécution et sur ses immenses résultats. Malheur à l'historien qui se bornerait, comme un gazetier ou un compilateur, à rapporter nuement les actes relatifs ! il signalerait une absence totale de philosophie, et il manifesterait qu'il ne connaît pas toute l'influence de la puissance nationale, quand elle est unie au pouvoir légitime et reconnu.

La révolution ayant jeté dans le même creuset les priviléges et les coutumes, un historien, ni même un historiographe ne peuvent se dispenser de faire observer les transitions du code féodal à un code national, dans lequel doit nécessairement se trouver le code rural, puisqu'il a pour objet et pour but de donner à l'exercice de la propriété foncière, sur laquelle repose toute la sociabilité, une consistance et une stabilité qui portent les propriétaires à faire des entreprises ou des améliorations. On ne peut croire qu'il se trouve encore des historiens qui réputent de tels sujets indignes du style de l'histoire.

Puisque nous sommes arrivés à un temps où l'or et l'argent sont les plus grands nerfs de la guerre et la cause trop fréquente des révolutions ; puisque même les peuples et les rois, qui font cause commune, ont à redouter, en politique, l'influence corruptrice de l'or pour renverser des gouvernemens et faire des révolutions, les historiens ne peuvent se dispenser de faire mention des circonstances qui se rapportent au maintien du crédit public. Dans cette catégorie, ils doivent donner une attention particulière au système des impôts directs et indirects, aux modes mêmes des perceptions, dans lesquels se trouvent les exactions des publicains, et qui révoltent plus que jamais les hommes paisibles des champs.

Les systèmes de finances ne sont plus, comme autrefois, des affaires de fermiers-généraux ou de banquiers de la cour (1) ; la

---

(1) Sous Louis XV, il y eut défense de faire imprimer et publier aucun écrit sur les finances du roi.

force et l'existence même du trône en dépen-
dent : c'est donc une obligation pour des historiens, de s'occuper des mesures qui s'y rapportent, afin d'éclairer les hommes d'Etat, et
de les prémunir contre des désordres qui
causeraient des troubles ou des révoltes. Les
écrivains d'un âge fait auront de la peine, sans
doute, à soumettre leur style aux dispositions
de tels matériaux, et à faire concorder leurs
prétentions d'élégance avec l'aride matière
de l'économie publique ; mais pourtant il ne
s'agit pas d'en traiter à la manière d'un financier de Francfort ou d'outre-mer. S'ils ont
de la philosophie et du patriotisme ; si, surtout, ils ont préalablement étudié les vrais
principes ; s'ils se sont attachés à bien connaître l'action d'influence d'un ordre juste,
régulier et modéré, dans l'assiette et la perception des impôts, ils sauront bien soutenir
et embellir leur diction par une aimable philosophie. Ce serait enfin, de la part d'un
grand écrivain, un excellent moyen pour familiariser les hauts personnages et les *ministres* avec les diverses conditions des peuples
dans les champs et les cités.

CHAPITRE VII.

Une histoire de l'agriculture doit comprendre les causes, les époques et la marche des défrichemens. — Destruction des bois du domaine royal. — Conduite du régent sur ce point; quelques mots contre le blâme public envers ce prince. — Les anciennes corvées ont été le fléau de l'agriculture : il y en a de nouvelles qui tendent aux mêmes effets. — Un coup-d'œil sur l'ancienne administration des pays d'Etats. — D'un sage système d'impôts dépend le bonheur de l'agriculture. — Le cadastre parcellaire a fait un mal infini. — Les impôts indirects retombent toujours sur l'impôt foncier. — L'heureuse influence de la liberté du commerce des grains. — Le nouveau système des poids et mesures réprouvé par ses excès de scientification. — La nécessité absolue d'un code rural; mode indiqué pour en obtenir un digne de la France. — Les épizooties ont été de grandes calamités pour la France. — Beau trait de M. de Noé, évêque de Lescar, pendant celle du Languedoc. — Etuves imaginées par Duhamel, pour conserver long-temps les blés. — Les prétendus greniers d'abondance et silos pour Paris. — Erreur de Duhamel en agriculture. — Les prairies artificielles trop exaltées par la théorie. — Quelques mots sur les jachères. — Les fermes expérimentales. — Quelques explications sur un cadastre, sur l'éducation de certains troupeaux, et sur les chèvres du Thibet.

La question relative à une *Histoire de l'Agriculture* est absolument neuve, en tant

qu'elle se rattache à l'histoire générale de la
France et de la monarchie. Je viens de prouver, il me semble, que le véritable historien
devait nécessairement fortifier son histoire
par les choses qui intéressent au plus haut
degré la France, le trône même, et tout ce
qui se rapporte à l'administration générale et
aux progrès des sciences et des arts ; mais il
est bien à craindre que l'usage et les dédains
de l'opinion ne laissent accueillir que de vagues généralités, et que le ton déjà pris sur
l'histoire ne retentisse encore long-temps.
La proposition que je fais, d'écrire l'histoire
de l'agriculture, comme une histoire essentielle, éminemment utile aux hommes du gouvernement, à l'instruction des propriétaires
fonciers et aux préposés de l'administration,
pourra trouver long-temps des hommes rebelles ou dédaigneux; car si dans ces derniers
temps un avocat, ministre de l'intérieur, a
pu dire, et convaincre la Chambre des députés, qu'un code rural était inutile, on doit facilement présumer que beaucoup d'autres,
accoutumés à l'ancien style de l'histoire, se
refuseront à croire qu'on puisse écrire avec
intérêt et avec fruit l'histoire de l'agriculture,
dont les élémens, diront-ils, sont tout à fait

étrangers à l'ordre et au cours habituel des choses d'instruction dans la société. Les écrivains, de leur côté, qui sont absolument étrangers à la carrière agronomique, se persuaderont difficilement que, sur des dispositions rurales, on puisse établir un style qui en fasse soutenir la lecture. Les plus difficiles à persuader seront les agens que le gouvernement improvise, et qui, ne se doutant même pas des influences d'une agriculture prospère sur le crédit de l'État, rejeteront dédaigneusement des commentaires ou des réflexions sur l'agriculture, qu'ils nommeront des *rêves d'agronomie;* certains lettrés, enfin, s'inscriront contre le point de fait, que l'agriculture en France est méconnue ou méprisée, puisque, diront-ils, dans tous les discours de tribunes, d'académies ou de lycées, ou d'athénées, on y reconnaît et proclame que l'agriculture est le premier des arts. Pour le prouver, ils citeront imperturbablement, Osiris, Cyrus, le roi de Mitylène, Caton, Cincinnatus, Magon, Charlemagne, etc., etc. Il faut s'attendre à toutes ces récriminations, ressource ordinaire des gens qui se contentent de la superficie des choses, et pour lesquels toute innovation est une entreprise téméraire, et tout perfectionnement un nouvel abus.

Pour atténuer autant qu'il est en moi de telles réflexions et de tels préjugés, je vais tâcher de passer *en revue* les principaux objets qui doivent entrer dans une histoire de ce genre. Cet extrait sera nécessairement rapide, puisque les développemens ultérieurs ne doivent avoir lieu qu'aux époques relatives, et dans un ordre chronologique ; mais, quels qu'ils soient, ils exciteront dès cet instant l'attention du lecteur, et je le prie de considérer les rappels que je vais faire, comme autant de pierres d'attente pour l'édifice nouveau que j'ai entrepris d'élever.

§ Ier.

Il est malheureusement plus vrai de dire que l'agriculture, en France, a reçu plus d'extension, qu'elle n'a fait de progrès raisonnés ou méthodiques ; on en trouve la triste et fatale preuve dans l'immensité des défrichemens qui partout, et spécialement dans le midi de la France, ont altéré, changé ou détruit les causes premières de la fertilité et de la température habituelle. C'est l'ancien gouvernement lui-même qui, par sa position devant stipuler les intérêts de l'avenir, a le plus favorisé et poussé les propriétaires, les gens de main-morte et ses propres engagistes, à faire abattre et défricher les bois et les forêts, dont la disparition a eu une si grande influence sur les sources, sur les climats et sur les excès de température (1).

L'ordonnance de 1669 avait un peu arrêté cette excitation générale; mais quelle influence pouvait-elle avoir, sous un règne que dominaient, de conserve, les jésuites et le clergé, qui, nonobstant cette ordonnance, se firent les premiers dilapidateurs des bois? Chose remarquable! le frein qui leur fut imposé le fut pourtant par le régent, contre lequel s'élève encore un cours non interrompu de blâmes et de vitupérations. Ils sont même si violens ou extrêmes, que l'homme impartial qui a bien examiné la conduite politique et administrative de ce prince, est consciencieusement porté à douter des réalités, et même révolté des injures qu'on lui prodigue.

Les cris proférés contre le régent ont eu pour cause première l'exaspération qui se

____

(1) *Voyez* mon ouvrage sur les forêts.

manifesta aux abus qu'il venait de réprimer ou de punir dans quelques dignitaires du haut clergé, qui dans ce temps dominait en maître absolu les gouvernans et l'opinion ; mais aujourd'hui, si on peut supposer que des historiens et des hommes d'état aient pris connaissance de l'administration générale du royaume sous le duc d'Orléans, on doit s'étonner qu'ils se soient faits les échos des calomnies des tartufes de l'époque et de leurs affidés. Ce prince n'a pas même été épargné dans ces derniers temps par les historiens modérés, par les philosophes, par les chevaliers de poésie légère, ni même par les orateurs de la révolution. Les recherches que j'ai faites pour composer mon *Histoire de l'agriculture*, m'ont mis à portée d'examiner les causes ou les réalités de toutes ces odieuses imputations ; et déjà moi-même je me suis reproché quelques expressions de ce genre dans mes *Géorgiques*.

Comme historien agronome, j'ai pris, pour base de l'opinion que j'en ai aujourd'hui, les faits et les actes du régent ; car c'est toujours le plus sûr moyen de juger les rois et leurs ministres. J'ai vu que sans se mêler d'expliquer le mystère de la Trinité, comme Childéric,

l'Achille de la première race, il avait raillé
et mulcté les abbés, les évêques et les moines,
et qu'il les avait en outre forcés à faire hon-
teusement des restitutions; j'ai vu, par contre, qu'il avait soutenu les chartreux dans la
possession de leurs bois, parce que, a-t-il
déclaré, ils se sont toujours conduits à cet
égard en bons pères de famille; j'ai vu que,
fidèle aux grands principes consacrés par
l'ordonnance de 1669, il avait fait rentrer dans
le domaine du roi tous les bois et forêts des
engagistes, ce qui avait irrité les courtisans,
qui de leur côté, pour le décrier, avaient fait
cause commune avec les prêtres et les moines,
jusqu'à dire qu'il avait voulu empoisonner
le jeune roi; j'ai vu que c'est au régent que
la France a dû les plantations des routes (1),
dont les arbres superbes existaient encore
en 1790; j'ai vu qu'il avait créé près de lui
un conseil royal de commerce; qu'il avait
remonté la marine; qu'il avait bien mérité de
l'agriculture, en réduisant et régularisant les
tailles; que dans la crise financière il avait,
de son propre mouvement, diminué ses dépenses personnelles; qu'il avait supprimé les

____

(1) Arrêt du conseil de 1720.

quatre sous pour livre des fermes qui ne profitaient qu'aux traitans ; je me suis dit : Il est impossible qu'un prince qui a fait tant de bien au royaume, qui par ses mesures d'ordre et de justice a augmenté le domaine de la couronne, et qui attachait, par ses actes patens, une si haute importance à la conservation des eaux et forêts de la France, ait été un homme aussi dépravé qu'on se plaît à le dire. Je ne nierai point qu'en sortant du régime sombre d'une cour façonnée à l'hypocrisie, ce prince et ses amis n'aient aussitôt rompu les liens qui les faisaient se courber devant la robe d'un jésuite ; je ne nierai point même qu'ils n'aient parfois offensé la fausse pudeur et les bienséances de l'étiquette ; mais y avait-il alors beaucoup d'abbés et de courtisans qui n'auraient pas mérité qu'on leur jetât aussi la pierre du scandale ?

Etait-il un prince débordé, celui qui admettait Fontenelle dans son intimité, qui appela près de lui *Duguai-Trouin*, et en fit un conseiller d'Etat ; qui choisit *Massillon* pour évêque de Clermont, et qui eut pour chanceliers, d'Aguesseau et d'Argenson ?

Le duc d'Orléans aimait les arts et les lettres, et il les cultivait ; son apologie de fait se trouve enfin dans la situation du royaume au commencement du règne effectif de Louis XV.

Si nous avons mis en première ligne les excès et les abus des défrichemens des bois dans la France, c'est qu'aujourd'hui on en ressent vivement les funestes effets ; c'est qu'en abandonnant cette partie de la richesse publique à la hache toujours levée de l'égoïsme, et surtout à celle du clergé, dont les individus réduisent tout avenir à leur existence personnelle, on a ainsi laissé le sol de la patrie dans un tel état de nudité, que la nature elle-même est devenue impuissante pour rétablir l'équilibre des saisons, pour dispenser ses trésors avec une répartition profitable à chaque climat, comme à chaque localité. La terre elle-même, à force d'être cultivée en céréales, perd de plus en plus de sa fécondité ; aussi faut-il maintenant, et partout, recourir à des moyens artificiels pour rendre quelque énergie à son sein, auquel on confie tous les ans les même grains, ce qui épuise par excès l'humus, siége de la fécondité (1).

____

(1) Voici pourtant quelle est aujourd'hui la doctrine

Pour se convaincre de ces tristes effets, il suffit de jeter les yeux sur l'immensité des hautes futaies qui ont disparu des monts, et sur les vastes landes, marches, brandes, champagnes ou garigues, qui prennent chaque année de nouveaux accroissemens. En pénétrant avec nous dans l'histoire de l'agriculture, qui aussi a ses fastes, on reconnaîtra que toutes les côtes de la Méditerranée n'ont déjà plus de ces arbres et arbustes qui en faisaient autrefois la richesse et l'ornement. On reconnaîtra que, faute d'arbres protecteurs, les vents de tempêtes sont plus terribles qu'ils ne l'ont jamais été dans tout le golfe de Lyon. Les canaux de navigation, entre autres ceux de Briare et d'Orléans, manquent absolument de gros arbres : il n'y a pas une seule futaie

des Yvart et Tessier contre les jachères, et celle de toute la section d'agriculture à l'académie. Ce n'est point ici ni une méprise, ni une récrimination de système : qu'on lise seulement les tristes *Commentaires* jetés dans l'édition Déterville, sur Rozier ; qu'on suive les livraisons des *Annales de l'agriculture*, édition de Huzard ; qu'on se rappelle seulement les programmes des prix publiés par la société d'agriculture, et dont tous les membres de la section académique font partie, alors on pourra bien juger de la vaine théorie des uns et des autres.

dans *la Puysaie*, qui en était si riche il y a quarante ans (1). Que dis-je? la hache révolutionnaire et celle non moins terrible de l'agiotage n'ont pas même épargné depuis, les chênes isolés qui existaient autour des champs (2). Que cet avis profite aux mandataires de la nation (3), et aux hommes que le roi honore de sa confiance. S'ils ont de la re-

---

(1) Cette petite contrée, dont la ville de Saint-Fargeau est la capitale, et que baigne la rivière de Loing, est très-curieuse par sa composition : c'est un canton de la Suisse au milieu de la France. Elle était renommée par ses futaies : il n'y en a pas une seule aujourd'hui. C'est par le Loing que se soutient le point de partage du canal de Briare.

. (2) Ces faits ne sont pas des déclamations : mon ouvrage sur les forêts de la France en donne les preuves positives et officielles; il existe depuis dix ans, et on y a fait moins d'attention qu'à une chanson ou à quelque almanach.

(3) Dans les Chambres et dans le gouvernement, je le dis avec chagrin, on pousse à la vente des derniers bois; on se confie avec trop de sécurité aux *intérêts* privés, pour faire conserver le sol en nature de bois. Mais une expérience de quarante années a prouvé que ceux qui ne défrichaient pas, et que ceux qui gardaient leurs bois, ne les conservaient qu'en état de *taillis* à couper tous les quinze à vingt ans, afin de jouir plus souvent, afin

ligion pour leur patrie et pour la postérité, ils se féliciteront eux-mêmes de trouver, dans une histoire de l'agriculture, les causes des malheurs publics, et en même temps les moyens d'en réparer les effets.

§ II.

Il sera toujours utile de rappeler, dans l'histoire de l'agriculture, le régime des anciennes corvées, puisqu'elles ont été l'obstacle le plus persistant aux essors de l'agriculture. Comment aurait-elle pu prospérer, quand, d'une part, les seigneurs étaient les plus grands tenanciers, et qu'ils avaient le droit de faire cultiver leurs terres par leurs vassaux ou par leurs serfs? quand les évêques, les abbés, les chapitres et les moines, plus rigoureux encore, imposaient les mêmes droits aux paysans qui les environnaient? Il sera juste de faire voir que les premiers adoucissemens apportés aux fatales corvées ont été dus à la

---

de se récupérer des sommes payées pour l'impôt *annuel*.....

Dans cinquante ans, on voudra réparer le mal, et il faudra dépenser des millions qui ne profiteront peut-être qu'à la cinquième génération ; pauvre patrie!

bonté des rois. Il est d'autant plus nécessaire de retracer l'historique des anciennes corvées, qu'on cherche à les rétablir avec des excès à peine croyables, car ils sont consentis par le gouvernement. Qu'il me suffise, en attendant les époques successives, de dire et d'affirmer ici, qu'un seul département, pour des corvées de chemins vicinaux, a dépensé plus d'*un million* en une seule année (la journée évaluée à 80 centimes), quand sa contribution au principal était de 2,356,197 fr. (1). On doit trembler, en voyant passer tant de lois et de funestes projets, que le gouvernement, s'il n'est ramené par une main ferme et généreuse à des principes plus justes et plus sages, ne fasse déclarer incessamment, par une loi, que les routes de deuxième et troisième ordre et tous les chemins vicinaux seront ouverts, entretenus et réparés désormais par les habitans circonvoisins.

§ III.

L'histoire de l'agriculture de la France peut s'enrichir d'une ample moisson de faits

---

(1) Ce département était celui de M. de Villèle.

et de notions précieuses à prendre dans l'administration territoriale des *pays* dits *d'Etats*. Leurs statuts, leurs vues, leurs actes sont pleins de sagesse et de bonnes instructions ; mais le plus grand mérite de ces institutions consistait dans des applications de principes raisonnés et assortis aux localités, aux climats, aux débouchés du commerce, au caractère et aux mœurs des habitans. C'est le premier bienfait qu'aient éprouvé les propriétaires fonciers, campagnards ou bourgeois.

» La composition élémentaire des Etats s'est effacée par la révolution de 1789 ; mais s'il n'y a plus d'assemblées d'Etats, comme il y en avait en Languedoc, en Bretagne (1), en Bourgogne, etc., il serait peut-être fort sage, dans les temps présens, de recourir aux principes qui dirigeaient ces administrations ; ce serait le seul moyen de faire cesser le fatal et malheureux système de centralisation qui a

____

(1) Ceux de la Bretagne ont la gloire d'avoir les premiers organisé une bonne administration territoriale, et d'avoir été chers à toute la province. Leurs domaines congéables, que la révolution ni la terreur n'ont pu détruire, ont pour origine la catégorie des *Lœti* du sixième siècle.

pu convenir à l'esprit dominateur de Napoléon, mais qui aurait dû cesser dès la première année de la restauration, si le ministère
et les Chambres eussent été simultanément
et franchement pénétrés des principes d'une
monarchie constitutionnelle; car la centralisation pour le royaume de France est un système d'absolutisme, si ce n'est d'anarchie.
Ce serait un moyen encore de corriger l'inap-
titude d'une foule de préfets qu'on *improvise*
d'une manière si étrange, et qui n'occupent
leurs places, que comme des sinécures ou à
la manière des courtisans. Ce serait enfin
une belle question à examiner, si les préfets,
pour bien administrer, ne devraient pas ressortir d'un collége central et local, établi contrée par contrée, au lieu de dépendre de la
bureaucratie d'un ministre, ou plutôt de commis parisiens, non moins étrangers que lui
aux affaires administratives. Je ne dirai point
quelle devrait en être l'organisation; mais
elle devrait participer de celles des anciens
missi dominici, des anciens pays d'Etats, des
assemblées provinciales ou conseils provinciaux, des dernières administrations collec-
tives, et d'un système de responsabilité dans
des cas déterminés. Ses membres, au nombre

de cinq ou de trois, seraient toujours, bien
entendu, en rapports et subordonnés au gouvernement du roi. Ils devraient être propriétaires fonciers, domiciliés dans le ressort, et
y faisant valoir leurs terres. Ils devraient avoir
été administrateurs ou députés, et ils devraient être élus par les colléges électoraux
des arrondissemens situés dans la contrée
délimitée. Après une session collective de
cinq années, l'un d'eux, à la sixième année,
sortirait par le tirage au sort; et ainsi chaque
année dans la suite. Le sortant ne pourrait
être réélu qu'après deux ans. En combinant
ce système administratif avec la Charte et la
monarchie constitutionnelle, les administrés
seraient donc assurés contre les préventions,
les erreurs et l'ignorance des ministres et des
préfets. Ce serait d'ailleurs une excellente
école pour former des administrateurs et des
hommes d'Etat pour les Chambres et le ministère ; ce serait enfin un très-juste chapitre
d'économies à faire. On ne verrait plus les
scandales de préfets mandés ou blâmés pour
être venus instantanément au secours de leurs
administrés, après de grands malheurs; secours qu'il faut demander à présent pendant
un, deux ou trois ans, et quand le malheur

est devenu irréparable. Ce serait également un grand bienfait pour l'agriculture : je me borne seulement à rappeler, quant aux pays d'Etats, les routes, les chemins vicinaux, les canaux navigables et ceux d'irrigations, pour lesquels leur administration sera toujours citée en modèles.

§ IV.

C'est dans une véritable histoire de l'agriculture que les hommes d'Etat, bien pénétrés de leurs devoirs, pourront puiser les vrais principes qui concernent les impôts. Tout le mal qu'ils ont fait parce qu'ils étaient injustes, extrêmes et arbitrairement répartis, doit enfin porter les hommes sages à procéder avec plus d'équité et plus de connaissances sur toutes les choses imposables, et que le fatal cadastre parcellaire a si étrangement exagérées. Il est au surplus remarquable que presque toutes les révoltes populaires ont eu pour causes le genre, le mode ou les excès des impôts ; l'histoire générale de l'agriculture va les reproduire depuis la première race, jusqu'à la révolution de 1789, sur laquelle ils ont eu la plus grande et la plus active influence. Faut-il dissimuler que cette cause-là même agite encore vivement aujourd'hui les esprits, et surtout les masses?

Le mode du cadastre parcellaire a révolté tous les propriétaires fonciers; non qu'ils ne reconnaissent la justice et la nécessité d'un impôt foncier, mais parce que ce système les soumet à un genre de théorie inapplicable et insaisissable; parce qu'il déclare et consacre une fixité sur des cultures qui de leur nature sont mobiles; parce qu'il s'oppose à des améliorations que le système des cadastriers poursuit ou accable; parce qu'enfin il est le plus injuste de tous les systèmes, relativement aux bois qu'il empêche de vieillir, et qu'il détourne d'en semer pour l'avenir.

L'impôt le plus difficile et le plus dangereux est certainement celui qu'on comprend sous le titre ou la catégorie de droits réunis, dits *indirects;* car il est celui contre lequel se sont élevés tous nos grands vignobles, et en faveur duquel on a imaginé tout ce qui peut le plus indigner, c'est-à-dire l'entrée arbitraire et les recherches *dans les domiciles* (1).

____

(1) **Dans** mes tournées comme préfet, j'ai interrogé souvent des aubergistes propriétaires-fonciers, sur l'action

On verra, dans l'histoire de l'agriculture, que les droits sur les vins ont fait reculer Chilpéric et Frédégonde ; qu'à diverses époques la Bourgogne et la Guienne ont été les plus exaspérées contre les impôts de ce genre. Lorsque nous en serons au dix-huitième siècle, nous offrirons des réflexions infiniment justes et sages, publiées par M. Turgot, lorsqu'il était intendant du Limousin, et dont le résultat était, que les impôts qui paraissent les plus indirects retombent en définitive sur l'impôt foncier, c'est-à-dire sur les propriétaires de terres. Nous donnerons tous nos soins à suivre la longue échelle des divers impôts : puissions-nous,- par un si grand travail que le zèle nous inspire, arriver à convaincre nos hommes d'Etat futurs, que plus la chaîne des impôts est allégée, plus ils

---

des employés dans les droits réunis : tous m'ont déclaré que s'ils payaient deux cents francs de droits par an, ils étaient prêts à en payer, par abonnement, trois cents à la régie, pour que ses commis n'entrassent pas dans leurs maisons, où ils faisaient des recherches arbitraires et souvent insolentes. La franchise des domiciles fut toujours un droit sacré. Une ferme bien établie serait encore plus économique et plus digne d'un gouvernement représentatif; elle serait plus conforme encore au caractère français.

sont assurés et productifs, et que plus l'État en a de richesses et de crédit!

Il est très-urgent de changer le système actuel, car le gouvernement ressemble à un seigneur féodal qui, ayant le droit de banalité, soumet toutes les vendanges de son ressort à un énorme pressoir, afin de n'y pas laisser une goutte qui soit exempte du tribut fiscal. Faisons observer d'avance que de tous les pays connus, la France est celui où les impôts sont portés à des points extrêmes, et où conséquemment la perception coûte le plus. L'Angleterre, jusqu'à présent, n'avait pas été plus juste ; mais depuis quelque temps elle détend peu à peu ses ressorts fiscaux : elle a reconnu, elle a senti pourtant qu'elle améliorait ainsi son sol, son industrie et *ses finances* (1). Nous ne suivons son exemple que pour le mal qu'on peut faire à la masse des contribuables.

<h3 align="center">§ V.</h3>

Quoique ce ne soit qu'après cinq siècles de tourmens et de révoltes que notre gou-

---

(1) *Voyez* l'augmentation de ses revenus fiscaux en 1827.

vernement ait enfin senti l'utilité, la nécessité même de rendre libre le commerce des
grains, il sera toujours utile, dans notre histoire, d'en redire les motifs. Il suffirait d'un
changement dans le système administratif,
pour voir encore se renouveler des exceptions au principe, contre lequel le vulgaire
lui-même serait peut-être le premier à s'in-
surger; car il a toujours, sur ce point, sa
vieille tendance à la défiance.

Cette liberté du commerce des grains, que
les tarifs mensuels embarrassent (1), est encore en affinité avec l'abus des taxes pour les
denrées, et qu'on rétablit comme des prérogatives de mairie. La question du commerce entraîne avec elle le système des poids
et mesures, pour lesquels il y a une confu-

---

(1) On se fait maintenant pour tout *des termes moyens*,
des températures moyennes, *des prix moyens*, etc., etc.
C'est une grande erreur en physique et en administration :
je ne citerai que ce qui se rapporte aux grains, à l'égard
desquels on établit la limite officielle des importations sur
les prix moyens des mercuriales dans les ports et les mar-
chés circonvoisins.

Le parlement anglais vient, en mars 1828, de démontrer, par des faits, l'erreur des prix moyens pour les céréales : les faits ont été cités.

sion bizarre, c'est-à-dire une lutte générale des anciens poids et mesures contre les nouveaux, qui en général ne sont plus que des abstractions, des dénominations théoriques ou idéales, tels que les pistoles et les centimes, dont l'usage est effacé déjà. C'est dans une telle matière, qui est tous les jours soumise aux transactions populaires, qu'on reconnaît le danger de recourir à des savans géomètres et astronomes pour déterminer, dans une sociabilité aussi active que celle de la France, les modes de vendre, d'acheter et de payer. Déjà tout le peuple en masse, les administrateurs et les académiciens eux-mêmes, dans leurs affaires personnelles ou leurs ménages, ont fait justice des *ares,* des *myriares,* des *grammes,* des *milligrammes,* des *stères,* des *myriamètres,* des *cades,* des *centigades,* etc. (1). Ainsi, au lieu d'obtenir ce que tous les cahiers envoyés aux Etats généraux demandaient, l'*uniformité des poids et mesures,* nous sommes retombés dans la triple confusion de mots grecs et latins, de mots

____

(1) Les excès de scientification ont perdu le système métrique, comme les nomenclatures arbitraires et systématiques perdent la chimie, la botanique, la minéralogie, etc.

mixtes et bizarrement composés ; ce qui dé-
cèle bien que le gouvernement, depuis 1792,
n'a été confié qu'à des hommes *improvisés* à
cause de leurs opinions politiques, et absolument étrangers aux usages de la société.
Déjà Napoléon, ayant égard aux petits con-
sommateurs, avait admis les anciennes dénominations des poids ; mais depuis la restauration on est revenu, sans le comprendre davantage, au système scientifique de la révolution. Les agens du fisc se sont appliqués
des sinécures pour les vérifications ; et récemment le préfet de police de Paris, cédant
à quelques scientifiques intéressés, a fait ordonner l'exécution des lois sur la nouvelle
nomenclature : c'était le moyen de continuer
l'abus des employés d'office sans fonctions.

§ VI.

Je ne sais si, dans la carrière législative, il
y a maintenant un plus beau et un plus grand
travail à faire qu'un code rural commun,
code que toute la France implore depuis le
milieu du dix-huitième siècle, que la révolution de 1789 a rendu *absolument* nécessaire,
que tout député se croyant *mandataire* devrait

demander avec force, et qu'un historien enfin doit revendiquer avec persistance. Le malheur a voulu que l'empereur Napoléon, qui n'était rien moins qu'administrateur, fût entouré d'avocats et de gens de loi, tous Parisiens, qui lui aient suggéré le dessein d'un code civil, fort mémorable sans doute par ses rapports avec ce qu'on appelle la jurisprudence, mais en général fort étranger aux lois qui régissent ou doivent régir les propriétés rurales, qui sont la base sur laquelle reposent toutes les autres. Son code; car il le nommait ainsi, ainsi que ses conseillers, n'est point national, et, rigoureusement, on peut dire qu'il est plutôt celui des cités que celui de la France territoriale. Il pourra beaucoup servir dans la législation judiciaire ; mais il ne pourra jamais, telle chose qu'on fasse, suppléer à un code rural. Je dirai plus : le Code civil, quand il traite des questions agronomiques, est presque toujours *contraire* aux intérêts qui s'y rattachent. Il semble, en vérité, qu'un mauvais génie suscite des LÉGISTES exprès pour neutraliser les leçons de la sagesse et de l'expérience. On ne sait que trop les noms de ceux à qui l'on doit le Code pénal, et qui mériterait bien un titre équivalent à celui de

Dracon; mais tous les hommes de sens, tous
les agronomes sont encore frappés de la déclaration apportée par un ministre de l'intérieur à la Chambre des députés, qu'un code
rural était inutile!... Nous dirons de ce ministre, que les plus hautes qualités de l'esprit
et du cœur ne suffisent pas pour bien connaître le vaste territoire de France, ses vir-
tualités productives ou productibles, ses climats, ses usages ou coutumes, et tous ses
foyers d'industrie.   :

 Rappelons, à l'appui de ces réflexions, que
dans l'ancien gouvernement, les ministres du
roi avaient toujours fait leur apprentissage
administratif, comme maîtres des requêtes,
commissaires départis ou intendans. Les exceptions qu'on pourrait citer ne feraient que
confirmer, au surplus, la sagesse de la mesure monarchique. Je déclare, du reste, que
cette explication, dans ma pensée, est rendue commune à tous ceux qui d'un premier
saut arrivent au timon des affaires de l'État,
et même à celles d'un département.

Si jamais nous avons un gouvernement qui
marche d'un pas égal avec des Chambres
éminemment nationales, il ne s'occupera pas
lui-même de la composition d'un code rural,

mais il réunira auprès de lui un conseil composé de membres choisis dans les diverses contrées, et jouissant d'une réputation honorable, soit comme magistrats, soit comme propriétaires fonciers (1). Le mode en est tout trouvé dans celui que formèrent Colbert et Lamoignon pour la rédaction de l'ordonnance de 1669 : leur travail serait remis au roi, et transmis ensuite aux Chambres. Il faut croire que de tels hommes, frappés de l'insouciance des hommes du gouvernement et de la Chambre des députés en 1827, sur les *eaux* qui imbibent et arrosent le sol agricole, s'entendraient tous pour rétablir l'ancien texte d'alliance *des eaux et forêts*, dont les unes sont en quelque sorte la conséquence des autres ; car les eaux font les forêts, et les forêts font les eaux. La discussion sur la loi qu'on ose nommer le *code forestier* ne laissera pas de traces honorables pour la Chambre des députés ; elle a traité les forêts avec une indifférence qui ne convient qu'à des financiers et à des hommes tout à fait étrangers à la consistance agricole de la France (1).

----

(1) Cette proposition du gouvernement en 1827, sur les forêts, n'était de sa part qu'un *passe-temps*, ou, si l'on

La partie spéciale des eaux et forêts, dans l'histoire générale de l'agriculture, pourra fournir dans le temps de grands et utiles exemples pour asseoir enfin un bon code rural, dont le code forestier n'est lui-même qu'une partie.

§ VII.

Les épizooties ont été, dans tous les temps, des fléaux et des désolations; l'histoire en revendique donc les circonstances et les effets. Comme les pestes et les épidémies, elles offrent des causes et des caractères différens; mais les hommes de la science en France, dans le dix-huitième siècle même, auraient cru se déshonorer s'ils s'en étaient occupés. Les Italiens sont les premiers qui aient combattu les épizooties par des moyens préser-

---

veut, un os à ronger pour arriver à d'autres fins, et pour détourner le blâme de l'opinion. Mais, je le déclare de bonne foi, et en homme du métier, cette loi n'est qu'une triste et vaine rapsodie de l'ordonnance de 1669, dont on a suivi les dispositions, ne faisant pas attention, ni les uns ni les autres, qu'il ne s'agissait pas d'une législation apte à l'année 1669, mais à celle de 1829.

vatifs et curatifs. Partout les prêtres et les moines, en France, s'étaient emparés de ces circonstances pour accroître leur influence et leurs richesses ; les guérisons de hasard ou de la nature étaient considérées et publiées comme des miracles ; il y avait encore, en 1788, des ostensions périodiques et des processions à des églises ou à des abbayes, pour faire assurer la vie et la santé des bestiaux. Les paroisses envoyaient des processions ; et au jour de la fête du saint, on voyait quelquefois le concours de quinze à vingt bannières dans la même église.

L'épizootie de la Bourgogne a été une époque où la science a commencé parmi nous à développer et à discuter les moyens de combattre ce fléau et de s'en garantir ; mais la plus mémorable et la plus récente est celle du Languedoc, qui y fit périr toutes les bêtes à cornes, et avec une telle violence et rapidité, qu'elle jeta l'alarme dans toutes les provinces limitrophes de la contrée. Tous les moyens furent employés, ceux de la piété et ceux de l'art vétérinaire ; mais le fléau n'en devint que plus terrible ; les victimes qu'il dévorait accroissaient ses forces et sa puissance : semblable au monstre de la fable, il tuait de ses seuls regards ou de son seul souffle les animaux restés sous les toits, comme ceux qu'on laissait à l'air libre. Les agriculteurs qui n'avaient pas été atteints, croyant lui échapper, se hâtaient de diriger leurs bœufs et leurs génisses vers des lieux préservés; tous ces mouvemens, au contraire, ne faisaient qu'étendre les foyers du fléau : les artistes vétérinaires et tous les guérisseurs hâtaient donc ainsi eux-mêmes la mortalité par leur mesure inconsidérée.

Le gouvernement du roi, à la voix des Etats, demanda les secours de l'Académie des sciences, qui heureusement possédait un membre illustre par ses études sur l'anatomie des quadrupèdes; le célèbre Vic-d'Azyr (qui fut ensuite médecin de la reine Antoinette) y fut envoyé. Après avoir parcouru tous les lieux désolés et ceux où l'épizootie éclatait encore, ayant reconnu par tous les rapports et par lui-même, que l'activité et l'intensité du fléau étaient en raison directe des victimes, il réclama la formation d'un cordon de troupes, pour prévenir toutes communications. Comme dans un incendie, il fallut faire une large part au feu dévorant, et conséquemment faire abattre et tuer une quantité considérable d'animaux sains et bien portans, et y arrêter tout à coup les travaux de la charrue. Les envieux, les petits esprits, les confrères, surtout, firent des épigrammes, ou jetèrent les hauts cris contre Vic-d'A-zyr; mais les Etats et le gouvernement pensèrent autrement, et les exécutions proposées eurent lieu. Quand cette épizootie aura été bien rendue dans l'histoire, on jugera que ce savant a bien mérité de la France, puisqu'ainsi il a préservé les autres provinces d'un si grand fléau.

Cette épizootie a donné lieu à un des plus beaux traits dont puisse s'honorer l'épiscopat, dans l'histoire de l'agriculture. L'évêque de Lescar, M. de Noé, parcourait toutes les paroisses désolées de son diocèse, y apportant lui-même des secours et des consolations. Navré d'un si grand malheur, et prévoyant que la famine en serait la suite, il eut recours à une charité prompte et effective : il vendit son argenterie, se priva de tous ses revenus, et se réduisit au strict nécessaire. Jugeant néanmoins que ces secours ne pourraient suffire, il s'adressa aux Espagnols circonvoisins; il écrivit aux curés une lettre, bien véritablement pastorale, pour leur peindre la

misère et le désespoir de ses diocésains, auxquels il ne restait plus de bestiaux ; il les suppliait de concourir à repeúpler les champs
de son diocèse, offrant de payer, et se rendant caution pour tout ce qui serait fourni.
Cette lettre pastorale fut lue aux prônes d'Espagne ; elle y fit verser des larmes, et sur le
champ prendre la résolution de fournir des
bestiaux à Lescar. Les uns les donnèrent à
bas prix, les autres voulurent les donner en
pur don : des Espagnols firent plus ; ils voulurent conduire eux-mêmes leurs colonies de
repeuplement, et les remettre à M. de Noé,
qui, en leur faisant un accueil digne du bienfait, exposa, dans une autre lettre pastorale
à ses diocésains, la belle et noble conduite
des chrétiens espagnols. Je produirai dans
le temps les pièces qui se rapportent à ce
fléau et à ce noble et pieux évêque, dont j'ai
connu les vertus, et qui m'a honoré de son
estime quand j'étais préfet du département
de l'Yonne, dont il était l'évêque..

§ VIII.

Quoiqu'il y eût déjà dans le gouvernement
de Louis XV beaucoup de philosophie, ou, si

l'on veut beaucoup de bonté pour les peuples, les alarmes, la disette et maints autres
fléaux secondaires ne désemparaient pas du
sol de la France : l'histoire, même avec les
rigueurs du style, en revendique les tableaux.
A chaque disette, le gouvernement, les propriétaires et les curés décimateurs faisaient
de nouveaux efforts pour faire *défricher* des
bois, des paquis, des prés, et pour faire arracher les vignes. Ces novales, plus ou moins
chargées de sucs fertilisans concentrés dans
un riche humus, donnaient partout des moissons superbes, et l'abondance faisait immédiatement tomber à vil prix les grains de
toute espèce : cette abondance appelait de
fait tous les insectes. Les grands amas de blés
d'ailleurs étant plus sujets à des avaries, les
approvisionnemens disparaissaient, et de
nouvelles disettes se faisaient ressentir encore. Dans ce flux et reflux de céréales, le
gouvernement eut recours aux savans pour
obtenir des moyens de conserver les blés re-
cueillis dans les années d'abondance.

M. Duhamel, qui dans ce temps régnait à
l'Académie des sciences, comme y régnait
naguère M. de Laplace, fut envoyé en qualité
de commissaire dans plusieurs provinces,

entre autres dans l'Angoumois. Il proposa des étuves, à dessein de faire périr les germes des blés, sans altérer la fécule. Il n'y eut qu'une voix à l'Académie, dans le gouvernement et dans tous les journaux du temps, pour proclamer la science et le génie inventif de l'illustre académicien. Les administrateurs des grands hôpitaux de Lyon, de Paris, de Bordeaux, de Rouen, etc., se hâtèrent de faire construire de telles étuves; mais bientôt le gouvernement pour les magasins militaires, et les administrateurs d'hôpitaux, ne tardèrent pas à être frustrés dans leurs espérances, et désenchantés sur le génie de M. Duhamel. Qu'il suffise ici de dire, qu'à Paris et à Lyon on fut obligé de jeter à l'eau une quantité immense de grains avariés ou dévorés par les insectes.

Les savans, quoi qu'on en dise à l'Académie, ne se corrigent pas plus que le vulgaire; car nous en verrons, dans le cinquième lustre du dix-neuvième siècle, proposer des sacs, des coffres et des ventilateurs pour conserver indéfiniment les blés. Nous verrons plus : on proclamera dans Paris et à la face de l'Académie des sciences, qui aussi laisse tout dire et faire, que le moyen le plus simple et le plus sûr

pour conserver indéfiniment les blés, c'est de
les enfouir dans la terre, en se bornant à re-
vêtir de paille ou de maçonnerie les parois
des fosses, qu'on nomme des *silos;* ce qui
prouve qu'on méconnaît toujours la nature
des blés, et surtout celle du froment, qui est
éminemment fermentescible, et conséquemment très-difficile à conserver en amas. A son
temps nous traiterons cette question, que
nous réduirons, pour toutes ses parties, à des
faits notoires et à une démonstration physique et mathématique.

Sous l'ère impériale, on a eu l'idée de former à Paris un grenier d'abondance. Si c'é-
tait de la part du maître un nouveau leurre politique, il n'y aurait eu rien à dire ; mais dans
le gouvernement de la restauration, les Lainé
ont pensé comme les Montalivet : on a posé
les premières pierres de ce prétendu grenier
d'abondance avec solennité, et on offre encore à l'admiration de l'étranger ce faible
échantillon, comme un grand monument de
la sollicitude ministérielle.

Dès que je n'ai pu douter qu'on attachait
des réalités à une telle construction, j'ai écrit
dans le *Journal de Paris,* et depuis j'ai réitéré,
dans mon *Cours d'agriculture pratique,* qu'un

tel grenier d'abondance n'était qu'une erreur
ou une illusion ; et j'ai hautement déclaré que
tout le faubourg Saint-Antoine , en donnant
à un tel grenier les dimensions nécessaires
pour nourrir Paris seulement pendant huit
mois, ne suffirait pas pour les développemens
des édifices ; car on n'entasse pas les blés,
comme les sacs de farine. La plus grande
hauteur qu'on puisse donner à un tas de grain
étendu sur un plancher, c'est un pied et demi,
parce qu'il faut pouvoir le remuer souvent à
la pelle : or, en calculant la consommation
journalière de Paris, qui est d'environ deux
mille sacs de farine, et en supposant trois
étages, on trouvera qu'il faudrait presque
mettre en grenier, pour des blés, un espace
équivalent au faubourg Saint-Antoine. Ma
lettre fut attaquée par M. Ternaux, dans le
même journal ; car c'est alors que, de concert avec M. Say, il sollicitait l'autorisation
d'approvisionner indéfiniment de blés la capitale et sa banlieue. Ma lettre subsiste, et
elle est fondée sur des preuves négatives
géométriques et économiques ; je les repro-
duirai à l'époque relative. Je me borne aujour-
d'hui à faire observer, qu'il y a eu des greniers
d'abondance dans Rome ancienne et moderne;

qu'il y en a eu à Constantinople, à Vienne, à Madrid ; qu'il y en a même encore à Rome ; que les famines et les disettes n'y ont pas moins décimé la population, et que la misère y est presque en permanence. Toutes ces choses, on le sent, sont d'un haut intérêt dans l'histoire. Comment a-t-on pu supposer qu'une histoire de la monarchie perdrait de sa dignité ou de son relief à comprendre de tels matériaux ?

§ IX.

Duhamel se fit, en 1775, l'apologiste du système de Thull, Anglais, qui croyait avoir découvert *la pierre philosophale* de l'agriculture, en multipliant les labours par bandes alternatives : il annonçait, en outre, que sa méthode rendait les engrais *inutiles*. M. Duhamel, que toute la France encensait, et que les théoriciens encensent encore, adopta ce système, le propagea, et le défendit de tout son pouvoir. Ce trait historique, quand on est agronome, quand on est seulement accessible aux premiers élémens de la culture dans les jardins, met à nu, et dans toute évidence, la théorie mensongère de cet académi-

cien, et son étrangeté aux principes de l'agriculture. Il ne fut pas moins inconsidéré dans
l'adoption qu'il fit du semoir, qui n'est plus
qu'un instrument de vaine théorie, et l'une
des amusettes de M. Christian, à l'école Saint-
Martin.

§ X.

Immédiatement après Duhamel il s'éleva,
dans le système général de l'agriculture française, un nouvel élan d'amélioration en faveur
des prairies artificielles ; le signal en fut donné
par les Anglais, et on y attacha beaucoup de
prix. Le gouvernement, les académies, les
sociétés d'agriculture et les plus grands seigneurs adoptèrent, proclamèrent et favori-
sèrent, chacun à leur manière, l'extension
des prairies artificielles. Le zèle fut extrême ;
car on conseillait partout de défricher *les
prés naturels* pour y semer des céréales,
et de semer des luzernes, des trèfles et du
sainfoin sur les terres du labour, qui ren-
draient *au décuple* des fourrages *excellens*.
On croira facilement ces exagérations du
temps, quand en 1817 M. Yvart, M. Tessier,
inspecteur des écoles d'agriculture, et M. Hu-

zard, inspecteur-général vétérinaire, tous les trois membres de l'Académie des sciences, donnent le même conseil. Cette exagération a produit aussitôt le système de l'abolition des jachères, qui est devenu une erreur funeste à notre agriculture. Les apôtres et les partisans du système partent tous du point de fait, que la luzerne, le trèfle, le sainfoin donnent une *nourriture excellente et substantielle,* et que la terre s'en fertilise ; l'engouement est tel, de la part des théoriciens et des néophytes, qui croient sur parole, que s'ils étaient les maîtres, ils feraient condamner à des amendes ou à des confiscations ceux qui laissent des terres en jachères.

Tâchons, s'il est possible, de désabuser les savans et les lettrés de bonne foi, qui, dupes des théoriciens de la capitale et de leurs échos en province, regardent l'abolition absolue des jachères pacagères, comme un grand progrès à faire dans la carrière agronomique.

On dit souvent qu'en Normandie, il y a des herbages qui n'ont jamais senti le soc de la charrue, et dans lesquels, après un pâturage complet par les chevaux, un bâton jeté le soir, dans la belle saison, n'y est pas aperçu le lendemain. Ce fait se reproduit également dans les herbages naturels du Bourbonnais, de l'Auvergne, du Limousin, et dans toutes les vallées du Midi, où, malgré toutes les excitations et toutes les prédications des académiciens de Paris, les propriétaires ni les fermiers ne se sont avisés nulle part de défricher ces prés et d'y substituer des trèfles et luzernes, ou de les occuper par des céréales. Les mêmes effets avaient lieu en Italie ; et c'est Virgile qui, moins fier que nos Lamartine, en a fait l'observation :

> . . . . . Et quantum armenta diebus
> Exiguâ tantum gelidus ros nocte reponet.

Qu'ils sachent donc tous, et savans et poëtes, que, dans la pratique générale en France, les jachères pacagères servent à faire vivre et à multiplier les troupeaux, qui forment la plus grande richesse agricole, quand, dans les pays de grande culture, où se trouvent les plus grands théâtres des prés artificiels, on n'en élève que fort peu ou point du tout. Virgile avait fait la même observation ; le principe est toujours le même, c'est-à-dire, qu'un gazon soumis au pâturage tend à se re-

produire sans cesse, et d'autant plus vivement, qu'il est souvent arrêté dans sa reproduction par la dépaissance; et de telle sorte
qu'en récapitulant chaque quantité et longueur de l'herbe pâturée, il se trouve, au
bout de l'année, avoir produit une masse de
fourrage triple et quelquefois décuple de celle
que la faux eût abattue dans un pré naturel
ou artificiel.

Ne soyons pas sur ce point plus dédaigneux que Virgile; cédons à une comparaison,
physiologique animale. La barbe que le rasoir
fait tomber d'un menton viril peut être évaluée, pour sa longueur moyenne, à un quart
de ligne au moins par vingt-quatre heures:
en supputant toutes ces quantités pendant
une année, il se trouve que la barbe a donné
une longueur de vingt-cinq à trente pouces;
tandis que dans le même espace de temps,
abandonnée à elle-même, elle atteint à peine
un ou deux pouces de long.

.Appliquons maintenant cet effet à l'herbe
d'une jachère : abandonnée à elle-même,
elle s'élève à peine à cinq ou six pouces en
longueur moyenne; tandis qu'en supposant
un pouce de long à l'herbe, quand elle est livrée au pâturage, elle produit, dans le cours

de la belle saison, une longueur effective de trente à quarante pouces, et une quantité proportionnée, c'est-à-dire infiniment plus qu'un bon pré naturel ou artificiel.

˙. Quant aux substances nutritives, on ne peut pas même en faire un doute, car la question est jugée par les bestiaux mêmes ; elle l'est encore par l'expérience générale des vrais agriculteurs, qui, pour avoir des fourrages secs, préfèrent partout des prés naturels à des prés artificiels. Les agriculteurs normands, fermiers ou propriétaires, entendent très-bien la méthode de la dépaissance alternative et en mi-partie : ainsi, ils mettent des bœufs dans un herbage qu'ils veulent éprimer; quelques jours après, ils joignent aux bêtes à cornes un nombre proportionné de jeunes chevaux ou de cavales nourrices ; et quand les bœufs ne peuvent plus y paître avec suffisance et profit, ils livrent pour quelques jours l'herbage aux chevaux seuls, qui ont la faculté de pincer l'herbe de très-près : une semaine après, on ramène des bêtes à cornes, et on continue ces alternats en raison de la fertilité du sol et de la saison.

C'est un fait général encore dans l'agriculture française, qu'on n'élève de bestiaux que dans les pays où il y a des jachères pacagères.

Si enfin on voulait faire de cette question un examen de science, la chimie pourrait facilement démontrer qu'il y a infiniment plus de substance nutritive dans une herbe de jachère pacagère, que dans celle des prés dits artificiels ; cependant, les docteurs parisiens de la société du tourniquet Saint - Jean prêchent toujours la substitution des herbes artificielles aux herbes naturelles, et *la stabulation, à la dépaissance.* Qu'ils sachent donc encore que dans l'Angleterre, qui est leur grand point de mire, les grands seigneurs, les écuyers, et même les marchands de chevaux y occupent journellement des serviteurs à trier, dans les rations de foins, les brins des herbes qui sont plus fines, plus sucrées et plus substantielles ; et sans aller si loin, ne voit - on pas qu'en France et à Paris on recherche et paie fort cher le meilleur foin des prés naturels pour les chevaux de luxe, de poste, de roulage, et même pour ceux des fiacres ?

Il est faux encore, en pratique, que les trèfles et les luzernes favorisent la fertilisation ; car, tout bien considéré, il faudrait dire le contraire : chaque prairie de ce genre,

en effet, n'est composée que d'une même espèce ; elle ne laisse donc point le détritus
riche et abondant qui se trouve toujours au
défrichement d'un pâturage, d'un bois ou
d'un pré. On a compté qu'il se trouvait souvent, sur chaque perche carrée d'un pré naturel de première qualité, vingt-cinq, trente
à trente-deux sortes d'herbes différentes, qui,
en tombant sous la faux et mises en foin,
donnent une excellente nourriture, parce
qu'il en résulte une combinaison de sucs et
de parfums bien conservés ; tandis que la luzerne et le trèfle, si habituellement mal ser-
rés, surtout le trèfle, dont les feuilles sont si
difficiles à conserver, ne peuvent être une
compensation du mal que doivent causer
dans les organes des tiges méduleuses et
âcres. La différence pour les qualités nutritives entre le trèfle, la luzerne et le sainfoin,
est au moins d'un à sept ; ajoutons que, dans
le système de la nature, les plantes se plaisent à croître en famille. Toutes sont appelées à nourrir ou abriter des insectes différens ; et de cet état de choses, il résulte une
plus grande décomposition, c'est-à-dire un
humus infiniment plus riche que celui que
laissent les luzernes, dont les racines longues

et pivotantes fraient d'ailleurs des chemins *aux mans* et aux scarabées, qui eux - mêmes y pullulent excessivement.

Cette question sur les prairies artificielles est à peine mûre encore ; nos vieux théoriciens, et surtout ceux de l'Académie, les signalent toujours comme un grand bienfait ; mais l'agriculteur impartial qui s'occuperait de l'examiner en réduirait beaucoup les avantages. Il considérerait que des trèfles, des luzernes ne peuvent être pâturés par les bestiaux, à cause des dangers des météorisations ; ce qui est un grand obstacle pour élever et multiplier les bêtes à cornes, et même les chevaux. Il finirait peut - être par conclure que la plus grande utilité des trèfles et des luzernes consiste dans leur *consommation en vert*. Attendons l'époque historique de leur vogue en France, pour donner de justes preuves de leurs secours effectifs à multiplier et à nourrir les troupeaux.

§ XI.

Le milieu du dix-huitième siècle, en France, a été remarquable par ses exaltations sur les améliorations propres à l'agriculture. Dans

ce nombre, on ne peut oublier les *fermes ex-*
périmentales, que demandent à grands cris les
anciens théoriciens, et sur lesquelles il est si
nécessaire que l'histoire s'explique.

La plus considérable a été, en 1770, celle
d'Anel, près Compiègne. Le roi, ses ministres et les grands seigneurs l'ont soutenue et
encouragée avec zèle et avec un intérêt national; on a été réduit à l'abandonner : c'est
le sort aujourd'hui de celles de Rambouillet,
d'Alfort, de Sceaux, de Versailles, de Châ-
tillon-sur-Seine et d'Hoffwil, sous M. Fel-
lemberg; comme il en arrivera à celles de
Rovile, de Corbeil, de Grignon, de Copet, etc.
etc., et à toutes fermes dites *expérimentales,*
entreprises sous des rapports généraux.

Toute ferme expérimentale tenue par le
gouvernement est éminemment frustratoire;
celles que dirigent des particuliers sont rapidement ruineuses, si on veut forcer la nature
du climat ou celle des localités, c'est-à-dire
si on veut cultiver la vigne dans les pays de
granit; élever dans les pays de grande culture, tels que le Vexin, la Beauce et la Brie,
des bêtes à cornes égales à celles de la Suisse,
des chevaux aussi beaux que ceux du Limousin et de la Normandie; avoir des mules qui

rivalisent avec celles du Bas-Poitou, des bêtes
à laine qui effacent celles de la Mesta, des
chèvres de Cachemire dans le département
de la Seine, des lins qui soutiennent la concurrence avec ceux de Valenciennes, des
chênes verts à Versailles ou à Copet, des
vins à Roville qui fassent oublier le Vosne et
le Clos-Vougeot; si enfin on veut substituer
à la culture consacrée dans une contrée, celle
exclusive des machines, etc., etc., etc. Que
n'aurions-nous pas à dire sur les révolutions
auxquelles on a soumis les vignes et les vins :
sur les divers acclimatemens de végétaux
utiles aux arts et à l'économie domestique :
sur le mûrier des vers à soie, sur ses plantations et la direction à leur donner, sur les
modes divers employés pour faire éclore le
ver et le nourrir; pour en tirer et préparer
la soie ! Voici encore une de ces branches de
l'agriculture à laquelle on fait peu d'attention,
quoiqu'elle vaille des millions à la France.

Que n'aurions-nous pas à dire encore sur
les aménagemens et les exploitations des
bois, sur les exportations de nos produits
agricoles, sur l'emploi des graines oléagi-
neuses !

Sur la durée des baux et sur le cadastre,

sur l'éducation et le croisement des bêtes à laine, sur l'éducation des chevaux, pour lesquels nous sommes en grande aberration !

Sur l'introduction des chèvres du Thibet, misérable et fastueuse spéculation qui a coûté si cher au gouvernement, qui a fait tant de dupes, et dont la partie historique seule donnera la mesure du savoir-faire des ministres du temps et de leurs créatures, comme elle fera justement apprécier la science physique et agronomique de l'abbé Tessier.

Tout lecteur donc qui connaîtra bien les causes de prospérité dans un grand État agricole, sentira que la série des choses qu'on vient de passer en revue, intéresse au plus haut degré la France, et que, par leur importance propre, elles sont dignes du style de l'histoire.

CHAPITRE VIII

L'histoire générale de la France et celle de l'agriculture se soutiennent mutuellement, si on les lie aux intérêts généraux du trône et de la patrie. — *L'Iliade* et *l'Odyssée*, dans lesquelles on trouve et l'histoire générale de la Grèce, et celle de l'agriculture, sont des preuves qui démontrent l'erreur des aristarques. — Examen et revue des choses qui composent ces deux chefs-d'œuvre. — L'agriculture française est la seule en Europe qui participe de tous les climats et de tous les continens. — L'agriculture de la Grèce a été importée à Rome, et celle-ci l'a transmise aux Gaules. — Richesses importées de l'ancien et du nouveau monde en France. — La théorie tient le gouvernement de France dans des abstractions abusives et fatales. — Le cadastre parcellaire sera à jamais une entreprise qui fera la honte du gouvernement impérial, de la législature, des ministres de la restauration qui l'ont adopté avec toutes ses erreurs, et des administrateurs qui tiennent encore à ce mode.

JE viens de donner un extrait sommaire des choses les plus essentielles du domaine de l'agriculture ; il doit suffire pour convaincre le lecteur qu'une histoire bien faite sur ce sujet pourrait être le recueil le plus nécessaire aux hommes d'État, et en même temps

le catéchisme le plus propre à inspirer le
goût de l'agriculture, à former des agriculteurs, et à les prémunir contre les rêves ou
les niaiseries des théoriciens, et en même
temps contre l'audace des charlatans et des
ignorans, qui ne doutent de rien.

J'ai insisté, jusqu'à présent, sur la nécessité de donner un autre caractère à l'histoire
générale de la France, et d'y admettre des
élémens qui intéressent la nation; j'ai tâché
ensuite de faire considérer l'histoire de l'a-
griculture comme étant essentiellement liée
à l'histoire de la monarchie, à l'ordre et aux
progrès des connaissances physiques, aux
succès de l'administration générale, et à la
prospérité du commerce et de l'industrie : il
me reste à le prouver à tous ceux qui ont des
idées fausses sur les choses de l'agriculture,
et au point de les regarder comme indignes
du style noble de l'histoire et de tout rhythme
poétique. C'est là, j'ose le dire, une véritable
hérésie, qui seule arrête les plus nobles élans
des historiens et des poëtes, puisqu'ils ne
peuvent mettre à contribution le domaine
physique de la nature, ses trésors et ses merveilles, dont le théâtre des champs fait une
partie si essentielle ; car, dans l'état actuel de

l'opinion sur le style et sur le choix des sujets à traiter, les historiens et les poëtes de
nos jours ressemblent parfaitement aux enfans que, selon le système de l'ancienne éducation, on tient encore au maillot, et auxquels on demande néanmoins des exercices
et des mouvemens que la liberté seule des
membres peut donner, fortifier et embellir.

Je puise ma dernière preuve dans le chef-
d'œuvre même du génie humain. Si mes observations sont justes, il faudra en tirer la
conclusion, que si on a pu faire les deux plus
beaux poëmes du monde avec tous les élémens qui s'y rapportent à l'histoire, à la physique, à l'économie rurale et domestique, et
à tout ce qui existe sur le théâtre des champs,
il doit être bien plus facile à un historien de
faire entrer dans son travail les choses mêmes
qui sont coordonnées dans ces deux chefs-
d'œuvre de poésie.

On a dit il y a long-temps, et on ne sau-
rait le nier même à présent, que la poésie a
été la première muse de l'histoire ; les bardes,
les brachmanes, et les prêtres de l'Egypte,
comme ceux de la Grèce, en sont une preuve ;
mais elle est complète et positive dans les
poëmes d'Homère : on y trouve, en effet,

tout ce qui est historique dans une période de plus de trois siècles. J'invoque ici le témoignage de tous ceux qui ont lu, relu et médité *l'Iliade* et *l'Odyssée*. N'y trouve-t-on pas, je le demande à tout homme de bonne foi, l'histoire la plus générale de la Grèce avant et après la prise de Troie? On y trouve les races et les généalogies des plus grands rois, des héros et des familles illustres ; on y trouve la partie historique des sacerdoces les plus renommés, et l'ordre général des cultes ; aucune des grandes vertus sociales n'y est oubliée ; ni le droit des gens, ni la justice des dieux, ni celle des hommes ; l'hospitalité, qui est la charité chrétienne, y est mise en pratique ; la morale y retrouve des exemples pieux et sublimes. On y admire et bénit la liberté, qui, dans la bouche du roi des dieux, fait la moitié de l'existence de l'homme. On y applaudit aux récompenses nationales décernées aux héros qui avaient bien mérité de la patrie. Les lâches et les traîtres y sont marqués d'un cachet ineffaçable.

Tous les hommes de guerre ont admiré dans Homère les marches, les évolutions, les combats, les mêlées des armées ; leur composition en raison de la différence des armes, comme les attaques et les défenses en raison des sites et des obstacles : Rome, enfin, n'a jamais eu autant de nationalité dans ses historiens, qu'Homère en signale envers les Grecs.

L'agriculture y est exposée avec tous ses élémens de pratique (1). On sait comment alors on sillonnait la terre défrichée et le sol vierge des novales; comment on faisait la moisson des blés et des prés; comment on cultivait la vigne; comment on faisait les vendanges et le vin : on sait positivement quels animaux étaient employés à la charrue et aux chars; on y désigne même les attelages qui servaient aux premiers et aux seconds labours; on y décrit les formes, l'élégance

---

(1) Beaucoup de lecteurs seront étonnés peut-être de ces affirmatives, même ceux qui connaissent ou admirent le plus le vieil et grand Homère : j'en juge ainsi du moins par les doutes que me témoignèrent des érudits et des lettrés qui suivaient mon cours d'agriculture ancienne à l'Athénée de Paris, en 1820; mais par les soins que j'apportai dans mes preuves, j'ai eu la satisfaction de les voir se rendre à mon opinion et au sens de mes citations spéciales. Plusieurs d'entre eux m'en ont adressé des félicitations : j'espère qu'on voudra bien me pardonner ce petit écart d'amour-propre.

et la richesse des chars de guerre, et en même temps ceux qui servaient aux transports des matériaux. Homère n'a pas même dédaigné de dire la filiation des coursiers fameux, car il traite leur généalogie comme celle des rois (1).

Nul agronome romain n'a aussi bien fait connaître et apprécier que le chantre des Grecs, la richesse des troupeaux et leur reproduction. Ils composaient la fortune des plus grands rois, qui en donnaient pour dot à leurs filles.

C'est par Homère qu'on connaît avec plus de réalité les premiers et grands mouvemens du commerce, et les brillans essors de l'industrie, depuis l'étain des Cassitérides jusqu'à l'ivoire de l'Inde, à la pourpre de Tyr, au lin de l'Egypte et aux broderies de Sidon.

Il fait connaître avec détail, et souvent avec des descriptions curieuses ou touchantes, l'ordre et l'ensemble des divers sacrifices, desquels il ne sépare point le régime diététique des peuples. On sait, par lui, comment on a fait sortir la farine de l'orge et du froment; comment on la conservait, et

______

(1) *Voyez* mon *Histoire de l'agriculture des Grecs.*

comment on la transportait au loin et par mer.

On juge des mœurs du temps par les usages des repas, auxquels assistaient toujours, chez les rois ou chez les grands, des chantres renommés; on peut en juger encore par l'éducation donnée aux femmes et aux filles de ces rois ou princes.

On sait quels étaient leurs arbres à fruit et ceux qui servaient aux constructions; le jardin du vieux Laërte et la ferme d'Eumée seraient encore des modèles.

On voit quelles étaient les ressources de chaque île ou contrée, pour élever des troupeaux; quels étaient les vignobles les plus renommés; quelles étaient les plaines herbeuses les plus riches pour élever des brebis, des génisses et des coursiers.

Plus de mille ans après Homère, les Romains ne s'étaient pas avisés de reconnaître que les fumiers des troupeaux pouvaient être utiles pour améliorer les terres que des récoltes céréales successives avaient épuisées. Le chantre des Grecs leur avait dit cependant, que le fumier sur lequel Ulysse retrouva son fidèle Argus, était destiné à engraisser les terres de la ferme d'Eumée.

Quel philosophe, parmi les anciens et les nouveaux, a mieux expliqué la haute physique et les vicissitudes de l'atmosphère, la cause des sources et les réactions des grands végétaux sur les biens de la terre? Selon Homère, les monts, les forêts et les masses diverses des végétaux étaient les agens dont le roi des dieux se servait chaque année pour entretenir le cours des eaux, pour former les divers météores, et maintenir les climats avec leurs saisons corelatives.

C'est en m'expliquant sur ce sujet, dans mes *Géorgiques françaises,* que j'ai consigné ces quatre vers, inaperçus comme tant d'autres; car la langue géorgique est aujourd'hui du vieil hébreux:

Homère, le plus grand des poètes, des sages,
Faisait par Jupiter ordonner les orages,
Charger les monts de neige et d'immenses frimats,
Pour suffire aux besoins des saisons, des climats.

(Chant 3.)

Homère ne s'est point borné à rappeler dans ses poëmes les troupeaux et les divers animaux domestiques ; il a presque fait une revue générale des animaux sauvages, dont il a dépeint les caractères, les mœurs, la force et la vie habituelle ; ceux du lion , du sanglier, du chevreuil ; et il a fait connaître les serpens et les reptiles, les aigles et les vautours : il n'a point dédaigné de parler des grues, des cygnes, des oies, des abeilles, des guêpes, des cigales, des fourmis, des taons, pas même des mouches qui suivent les pots de lait.

Pénétrant dans tous les détails, il a dit les œuvres de la métallurgie et les triomphes de l'industrie.

On sait par lui qu'il y avait des propriétés privées, il y a trois mille ans, puisqu'il fait apparaître deux propriétaires qui, le *mètre* à la main, se disputent les tenans et les aboutissans d'un petit coin de terre.

On sait comment alors on préparait la laine ; il nous le dit en signalant une pauvre femme, mère de famille, qui pèse dans une balance, par portions égales, la laine qu'elle a filée, sous la condition d'un tel partage (1).

Les plus célèbres géographes, Strabon et d'Anville, ont admiré et confirmé la justesse des observations et des descriptions faites par Homère, sur les diverses contrées de la

----

(1) Des érudits prétendent que cette femme était la mère d'Homère.

terre, sur le gisement des mers et sur l'organisation du globe.

Je ne sais enfin quelles parties on pourrait citer en théologie, en morale, en philosophie, en agriculture et en physique, qui ne se trouvent pas comprises dans les œuvres d'Homère, et de manière à faire texte d'autorité. On croit entendre une voix du ciel, quand il parle de l'amour de la patrie, de la liberté et de l'hospitalité.

Dans un vain enthousiasme, on a donné récemment le nom d'une muse à chacun des livres d'Hérodote ; c'est le plus grand abus de louanges ou d'éloges littéraires qui ait jamais été fait pour aucun auteur : combien pourtant le chantre de *l'Héracléïade* se trouve à une distance même infinie du grand Homère !

Ramenons maintenant tous ces rappels à la réflexion, que si un homme de génie et de goût a pu trouver moyen de placer dans ses deux poëmes tout ce qui peut se rapporter à l'histoire générale de l'économie rurale et domestique, il doit être bien plus facile à un historien de comprendre, dans l'ordre et le plan de son ouvrage, tout ce qui peut intéresser la nation pour laquelle il entreprend d'écrire son histoire. Il doit dire, comme tout grand poëte et philosophe : *Nihil a me alienum puto;* car enfin rien de ce qui est dans la sociabilité, ainsi que dans la nature, ne doit pas être plus indigne du véritable historien que du véritable poëte.

Il me reste encore quelques considérations à offrir sur la composition spéciale de l'histoire de l'agriculture proprement dite. Je n'ai pas la prétention d'écrire celle qui se rapporte à tous les climats et à toutes les civilisations; mais je dois prévenir ici le lecteur qui par son éducation serait étranger aux rapports agricoles, que l'agriculture française peut et doit s'étendre non seulement aux Etats les plus anciens du vieux continent, mais encore à ceux du nouveau, ou il faudrait s'interdire les origines de beaucoup de choses qui y sont introduites, et qui nous sont devenues nécessaires.

Les Romains n'étaient point en corps de nation, quand les Gaulois ont fait des excursions en Italie, en Grèce, et dans plusieurs parties de l'Afrique et de l'Asie mineure; ces excursions ont été suivies de retours dans la mère-patrie; et il est plus que probable que ceux qui faisaient partie de ces essaims, y ont apporté beaucoup de choses et de notions utiles pour la vie et les usages de leur société native : citons seulement les Tectosages.

Rome, à force d'astuces et de combinaisons, soutenue d'ailleurs par un grand esprit public, étant venue à bout de subjuguer la Gaule et la Grèce, a employé sa terrible puissance à mettre l'une à toutes contributions, et à dépouiller l'autre de tout ce qui en faisait le charme, la richesse et la puissance ; elle y a fait enlever non seulement les cultivateurs, mais encore les bœufs du labourage (1) ; elle y a fait une presse générale de vignerons, pour cultiver ses vignes. Plus Rome agrandissait sa puissance, plus elle abusait de sa force et des circonstances. Le moindre réveil dans les Gaules, comme dans la Grèce, suffisait pour ordonner des déplacemens de peuples, qu'on mobilisait en colonies confiées à des vétérans et à des proconsuls. De tous les points de la Grèce, de l'Asie, de l'Afrique, de l'Egypte, chaque famille a dû apporter dans sa terre d'exil des germes ou graines de divers végétaux, et de

---

(1) *Voyez l'Histoire de l'agriculture des Romains.*

telle sorte qu'on peut bien dire aujourd'hui que toute l'agriculture de la Grèce a été importée en Italie. Rome, de son côté, par suite de ses révolutions intestines, a envoyé dans les Gaules une grande partie des choses reçues de la Grèce. Cette double révolution, positivement historique, avertit déjà le lecteur que la France a reçu la plus grande partie des élémens de son agriculture de Rome et de la Grèce. J'espère, d'ailleurs, démontrer incessamment toutes les analogies qui existent entre l'agriculture des Français et celle des Grecs, même au temps d'Homère.

Si je n'ai point encore désigné les autres parties du vieux monde, c'est qu'on doit présumer que les Romains, qui ont étendu partout leur sceptre d'airain, n'ont pas manqué de faire jouir leur patrie des productions que ses climats comportaient. On sait, d'ailleurs, que ces productions exotiques ont été longtemps les premiers ornemens de leurs triomphes : le cerisier, le mûrier, le pêcher; le coignassier, le prunier, le châtaigner, le noyer et beaucoup d'autres arbres, arbustes et plantes légumières ou graminées, sont autant de preuves de ces transmissions et de ces acclimatemens : l'histoire spéciale des Gaules,

qui va suivre ce volume, en donnera toutes
les preuves.

Le nouveau monde, à son tour, nous a enrichi d'un grand nombre d'arbres, d'arbris-
seaux et de plantes ; il importe d'en rappeler
les origines, les cultures et les influences.
Ainsi déjà, comme on voit, l'agriculture
française, pour ses parties les plus essentielles, participe de toutes les productions
du globe : à ce titre donc, son agriculture
est la seule en Europe qui puisse imprimer à
son histoire un caractère d'universalité ; la
preuve complète s'en trouvera dans le cours
de cet ouvrage.

S'il est vrai qu'une histoire générale de la
France doive embrasser, comme je viens de
le dire, les intérêts généraux de l'industrie,
du commerce et de l'économie politique, il
ne l'est pas moins qu'une histoire de l'agriculture doive du moins aussi comprendre les
élémens de la sociabilité : d'abord, parce que
les agriculteurs, qui ne sont pas des serfs,
des ilotes ni de vils prolétaires, sont introni-
sés et constitués dans le corps social ; ensuite,
parce qu'il importe trop à l'Etat de tenir instruits les hommes des champs sur leurs droits
et leurs devoirs ; je n'en excepte même pas

le Code civil, qui semble pourtant avoir été fait exclusivement pour Paris et les grandes cités.

Il ne s'agit pas sans doute, dans une telle histoire, d'entrer dans les détails des préceptes sur les cultures ; mais il convient de dire les origines et les influences des choses qui se sont accréditées, et de celles qu'on propose dans l'économie générale. Pourrait-on, par exemple, omettre la pomme de terre et le maïs, auxquels la France doit le bonheur ineffable d'un plus grand bien - être dans la vie, et d'être à jamais préservée de famine, et même de disette *réelle?*

Un historien de la monarchie ne doit pas davantage descendre à des détails qui, en chargeant trop ses récits, détourneraient ou fatigueraient l'attention des lecteurs ; mais si, par exemple, il nomme l'abbaye de Citeaux, manquera-t-il de goût parce qu'il nommera le Clos-Vougeot, qui donne le premier vin du monde ? S'il s'explique sur le territoire de Montauban, les critiques du style lui reprocheraient-ils de faire observer qu'il produit le minot, cette farine unique, exclusive à toute la France, au monde entier peut-être, et qui peut impunément traverser le vaste

Océan, en conservant sa blancheur et ses quâ-
lités sapides et substantielles? S'il parle de ce
mont que redoutaient les Prussiens, manquera-t-il au style en faisant observer que le
meilleur plâtre de l'univers se tire de Montmartre? S'il décrit les richesses de Lyon, ne
lui est-il pas commandé de signaler tous les
trésors que valent à la France les mûriers et
les œuvres de soie qui en sortent? S'il décrit
des monts élevés ou des chaines de montagnes, ne lui pardonnera-t-on pas de faire observer que les plateaux et les vallées des
Alpes et des Pyrénées, même en temps de
guerre, servent de pâturages à d'immenses
troupeaux, et qu'on y a établi des granges où
se fabriquent des fromages renommés? Quel
homme de goût a reproché à Homère d'avoir
dit, quand il parlait pourtant de Priam ou
d'Hector, de Diomède ou d'Achille, qu'Argos
était renommée par ses coursiers, la Thessalie par ses génisses, Phérès et les plaines de
Troie par leurs cavales, Thisbé par ses co-
lombes, Trézène. Epidaure par leurs vignobles, Lesbos par son industrie, la Messénie
par ses troupeaux, la Trinacrie par ses bœufs,
etc., etc.?

N'y aurait-il pas de l'absurdité à blâmer,

dans une histoire de la France, l'écrivain qui ferait observer la richesse et la fertilité de l'Orléanais, de la Beauce et de la Brie, les célèbres vignobles de la Bourgogne et les riches herbages de la Normandie? Il n'y a point de roi superbe, fût-ce Louis XIV, qui se trouverait avili par de telles observations. On sait qu'Henri IV, en guerre contre la ligue, fit faire une halte à ses gens d'armes pour savoir le nom d'un cultivateur qui avait sur un champ une riche moisson de blé.

La prospérité du trône et celle de la France dépendant essentiellement, avant tout, de celle de l'agriculture et du commerce, j'ai consigné dans mes *Géorgiques* ces deux vers, que je regarde comme une maxime :

L'agriculture est riche, où le commerce est libre ;
Le crédit et la force y sont en équilibre (1).

On défie le plus intrépide économiste et le poëte le plus concis de la contredire, et de mieux l'exprimer.

La France doit à l'agriculture la série im-

____

(1) Il y a une fatalité qui fait mettre en France la lan-

mense de ses vêtemens ; et, sous ce rapport, les origines offrent des choses curieuses, depuis les feutres et les peaux de bêtes sauvages ou domestiques, jusqu'à ces draps de laine superfine, à ces batistes dont la finesse des tissus efface ceux de l'Orient, et à ces schals mérinos qui surpassent en éclat, comme en couleurs, les turbans des suzerains de la vallée de Cachemire.

Le régime diététique offre peut-être encore plus de variétés et de choses étonnantes dans ses parties historiques. En traitant un pareil sujet comme il convient, le philosophe pourra se convaincre que les appétits de l'homme sont encore plus susceptibles de perfectibilités et d'inventions, que son esprit même.

L'art de cultiver, au fond, a fait trop peu de progrès, depuis Homère et Hésiode. Les Grecs avaient deux sortes de charrues, l'une simple, et l'autre composée ; les Romains n'ont adopté que la première, que dans les

gue géorgique tout à fait hors de la portée de nos poëtes et de nos lettrés ; ils apprendraient volontiers la vieille langue d'oc ou d'oïl, plutôt que celle qui ferait comprendre la poésie géorgique : je n'ai pas encore trouvé un seul littérateur qui avoue que notre langue puisse l'admettre.

pays de droit écrit on nomme l'*arau*. Dans les
pays hors Loire, les Français en ont monté
une avec des roues ; mais depuis des siècles,
l'une et l'autre sont restées stationnaires.

La consommation des céréales, dans le
dernier siècle, était immense, parce qu'il n'y
avait aucun équivalent, ni supplément au pain
quotidien ; on consommait très-peu de vin,
de viande et de légumes ; le paysan vivait de
pain d'orge, de blé noir et de laitage ; l'ou-
vrier des cités n'était pas beaucoup plus heureux : en 1788, on vendait encore, sur la place
du Palais-Royal, à Paris, du pain d'orge et de
seigle.

La révolution a détruit les péages ; mais le
fisc et la politique ont introduit les douanes,
qui absorbent par masses les produits nets
de l'agriculture et de l'industrie : les péages,
du moins, ne prenaient qu'en détail.

Avec de la sagesse, les douanes devraient
être combinées, de cabinet à cabinet, dans
les intérêts de l'agriculture d'abord ; mais, au
contraire, c'est elle qu'on opprime pour favoriser le commerce. Ils ne voient pas, les
fiscaux et les manufacturiers, que par cette
doctrine ils ressemblent à celui qui, pour
empêcher un voisin d'arroser ses prairies,

àrrêterait plus haut des sources, ou pour les absorber, ou pour les détourner de leur pente naturelle.

Ajoutons que les princes étrangers ont encore enchéri sur nos douaniers : ils se sont mis, de colère, en lazarets à l'égard de la France ; ils ont repoussé et ils repoussent encore, avec autant d'aigreur que d'injustice, tout ce qui provient du sol français ; l'un d'eux même n'a pas craint d'ordonner des effets rétroactifs, et sous peine de confiscations.

Depuis trente ans, la théorie a jeté l'agriculture de la France dans les écarts les plus funestes ; elle a eu pour agens du gouvernement, et pour instituteurs, des hommes *absolument étrangers* aux travaux de la pratique : et lorsque l'art de cultiver n'est lui-même qu'une science de faits et d'expériences, ils en font une science de perfectibilités vaines, absurdes ou imaginaires ; on remet en vogue Platon et sa vieille clientelle. Les idéologistes, dont le grand nombre semble annoncer le Bas-Empire, se font les apôtres d'une foule de perfectibilités humaines chimériques. C'est la théorie unie au pouvoir, qu'elle n'a cessé de flatter, qui a fait créer le fatal système de centralisation, lequel met la France en absence d'administration, pour ne pas dire en anarchie; c'est la théorie encore, qui fait repousser le code rural, sans lequel la propriété est compromise dans l'exercice de ses droits les plus sacrés ; c'est la théorie, enfin, qui a imaginé le fatal cadastre parcellaire, et qui, après avoir coûté tant de millions sans loi d'autorisation, a porté déjà les coups les plus funestes à l'agriculture pratique. Je ne veux pas dire, que l'ancien ministre des finances, honnête homme, mais fort étranger aux ruralités de la France, agissait sans l'aveu et sans ordonnances relatives du chef de l'empire ; car il faut qu'on sache que l'empereur lui-même attachait beaucoup d'importance à la confection du cadastre parcellaire, que poursuivait très-vivement M. Hennet, directeur-général, qui de son côté ne connaissait rien, absolument rien, à la consistance territoriale et productive de la France. Ces deux messieurs étaient venus à bout de lui persuader qu'ils venaient de lui ouvrir et de mettre en exploitation une mine riche, nouvelle et inépuisable. Comme il était lui-même un peu géomètre ou mathématicien, calculant le nombre *moyen* des hectares par la valeur *moyenne* des évaluations, il n'avait, selon

eux, qu'un mot à dire chaque année pour se
faire, sans emprunts et sans crise, une ressource suffisante pour faire marcher cent
mille hommes de plus. Je ne crois point ici
faire une supposition à l'égard de l'empereur;
mais, dans tous les cas, le directeur-général
en a lui-même suggéré l'idée, et elle faisait le
triomphe du système.

Il semble, en vérité, qu'en France toutes
les têtes sont devenues étrangères à l'administration : partout, les conseils de préfecture,
les conseils-généraux obéissent aveuglément
aux préfets, et ceux-ci aux ministres, qui de
leur côté ne veulent que des hommes passifs,
et souples à toute épreuve,

On pourrait arguer, relativement au cadastre, qu'il y a eu des ordonnances pour
chaque exercice; mais, s'agissant ici de l'impôt foncier, *une loi législative* était absolument
nécessaire. M. le duc de Gaëte, étant député,
le sentait bien, car il est revenu plusieurs fois
à la charge pour demander une loi régula-
trice. Combien il se révèlera de gaspillage,
d'intrigues et de dépenses frustratoires, si jamais on veut s'en faire rendre compte! Qu'on
nomme un conseil spécial pour l'examen du
passé, pour les principes et pour la solution

d'un cadastre convenable à la France et à ses climats, et on verra les énormes abus qui ont eu lieu ; on sentira tout le mal que ce fatal cadastre a déjà fait. Mais quel sera l'homme assez grand, ou plutôt assez vertueux, pour chercher à faire remettre l'administration territoriale du royaume sur un bon pied, tel que l'eussent établie des Malsherbes, d'Ormesson, Turgot, et tant d'autres intendans auxquels les départemens adressent encore des hommages de reconnaissance ?

Un véritable historien d'agriculture rendrait un très-grand service à tous les propriétaires fonciers et à la foule de nos *amateurs* agronomes, qui se multiplient d'une manière étrange dans tous les départemens, en faisant justement apprécier l'agriculture anglaise, car elle est devenue, depuis trop long-temps, le point de mire des hommes riches en terres, des enfans gâtés de la fortune et des parvenus. Dans l'opinion, d'ailleurs, pour les sciences physiques, pour l'économie politique, pour la haute administration, pour le génie littéraire, et surtout pour l'agriculture, il n'y a pour nous de bien, de beau, de sublime et de sage, que ce qui s'est dit ou fait en Angleterre ; mais ne considérons que la seule agriculture ; car déjà, sur beaucoup d'autres points littéraires et scientifiques, nous avons offert quelques idées qui tendent à contredire cette opinion.

Les livres anglais sur l'économie rurale ont fait un mal infini à l'agriculture de la France, parce que des hommes, célèbres d'ailleurs parmi nous, ont fait considérer l'agriculture anglaise comme la mieux entendue et la plus parfaite qu'il y eût dans aucune partie du monde, et que la France devait la prendre en modèle. Avec un juste raisonnement et quelques notions d'agronomie, ces mêmes hommes, avant de s'expliquer ainsi, pouvaient faire cependant une grande différence entre l'agriculture française et l'agriculture anglaise : mieux instruits, ils auraient considéré d'abord, que les peuples de la France sont les plus grands mangeurs de pain de toute la terre, et que dans ce cas tous les agriculteurs, riches et pauvres, ne se sont occupés que de la culture des céréales : cause fatale qui a précipité l'épuisement de la glèbe, et qui fait encore élever une clameur de haro contre les jachères pacagères, à l'aide desquelles seules on peut cependant élever des bestiaux et rétablir la fertilité du sol.

Ils auraient vu et reconnu, au contraire, que la masse du peuple anglais consommant infiniment plus de viande qu'aucun autre peuple en Europe, il y a eu de leur part avantage, profits et nécessité d'élever et d'engraisser beaucoup de bétail pour les boucheries et pour la marine, et conséquemment de tenir la plus grande partie du sol en herbages, en prairies et en plantes légumières, afin d'élever, nourrir et engraisser un grand nombre d'animaux pour la consommation diététique; ils auraient vu encore, quant aux céréales, que les agriculteurs anglais devaient donner une large préférence à la culture de l'orge, qui sert à faire la bière; et que les récoltes du seigle et du froment, en raison d'une température habituellement brumeuse, y devaient être souvent nulles ou fautives. Ils auraient dû voir, enfin, que les alarmes et les séditions étant plus fréquentes en Angleterre que dans la France, il y avait nécessairement une cause capitale qui exposait le peuple et le gouvernement à s'entre-choquer.

Nos vains économistes et leurs échos pourront opposer, que maintes fois l'Angleterre a vendu pour dix, quinze à vingt millions de blés à la France; mais il faudrait savoir, que ces blés provenaient des ports du Nord ou de la Pologne, qui est regardée, par les grands négocians vivriers anglais, comme le grenier des trois royaumes, et que plusieurs convois étaient souvent sortis des ports de la France même : c'est un leurre auquel s'est laissé prendre, en dernier lieu, notre ministre de l'intérieur. Le rapport fait à la Chambre des députés, par M. Bellai, ne laisse aucun doute sur les manœuvres des agioteurs auprès de ce ministre.

La cause première de l'agriculture anglaise étant connue et incontestable, il est facile au contraire de trouver, du moins depuis vingt années, une immense supériorité à l'agriculture française, que lui assurent d'abord ses climats, la richesse et la grande variété de ses terres et de ses productions, une grande amélioration dans ses systèmes d'assolement et de la division de la glèbe. Mais indépendamment de ces réalités, nous en avons une *double preuve officielle;* car alors même que M. Decazes, ministre de l'intérieur, faisait un rapport au roi, séant sur son trône, dans lequel il affirmait une grande prospérité de l'agriculture en France, S. M. britannique exprimait, au sein du parlement, sa profonde douleur sur les détresses de l'agriculture dans ses trois royaumes.

Jetons maintenant sur quelques parties de l'agriculture anglaise un simple coup-d'œil, et non moins singulier que significatif.

M. Thull a été un des agronomes les plus célébrés en France ; il n'en a pas été ainsi en Angleterre. Il s'était fait un système de fécondité perpétuelle, qui consistait à substituer aux engrais la multiplicité des labours, et à semer les blés par rangées, de manière qu'entre chaque rangée, il y avait une zone tenue en labour, sur laquelle on ensemençait l'année d'après.

M. Duhamel, de l'Académie des sciences de Paris, auteur de tant d'ouvrages sur l'économie et sur la physique des arbres, épousa le système de Thull avec enthousiasme ; M. de Châteauvieux, de Genève, se déclara de son côté le champion de Thull ; et on fut sur le point de lui élever en Suisse, et même en France, un monument de reconnaissance publique.

Quelques temps après, des agronomes anglais écrivirent que le mode le plus profitable pour le régime des bêtes à laine, et pour en rendre la laine longue et superfine, c'était de les tenir à l'air libre, *l'hiver comme l'été*. Daubenton, de l'Académie des sciences, adopta ce système avec ardeur, et le propagea de même ; il en donna l'exemple à Montbard ; il fit fabriquer à Châteauroux, comme preuve de l'excellence de la méthode anglaise, des draps, dits *superfins*. Qui aurait osé nier de tels résultats ? Mais il est de fait, que son régisseur, homme de bon sens, tout en affirmant à M. Daubenton, résidant à Paris, que son troupeau vivait toute l'année à l'air libre, le faisait rentrer sous les toits. Il est juste de convenir que la race de Montbard était bien choisie, et de petite taille ; que la laine en était fine, et rendait bien à l'œuvre.

M. Quatremère - Disjonval, homme fort enthousiaste, et de plus éminemment Parisien, voulut rapprocher de Paris un théâtre de cette pratique nouvelle. Il y fit parquer sous la neige ; la plus grande partie du troupeau y périt : mais les rapports écrits, comme ceux qui viennent d'être faits sur les prétendues chèvres de Cachemire par M. Tessier, n'en restent pas moins brillans, pour l'histoire, par des *succès obtenus*.

En 1788, Arthur Youngh, que les Français ont fait trop célèbre encore, vint faire

un voyage en France. Ses visites, ses enquêtes, ses entretiens excitèrent l'enthousiasme
des membres de la Société royale d'agriculture de Paris, surtout celui de Broussonet,
qui ne se doutait, ni de l'agriculture anglaise,
ni de celle de la France. Le mot ou le reproche continuel d'Youngh était, qu'il ne
voyait pas, sur notre sol, de prairies artificielles, parmi lesquelles il donnait une haute
préférence au trèfle, qui, en Angleterre, disait-il, servait à nourrir les bêtes à cornes et
à laine, les chevaux et les porcs : il en faisait
un trésor.

Youngh blâmait encore les vastes jachères
de la France, sur lesquelles il voulait qu'on
semât des plantes pivotantes, des *navets*, des
raves, des *carottes*. L'auteur de cette histoire,
quoique jeune alors, osa le contredire sur les
jachères ; il représenta la *nécessité de donner,
à longs intervalles, trois forts labours aux terres
à froment;* mais les académiciens applaudirent
au système d'Youngh : le seul Creté de Pal-
luel fut d'un avis contraire.

Le voyage d'Arthur Youngh fut regardé,
par tous nos *amateurs,* comme celui d'un nouveau Triptolème, et c'est à cette circonstance
qu'il faut rapporter le cri des théoriciens con-

tre les jachères, ainsi que l'abus extrême ou inconsidéré des prairies artificielles; car c'est de cette époque, en effet, que s'est amoindri dans la France le système général du pâturage vif des bestiaux, et qu'on a commencé à mettre en vogue celui des *rateliers dans les écuries.*

Résumons ces faits :

1° En quel lieu de la France a-t-on renoncé à l'emploi des engrais des étables pour faire produire du blé, et a-t-on adopté le système de Thull?

2° Sur quel point les troupeaux de bêtes à laine restent-ils, hiver comme été, dans les champs?

3° Dans quel arrondissement élève-t-on exclusivement avec le trèfle, les bœufs, les vaches, les chevaux, les bêtes à laine et les porcs?

4° Dans quelle ferme, si ce n'est à Hoffwil, lieu métropolitain des agronomes *romantiques,* ne fait-on pas de jachères pour la culture du froment (1)?

5° Dans quelle ferme, dirigée par un agriculteur, se sert-on de la charrue-semoir, des

______

(1) Il faut excepter toutefois la banlieue de Paris, qui peut jouir de l'immensité des fumiers qu'on fait sortir de la capitale.

machines à fanner les foins, à battre les blés,
à creuser les sillons, à extirper les racines et
les pierres?

6° Dans quelle partie de la France a-t-on
adopté le mode anglais de planter les blés,
qu'ont vanté les théoriciens de l'Académie et
de la Société d'agriculture parisienne, qui en
a fait dessiner l'*outil* apporté par M. de L....
sur la table même de l'Académie des sciences (1ʳᵉ classe de l'Institut)?

Il est affligeant de dire que nous avons
adopté des Anglais l'usage des courses de chevaux ; il est bien plus affligeant encore de voir
les hommes de la science hippiatrique et administrative, en déduire des causes et des signes de progrès pour l'éducation des chevaux
et pour le soutien des belles races ; ce qui est,
dans toute la force du terme, un mensonge
ou une absurdité. Le lecteur le plus étranger
à l'agronomie ou à la physiologie peut facilement s'en convaincre.

Les Anglais aiment infiniment plus que
nous l'exercice du cheval. Parmi toutes les
races et leurs formes, ils préfèrent les chevaux qui sont vîtes et de taille élevée ; leur
grande émulation est de faire en très-peu de
temps de longs trajets ; et pour ces concours,

ils se plaisent à faire des paris de sommes considérables. Ces paris ne se bornent pas, on le sait, aux courses des chevaux ; car on en fait aussi pour des combats de coqs, de chiens ou de boxeurs : c'est, en un mot, une spéculation ou un plaisir en même temps qui flatte et attire les riches et le vulgaire.

Les Anglais qui élèvent des chevaux connaissent trop bien la nature de ce quadrupède pour dire, comme nos Huzard, que *les courses publiques sont un grand moyen pour obtenir et conserver pures les plus belles races.*

Un cheval propre à la course, pour être plus léger, est dépourvu d'embonpoint ; cette condition est également imposée à la jument : l'un et l'autre doivent avoir un ventre effilé, et des flancs relevés. Mais quel lord, ami du cheval, et que l'observation a éclairé ; quel propriétaire ou nourrisseur normand voudraient prendre pour étalon le cheval le mieux dessiné pour la course, et pour jument poulinière, celle qui aurait vaincu aux courses ? Les vrais connaisseurs ont dû regarder l'affirmative des Huzard, comme une dérision.

S'il ne s'agissait du moins, dans les haras et dans l'appareil des courses, que d'obtenir des chevaux sveltes, légers et nerveux, il y

aurait quelque apparence de raison physiologique, en ce que les fils doivent tenir des pères
et mères ; mais tel n'est point le vrai but des haras ; car il s'agit d'en obtenir des chevaux pour
l'armée, pour les besoins du luxe et de la
société, et de prévenir conséquemment l'ex-
portation du numéraire dans l'étranger. Les
Garsaut, les *Tourdonnet*, les *Bourgelat* ont
donné d'autres conditions aux beaux et dignes
étalons : ils voulaient sans doute de belles
formes, une allure mâle et vigoureuse ; mais
pour dire leur mot, ils voulaient des étalons
bien *étoffés*.

Dans une discussion à la Chambre, sur
l'usage et les *dépenses* des courses, une de nos
excellences transitoires, qui ne voyait que
par nos Huzard, n'hésita pas à déclarer, à la
tribune même, *que ces courses étaient l'encou-
ragement le plus puissant*.

Il y sollicita pour la France le goût des Anglais, ajoutant que c'était par ces courses
qu'ils avaient acquis tant de *supériorité sur
nous*. Il s'arrêta avec complaisance sur les
paris anglais ; et, pour stimuler davantage, il
porta le nombre annuel des courses en Angleterre à *six cents* : ce nombre seul aurait
dû être un argument négatif pour la Chambre.

Le même ministre faisait espérer des *hippo-
dromes permanens;* il appelait les grandes villes
à y concourir, etc.

" Quoique je ne donne ici qu'un historique
au simple trait, il faut pourtant que je dise
d'avance que ces courses furent alors soute-
nues au budget par le bon et loyal Girardin,
qui connaissait mieux les formes constitution-
nelles, que celles des étalons.

M. Syryès de Mayrinhac combattit Girardin;
il préféra le *solide* au *brillant,* et les *primes*
aux *prix* des courses; il nia la supériorité des
Anglais; il se plaignit vivement des dépenses
faites pour acheter des chevaux dans l'étranger; il cita qu'en 1820, on en avait acheté
cinq mille qui avaient coûté plusieurs millions.

" Mais, ô faiblesse humaine! en 1827, M. Syryès de Mayrinhac, directeur des haras, a sol-
licité et établi comme *nécessaires* les dépenses
pour les courses de chevaux, et il a *présidé*
l'hyppodrome du Champ-de-Mars : soit dit
sans malice, cette conduite n'est pas consé-
quente.

" Je n'ai point à discuter ici l'erreur des hip-
piatres, celle du gouvernement et des Chambres sur les courses, puisque je dois le faire

à une autre époque ; mais je ne peux me dispenser provisoirement de représenter à toute fin, soit à une excellence, soit à la Chambre élective, que la dépense pour ces courses est véritablement frustratoire, et que, si on la considère comme favorisant les belles races, c'est tout simplement une aberration ou une hérésie complète envers la nature et la raison.

Dans la doctrine suggérée aux excellences, on établit qu'une jument doit avoir six ans avant d'être livrée à l'étalon ; mais si elle court deux saisons, elle en aura huit, puisqu'elle ne peut être admise pour courir qu'à l'âge de six : or, je le demande à tous ceux qui ont quelque idée d'un étalon ou d'une jument nourrice, peut-on ajouter foi à une telle doctrine ? Terminons par une réflexion décisive : depuis vingt-cinq ans, de telles courses ont lieu parmi nous, et on ne nous a pas encore cité un seul cheval étalon, issu d'un cheval et d'une jument qui avaient été couronnés à ces courses ; à moins toutefois qu'il ne s'agisse d'un cheval coureur.

S'il ne s'agissait que d'offrir des spectacles publics, je serais le premier à y applaudir ; car enfin il y a plus de goût et plus d'intérêt à voir courir des chevaux, qu'à voir combattre des coqs et des boxeurs. Puis, je conviendrai sans peine qu'il peut être agréable et utile même d'avoir des chevaux vîtes; car c'est une qualité, et la seule qu'on puisse, sous ce rapport, admettre dans les haras : mais quel colonel de grosse cavalerie, de dragons, de hussards même, voudrait, en guerre, monter un cheval vainqueur en courses? Quel élégant, quel Crésus voudrait atteler à son char doré deux chevaux ou jumens couronnés à l'hippodrome? Quel voyageur voudrait un tel cheval, pour porter sa valise et faire un long trajet?

Il est donc tout simple que M. le préfet de la Seine favorise les courses du Champ-de-Mars, puisqu'il en résulte un concours immense du peuple parisien : c'est un spectacle enfin, et c'est à ce seul motif qu'il faut les réduire. Quant aux paris, ils sont à peu près sans intérêt parmi nous; tandis qu'à Londres ils occupent et intéressent un très-grand nombre d'individus, et même des lords du premier rang : voici la différence du caractère et du goût des Anglais et des Français pour ce genre de distractions et de *spéculations*.

CHAPITRE IX.

Il existe un grand nombre de documens précieux pour l'histoire dans les chroniques. — La *Grammaire comparée* de M. Raynouard peut beaucoup servir pour connaître les vraies significations des vieux mots. — Dans le dix-septième siècle, on a tenté de faire un recueil général de ces chroniques. — Le chancelier d'Aguesseau avait de même tenté de faire de toutes les coutumes un coutumier général. — Les nombreuses colonies jetées dans les Gaules pourraient encore beaucoup servir à une histoire de l'agriculture. — Quelques exemples cités. — Nos plus vieilles coutumes pourraient également donner des indications précieuses. — Les voyages en France, en Italie et dans la péninsule sont utiles pour comparer les divers usages agricoles, et pour remonter plus sûrement aux origines.

REPRENONS la marche à suivre pour écrire avec succès l'histoire de l'agriculture.

Ce n'est pas seulement dans l'histoire des Gaulois et des Romains, dans les capitulaires, les synodes et la tradition des coutumes qu'on trouvera des matériaux précieux; il en existe encore beaucoup; la plupart inédits;

dans les diverses chroniques des monastères et des cathédrales (1).

« Je n'entends point parler de ces chroniques arrangées après coup, telles que celles des Aimoin, des Eustathe, des Frédegaire, des Turpin, écrites dans les quatorzième et quinzième siècles, toutes façonnées selon les intérêts des évêques et des moines ; je ne désigne ici que les petites chroniques des monastères, presque toutes contraires à celles de Saint-Denis, de Metz et de Clugny, et dans

____

(1.) Les chroniques sont un trésor dans lequel M. Augustin Thierry seul a eu le courage de faire des recherches, à l'aide desquelles il a su donner enfin, à l'histoire, le caractère sacré qu'elle doit avoir : celui de la vérité pour les faits et pour les définitions.

Voilà donc enfin un homme qui a bien compris l'histoire, et qui peut-être ne le sera pas lui-même, ni par les historiens ni par les amateurs de l'histoire, toujours vivement épris des Velly, Millot, Daniel, etc.; voilà un écrivain que les académies à programmes devraient proposer en modèle; car malheureusement emporté par son zèle, il a tellement fatigué ses yeux, qu'il lui est désormais impossible de travailler. C'est un malheur public; et le gouvernement, s'il a su l'apprécier, doit le consoler et même le consulter sur les moyens d'établir au vrai l'histoire de la monarchie, sous la première et la seconde race.

lesquelles sont tant de mensonges qui ne sont utiles qu'au clergé.

Les auteurs de ces petites chroniques étaient soumis sans doute à des supérieurs, qui la plupart n'étaient pas en état d'apprécier les choses écrites, mais parmi lesquels il pouvait s'en trouver aussi qui voulussent exprimer la vérité, que d'autres déguisaient. Soit que ces chroniques aient été, dans la suite, considérées comme des choses vulgaires ou privées, et indignes d'être mises au jour ; soit que l'opinion, en s'éclairant, se soit lassée de maintes aventures galantes ou scandaleuses, il en est résulté une sorte de mépris pour ces petits recueils, dans lesquels néanmoins il y a des faits curieux ou importans sous divers rapports.

Pour donner plus de crédit à ces chroniqueurs, il convient de faire observer, que les chefs des couvens et des monastères, ne se croyant pas justiciables des hommes de la justice féodale et royale, ni même des évêques qu'ils haïssaient, autorisaient, et souvent à dessein, des mentions absolument contraires aux déclarations des livres d'histoire. La passion a pu égarer quelqu'un de ces chroniqueurs ; mais dès que dans une histoire, on ne

s'attache plus qu'aux faits, il y a moins d'erreurs à craindre.

Les bénédictins et les bernardins se sont
plus spécialement adonnés à faire des chroniques ; et c'est à de tels loisirs, peut-être
forcés, que l'ordre des bénédictins a dû son
renom pour l'histoire, pour la chronologie,
et même pour les généalogies. Il règne en général, dans ces chroniques, une grande simplicité de style ; les faits y sont présentés avec
le ton de la bonne foi ; il y a des particularités piquantes et circonstanciées, qui font
donner plus volontiers créance aux faits qui
y sont rapportés. On ne s'y occupait point
des gestes des rois, des papes, ni même des
évêques, qui n'étaient pas toujours en vénération dans les grands monastères ; mais les
chroniques contenaient beaucoup de faits
d'exactions de la part des traitans, beaucoup
de grandes aventures des seigneurs barons et
châtelains ; on y déplorait avec énergie les
brigandages de la soldatesque et les cruautés
des sbires. Si des fléaux désolaient les villes
et les champs, les chroniqueurs en disaient
les causes et les effets ; toutes ces chroniques,
enfin, sont précisément ce qu'on peut appeler l'histoire, en dehors de celle des rois et

du clergé, et dans laquelle, conséquemment, il y a beaucoup à glaner. Un historien d'agriculture peut seul faire quelque attention à de tels détails ; ils peuvent l'éclairer sur d'autres plus importans, ou sur des inventions suggérées par la nécessité.

S'il arrive jamais qu'on reforme notre histoire, que les auteurs aient le courage de pénétrer dans ces vieilles chroniques, je leur assure des pages utiles et des redressemens précieux pour des faits historiques ; mais ce recours, il faut en avertir, exige un long travail préliminaire, pour bien lire et entendre la juste signification des choses et des mots. Il semble que M. Raynouard a eu en vue cette réformation dans l'histoire, quand il a publié sa *Grammaire comparée des langues de l'Europe au douzième siècle, avec celle des troubadours*. On y trouve à point la clef des patois ou langues d'oc et d'oïl, des langues des Armoriques et de Bourgogne : c'est un service précieux qu'il vient de rendre, et mille fois plus utile que le fatras chevaleresque des la Curne-Sainte-Palaye, dont on a tant parlé. Cette Grammaire, néanmoins, a été à peine remarquée dans le monde lettré, qui a bien d'autres choses à suivre ou à compter.

Quelques savans ou libraires, dans le dix-septième siècle, ont tenté de réunir toutes les chroniques pour en faire un seul recueil ; mais les chefs d'ordres se sont refusés aux communications de celles qui étaient dans leurs chartriers. Ce plan, par tels motifs qu'il ait été conçu, montre du moins qu'on attachait un grand prix à ces chroniques. Ce fut dans cet esprit, il n'en faut pas douter, que le chancelier d'Aguesseau avait formé le grand projet de faire un coutumier général de toutes les coutumes, et dont le nombre est bien plus considérable qu'on ne le pense en jurisprudence. J'ai cru devoir insister sur ce recours aux chroniques, parce qu'on y fait moins d'attention aujourd'hui, que dans le dix-septième siècle.

Pour écrire encore avec plus de succès l'histoire générale et celle de l'agriculture, il faudrait pouvoir atteindre tous les actes et documens qui se rapportent aux colonies qui se sont établies, de gré ou de force, sur le sol des Gaules. C'est dans tous ces mouvemens, imprimés par le despotisme ou causés par l'espoir d'un plus grand bien-être, qu'un historien qui serait bien servi par le gouvernement et par les bibliothécaires, pourrait

trouver les divers erremens des langues vulgaires, et ceux des langues celtiques et latines ; qu'il pourrait peut-être expliquer les
causes de tant de confusions et de différences
tranchantes dans les idiomes, de contrée à
contrée, et même de canton à canton. Mais
il faudrait remonter à cette ancienne fièvre
politique qui portait les vainqueurs et les des-
potes à faire de tels déplacemens, ou plutôt
de tels déchiremens. On trouverait encore
les explications de tant d'usages qui nous paraissent bizarres ou incroyables.

On sait que l'empire romain a vomi ou jeté
d'innombrables colonies, et sur tous les points
des Gaules. Sous les rois de la première et
seconde race, elles furent également communes et violentes ; les Saxons, sous Charlemagne, en fournirent le plus. Nos rois de la
troisième race ont adopté le même mode,
mais il est juste de faire observer, que la plupart de ces colonies étaient composées de
peuples qui fuyaient la tyrannie ou l'intolé-
rance ; dans ce nombre, il faut citer les
Espagnols. Depuis trois siècles, il en existe
une en Champagne, près de Châlons, qui y
entend et parle la langue française ; mais les
habitans ne parlent entre eux que leur langue

native, qui semble provenir du nord de la Suisse.

Le dix-huitième siècle est l'époque de celle des Canadiens, qui fut entreprise dans le double intérêt de l'humanité et de l'agriculture; mais ayant été livrée à un théoricien qu'on cite ou célèbre encore, elle s'est anéantie dans le Poitou.

M. le marquis de Turbilly, bien digne du marquis de Mirabeau et de Duhamel, pour la science vraie, imagina de faire brûler la superficie des brandes, qu'on abandonnait à la colonie; ce qui s'appelle *écobuer :* on ne pouvait mieux s'y prendre pour stériliser le sol. L'Académie des sciences, qui est ou devrait être instituée pour avertir ceux qui s'égarent, du moins dans la voie des sciences physiques, surtout quand il s'agit des intérêts de la patrie et de l'humanité, loin de blâmer le mode barbare ou sauvage de M. de Turbilly, en fit un Triptolème, sur lequel Youngh seul pourtant s'est expliqué franchement. Le renom de M. de Turbilly dure encore; M. Yvart, devenu membre de l'Académie des sciences, on ne sait pourquoi, en a fait un éloge pompeux : l'Académie n'y a pas trouvé un mot à redire, pas plus qu'à la contagion de l'épine-vinette sur les blés, et à l'excellence de l'assolement par les topinambours.

La dernière, et la plus mémorable des colonies, est celle de trente mille Allemands, que le roi d'Espagne força, en 1769, d'aller peupler la Sierra-Morena, plaine au-dessous de la chaîne des montagnes qui sépare l'Andalousie de la Vieille-Castille. Son gouvernement alors eut le bon esprit du moins d'affranchir le territoire des impôts de la féodalité, et c'est aujourd'hui le point de l'Espagne le mieux cultivé. Ah! que l'Espagne se jette dans le sein de l'agriculture, et dans moins d'un quart de siècle elle sera plus riche qu'avec ses autres colonies et ses mines du Mexique; mais ce malheureux pays, dominé par les moines, a horreur de toutes les vérités utiles; et, s'il continue, il sera bientôt la Lybie de l'Europe.

Des recherches dans les vieilles coutumes pourraient également bien servir à un historien. Il trouverait, même dans la tradition, des matériaux précieux; les exceptions lui serviraient pour apprécier avec plus de justesse maintes différences d'usages, de mœurs et de caractère. Là, au centre de la France, il pourrait savoir pourquoi, pendant plusieurs

siècles, une petite contrée a observé et constamment suivi certains modes d'habillement
et de coiffure, absolument étrangers aux
pays environnans, que séparaient seulement
une rivière, une montagne ou une forêt ; ici,
pourquoi dans les Rogations on suit exacte-
ment les usages des anciennes lustrations de
la Grèce ; plus loin, pourquoi, dans les pays
bocagers et couverts, on suivait naguère encore, aux funérailles et aux fêtes anniversai-
res des morts, des usages pareils à ceux du
plus vieux paganisme? En vain les pasteurs
ont cherché à les faire abolir, le mort n'en
emportait pas moins avec lui le denier pour
Caron, ou des fèves pour les diables, ou la
fiole d'eau lustrale. Aux fêtes de Saint-Jean
et de Saint-Pierre, on se livrait à des céré-
monies qui, à la même époque, rappelaient
celles des anciens Gaulois. Dans les mariages,
on retrouve encore les modes décrits par
Homère et suivis par les Grecs modernes.

Je conviens que tous ces vieux traits s'effacent, et que notre civilisation, si grande et
si animée, produit, même sur la population
des champs, ce que les flots de l'Océan nous
offrent à ses limites, des plages nivelées.

Pour écrire l'histoire, les anciens, philosophes ou poëtes, faisaient des voyages ; mais dans notre âge, malheureusement, on s'imagine que les bibliothèques, des dessins ou des échantillons suffisent pour écrire ou pour parler des quatre parties du monde. Nos savans théoriciens devraient du moins s'imposer *leur tour de France*, qui rend plus habiles les charpentiers, les menuisiers, les serruriers ; mais Paris est leur univers et la source intarissable de la science infuse. L'essentiel, pour eux, c'est de ne pas s'éloigner du chef-lieu du gouvernement et des ministres, afin de saisir au coup du temps les sinécures vacantes ; les titres, les pensions et places actives même sont exclusivement pour eux : quelques pages sur l'histoire naturelle, qui commande plus spécialement de voyager, n'en ont pas moins servi à faire décorer de tous les attributs de la vanité certains personnages qui n'ont fait d'investigations qu'aux carrières de Montmartre, ou qui n'ont vu qu'en poste l'Allemagne et l'Italie.

Toutes les autres sciences et les arts mêmes ont leur histoire ou leurs archives ; ce n'est pas toutefois en raison de leur utilité, mais en raison des faveurs de l'opinion ou de leur inaccessibilité à l'intelligence commune.

Ainsi, par exemple, on a tout épuisé sur l'astronomie et sur le système du monde (1). Que n'a-t-on pas dit sur la théologie, sur les aberrations des sectaires? On sait et on suit avec un zèle toujours vif tout ce qui se rapporte à l'art dramatique pour ses origines et ses progrès, à la musique, à la peinture, à la danse; et l'agriculture, à laquelle on accorde si bénévolement le titre de *premier des arts*, n'en a point encore; un seul homme, dans le seizième siècle, en avait moins tracé l'histoire que fait la statistique. Comme tel encore, son ouvrage avait un grand prix; il était en exemple à toute la France : mais il a été mis, comme celui de Bernard de Palissy, à un index irrévocable.

L'abbé Rozier, dans le milieu du dix-huitième siècle, a eu le noble courage d'entreprendre un cours complet sur l'agriculture, dans lequel se trouvent quelques fragmens historiques; mais il n'était pas agriculteur comme Olivier de Serres : sa science était d'emprunt;

---

(1) Je me trompe; car M. Biot, en novembre 1827, a lu à l'Académie des sciences des moyens nouveaux pour juger mieux de la figure de la terre et du système métrique.

il avait un excellent jugement pour le choix des préceptes. Il faut lui savoir gré de son zèle, qui, dans un si grand élan, a laissé néanmoins passer bien des erreurs. Des théoriciens de Paris, la plupart académiciens, se sont arrogé le droit de le juger et de le commenter dans l'édition Déterville ; mais leur ouvrage n'a été qu'une spéculation ; un seul article de M. Yvart y contient quatre cents pages, en petit-texte.

Je n'ai donc pas d'exemples à citer pour l'histoire de l'agriculture, puisqu'il n'en existe pas ; cependant, il n'y a pas de partie dans l'administration générale et dans le cours des intérêts privés, qui mérite, qui exige même plus impérieusement une histoire frappée au coin de la vérité, afin, d'une part, d'éclairer les hommes du gouvernement et de la législature qui y sont étrangers, et parmi lesquels il s'en trouve tant qui affectent de méconnaître et d'ignorer tout ce qui se rapporte à des choses qui, selon eux, ne regardent que leurs bastidiers, leurs métayers ou leurs fermiers ; et, de l'autre, afin de tenir les administrateurs des ruralités et les propriétaires fonciers dans les bonnes et sûres voies de l'expérience ; car il faut pourtant qu'on sache, en administration et même en littérature, que l'agriculture ne se compose pàs seulement des choses qui font vivre, mais qu'elle embrasse encore tout ce qui sert à l'homme pour se vêtir, pour se préserver des rigueurs des saisons ou dés climats, pour se parer, pour se porter rapidément au loin, et pour adoucir enfin toutes les privations què le sol et la température peuvent imposer à l'homme.

Dans le plan général de l'histoire, les temps de traditions né sont pas un obstacle pour écrire l'histoire de l'agriculture. Tyr, Sidon et Carthage n'ont point été des pays agricoles; mais on peut rigoureusement trouver les traces effectives de leurs cultures dans leurs cultes respectifs, dans leur commerce et leurs mœurs. Les Gaulois ont connu fort tard la culture des céréales; cependant, grâces à César, le plus habile et le plus fidèle observateur de tous les historiens, sans exceptions, nous avons trouvé dans ses œuvres des indications assez positives, pour en déduire l'histoire spéciale de leurs cultures. .

Je viens de tâcher de démontrer que, dans le nouvel ordre social où se trouve la France, l'histoire de la monarchie devait comprendre les intérêts qui constituent la richesse nationale, et que celle de l'agriculture devait s'appuyer sur les plus hauts intérêts de la monarchie : je crois même, relativement à cette dernière, avoir démontré qu'elle était digne du style qu'on impose à l'histoire de la monarchie ; poursuivant la question, je me suis attaché à prouver que des géorgiques bien établies seraient un vrai livre d'histoire nationale : Virgile a été ma preuve et mon autorité.

Si maintenant on veut se rappeler les révolutions et l'effacement des anciens empires, l'ère des Héraclides, des Egyptiens et des Perses, les règnes des Tarquin, d'Alexandre, des César, des Clovis, des Charles et des Capet, on doit rester persuadé de cette vérité, que l'histoire la mieux écrite, même sous les rapports du style, a été sans influence aucune sur les déterminations des potentats et des républiques. L'écrivain donc qui, par ses talens, par ses vertus et par ses principes, pourrait démontrer que l'histoire autrement prise, établie et accréditée par une institution, pourrait avoir une influence heureuse sur le bonheur des peuples et sur la sûreté des trônes, mériterait la plus belle palme de gloire qui ait jamais été décernée aux héros et aux hommes de génie : son triomphe serait plus sûr et plus glorieux que celui d'Hérodote à Elis, ou que celui de Tite-Live à Rome.

PARTIE POLITIQUE.

Observations relatives.

_ Les grands évènemens qui, dans les temps actuels, occupent et agitent les deux hémisphères, doivent cependant avertir sérieusement les divers cabinets de l'Europe, qu'ils n'ont pas un instant à perdre pour se mettre en mesure de résister, ou de neutraliser les fermens qui produisent de telles agitations, et desquelles, en définitive, il peut résulter de terribles et vastes révolutions.

Il ne s'agit plus maintenant, pour nous, de questions purement littéraires ou administratives ; car il n'y a plus de belles-lettres, de sciences ou d'arts, et bien moins encore *d'agriculture,* quand toutes les sociétés sont livrées à des inquiétudes ou à des angoisses politiques. Les circonstances malheureusement se pressent, et par flots immenses, pour inspirer de justes alarmes. Qu'on reporte, en effet, son esprit à l'Amérique méridionale, à l'Espagne, à la Russie, à la Grèce, à la Turquie, et même au Saint-Siége, on trouve sur tous ces points des foyers ou des noyaux de grandes et vives tempêtes, qui menacent le vieux monde d'une conflagration générale. Mais réduisons tous les théâtres des deux hémisphères à ceux de la péninsule et de la Grèce, aux prises avec la Turquie, les appréhensions et les alarmes n'en sont que plus vives et plus imminentes. Quelles en sont donc les causes? c'est manifestement, d'un côté, le traité dit de *sainte-alliance*, et, de l'autre, les prétentions de la cour de Rome, et la résurrection politique des jésuites.

Ceux qui se trouvent bien de l'invention du *statu quo* politique, et ceux qui, dans cet ordre de choses, jouissent de la fortune ou du pouvoir, pourront se plaindre ou récriminer; mais nous ferons observer à ceux que l'histoire et la bonne foi éclairent, que de tous les écrivains les plus intéressés au maintien de la paix et de la liberté constituées, sont en première ligne les agronomes, parce qu'ils ont le plus étudié et médité les bienfaits et les influences d'une agriculture prospère, de

laquelle ; et partout, émanent les vraies richesses, et en même temps les satisfactions
des pères de famille.

Ceux qui depuis quinze ans ont suivi les
évènemens politiques et les divers mouvemens
réactifs dans l'intérieur des Etats, ne peuvent
s'empêcher d'attribuer au fatal traité dit de
sainte-alliance les désastres de l'Orient, déjà
plus abhorrents que ceux d'Attila, et, par
suite, la crainte trop réelle d'un bouleverse-
ment général avec toutes ses violences.

L'Espagne et le Portugal donnent seuls la
mesure du pouvoir immense de l'ordre des
jésuites, et des grands évènemens qui peuvent en résulter dans les Etats catholiques.

Comme historien de l'agriculture, je n'eusse
point cru avoir rempli la tâche que je me suis
imposée, si je me fusse borné à rechercher
et à dire les modes d'origine, les méthodes
des cultures consacrées par l'expérience, et
le cours successif de la législation rurale ;
mais j'ai dû bien plus positivement encore,
en ouvrant les trésors de l'histoire, chercher
à prémunir la patrie contre les guerres étrangères, et avertir les Etats modernes, qu'en
s'abandonnant à des chocs de circonstance,
et qu'en ne se ralliant pas franchement à des

pactes agréés ou convenus, ils peuvent incessamment être jetés dans les voies ou les abî-
mes qui ont englouti Athènes, Carthage et
Rome. . . . .

« Je me suis attaché, en parcourant les diverses périodes de l'histoire, à donner à tous
ceux qui gouvernent, et en même temps aux
philosophes, comme aux littérateurs, une
plus juste idée de l'influence *de l'agriculture
sur la stabilité et le bonheur des Etats.* J'ai osé,
enfin, entreprendre de convaincre et nos
hommes d'Etat et nos académies sur le prix
infini d'une bonne histoire de l'agriculture;
et à cet égard je forme le vœu qu'il s'élève un
homme de génie qui imprime à l'histoire de
l'agriculture le cachet et la vogue que Buffon,
de nos jours, a imprimés à l'histoire naturelle,
laquelle pourtant, dans la balance des grands
intérêts, n'occupe qu'un rang infiniment secondaire. . . . .
« J'ai pu me tromper dans mes opinions littéraires sur divers historiens, sur le prix ou
le mérite du style, et même sur le sort de
notre littérature; mais je ne crois point avoir
exagéré mes appréhensions sur l'avenir et sur
la paix du monde; car c'est l'œil même de
l'histoire qui m'a guidé dans la manifestation

des principes que j'ai embrassés, comme c'est par lui encore que j'établirai ceux qui vont m'occuper dans le chapitre suivant.

Ma première pensée, en me livrant à l'histoire de l'agriculture, a été, je le répète, d'en faire considérer le but moral et littéraire ; il me reste donc à la faire considérer sous le rapport d'une sage politique, qui aujourd'hui est mieux comprise et appréciée par les peuples, qu'elle ne l'a jamais été ; car tous ses actes et ses mouvemens se révèlent ou manifestent les vues et les desseins des divers cabinets.

J'ai mis en fait, dès le commencement de ces *Considérations*, que l'histoire, telle qu'elle a été écrite jusqu'à présent, *a été sans influence pour faire joüir de la paix et du bonheur public;* et je ne sais si, dans le vaste champ des argumentations, on pourrait se prévaloir d'une plus grande vérité.

Dans ma détermination, je ne le crains que trop, j'ai plutôt consulté le principe des améliorations, que la gloire, ou même l'espoir de convaincre les lettrés et les gens du monde ; car aujourd'hui, dès qu'il s'agit d'agriculture, l'opinion est muette ou dédaigneuse. Pour l'émouvoir, il faut appartenir à une cotérie ou à un parti ; il faut avoir eu de la vogue dans des cours publics, dans la facture des romans et des pièces de théâtre ; il faudrait même, pour plaire à la haute Sorbonne, se faire l'écho de Platon, qui a été le digne précurseur du Bas-Empire.

J'ai tâché, jusqu'à présent, d'accréditer l'influence d'une bonne agriculture, et je crois la bien servir encore en offrant les considérations suivantes. Ma plume et ma vue sont trop bornées, sans doute, pour oser tenir le vaste champ de la politique ; je me réduis donc à quelques considérations de fait, pour avertir qui de droit, qu'il est urgent de prévenir les orages que cette même politique agglomère sur l'Europe, et par contre-coup sur la France.

La première preuve que j'ai choisie se rapporte au retour et à l'existence des jésuites ; dont les mouvemens et les influences à Rome, en Espagne et en Portugal, avertissent de nouveau et assez hautement la France des dangers qui l'environnent ; mais pour en bien juger, rappelons ici leur histoire, les évènemens auxquels ils ont donné lieu, et les mesures qui ont été prises contre eux. Ce simple rappel pourra servir, en ces temps, de règle au gouvernement, et de motifs aux lecteurs pour en bien juger encore. Tout ce que je dirai, au surplus, de l'ordre des jésuites, sera historique; car c'est l'histoire qui les accable le plus.

Quant au traité dit de *sainte-alliance*, toute l'Europe en a su les circonstances, les motifs et le but. Déjà les évènemens ont justifié les appréhensions et les prédictions des hommes sages; et on ne pourrait trouver aucun fait, dans le monde civilisé, qui puisse mieux démontrer l'inutilité de l'histoire pour rendre les potentats ou leurs cabinets plus sages.

Je ferai suivre ces deux grandes questions de quelques considérations sur la double position politique de la France et de l'Angleterre; j'y attache la paix du monde, et spécialement celle de la France : c'est donc la cause sacrée de l'agriculture.

CHAPITRE X.

L'origine et le début des jésuites. — L'accroissement rapide de
leur fortune et de leur pouvoir. — L'assassinat d'Henri III; celui du roi de Portugal en 1758. — Causes et circonstances de cet
attentat. — Premier édit de Louis XV sur les jésuites. — Tous
les parlemens de France informent contre l'ordre des jésuites.
— Le roi de Portugal fait déporter les jésuites de ses Etats. —
Edit de la suppression définitive de ceux de la France. — Évé-
nemens relatifs aux jésuites dans les Etats de Naples, Florence,
Parme et Malte. — Le roi d'Espagne fait arrêter ceux des Indes et de la péninsule. — Les grandes richesses qu'on trouve
chez eux à Barcelonne et à Madrid. — Le pape conteste au roi
d'Espagne le droit de déporter les jésuites. — Déclaration du
parlement de Toulouse contre la société dite *de Jésus*.

La société de Jésus, dès le principe, n'a eu
pour but, sans doute, que le maintien de la
foi et sa propagation, ou il faudrait supposer
à son fondateur le caractère du Vieux de la
Montagne (1) et le génie de Machiavel. Il est

____

(1) Le Vieux de la Montagne, de la race d'Ali, et le
prince des Arsacides, était le chef de la secte dite *des as-*

pourtant remarquable que la règle ou l'institut d'Ignace de Loyola se trouvait, à son origine (1538), en exception à l'égard des autres associations religieuses. Elle imposait au chef de l'ordre et à tous ses vice-gérans la condition formelle de n'accepter ni titres, ni bénéfices, ni dignités ecclésiastiques, et de n'être jamais, dans les parties actives du sacerdoce, que de simples confesseurs, prédicateurs et maîtres d'écoles publiques.

Sur quels moyens les jésuites fondaient-ils donc leur avenir, car ils n'avaient point, à leur début, des biens-fonds à défricher, comme les fils de saint Benoît, de saint Ber-

---

sassins ou *hassassis*, ainsi nommée, du moins par les historiens des croisades. Ce mot a passé d'Orient en Occident. Les sectaires arsacides étaient soumis aux plus rudes épreuves avant d'être initiés aux secrets de la doctrine. On dit que lors des premières croisades, ils étaient au nombre de quarante mille. Leur général ou prince primat résidait sur une montagne escarpée. Il faisait trembler tous les autres rois ou souverains, même le Grand-Turc, qui le désignait par les mots *almala-hedala*, c'est-à-dire *impie*. Les sectaires juraient une obéissance absolue. Nul crime, quel qu'il fût, ne les arrêtait, s'il était ordonné par le général. Saint Louis fut en butte à leurs coups; et c'est un Arsacide probablement qui a assassiné le général Kléber.

nard ou de saint Bruno? Telle vive que fût
leur foi, tant d'humilité n'était pas une source
de fortune ; cependant on ne les vit point
prendre rang parmi les moines mendians ;
mais on ne tarda pas à s'apercevoir qu'ils s'attachaient principalement aux personnes des
rois et des grands.

Les rois, de leur côté, déjà bien avertis
du danger d'accréditer près d'eux, comme
ministres, des évêques et des cardinaux, furent très-disposés à prendre pour guides de
leur conscience de simples et humbles confesseurs qui vivaient, en apparence, étrangers au monde et à la politique. Les ministres,
d'autre part, se prêtèrent facilement à les accréditer auprès de leurs souverains respectifs, parce qu'ils n'avaient point à craindre
en eux des concurrens qui viendraient les traverser ou les supplanter.

Le chef de l'ordre, néanmoins, avait senti
dès le principe, que le général devait, dans
tous les temps, fixer sa résidence à Rome,
afin de mieux diriger ses colonies, et de les
faire accréditer dans les cours. Soit que le
pape ait lui-même senti le besoin qu'il aurait
d'un tel auxiliaire, soit que le général ait attaché à son union avec le Saint-Père tous les

succès de ses desseins, on vit bientôt un accord parfait entre le pape et le général des jésuites.

Dans le monde, on parla bientôt avec faveur d'un ordre dont les membres, au lieu de rester oisifs et inutiles dans les cloîtres, se vouaient à l'éducation de la jeunesse, à la propagation spéciale de la foi et à l'affermissement des vertus qu'elle commande : tant on était loin de penser, même dans le dix-septième siècle, qu'au revers des attributions patentes des fils de Loyola, il y avait une doctrine occulte, perverse, envahissante, qui, à l'aide d'un serment terrible, épouvantable, imposait à tout jésuite, quel qu'il fût, une obéissance absolue à l'ordre du général, et l'obligation en outre de travailler sans cesse à enrichir l'ordre, et à fortifier son crédit et son pouvoir. Partout où les jésuites s'établirent, on les jugea humbles, purs, exemplaires, et, comme tels, utiles à la morale et à la religion.

Le général de l'ordre lui-même se tenait, de son côté, à Rome, dans un état d'harmonie parfaite d'humilité et de piété ; car alors même qu'il aurait pu, sur sa simple signature, se faire apporter ou mobiliser des millions, il n'avàit dans cette capitale d'autre carrosse que celui d'un prince romain avec ses armes et sa livrée : l'usage en durait encore en 1770. Cependant les jésuites, au milieu du dix-septième siècle, avaient déjà pris une grande et forte consistance dans le monde social, civil, politique et religieux ; déjà même on s'était aperçu qu'ils cherchaient à dominer les rois et leurs ministres, qu'ils abusaient fréquemment de l'ascendant qu'ils avaient pris sur le Saint-Père. Ils affectaient d'éclipser tous les autres ordres religieux, desquels ils s'étaient fait promptement haïr. Enivrés de leur pouvoir, ils ne redoutaient plus les résistances, quelles qu'elles fussent ; avec leur or, avec le confessionnal et les prédications, ils triomphaient de tout ; ils s'assuraient des partisans parmi les évêques et les cardinaux, parmi les grands seigneurs et parmi les maîtresses, parmi les écrivains et les avocats ; et pour les affaires *in extremis*, parmi les médecins et les notaires.

Plus ils devenaient riches et puissans, plus leur morale était relâchée ; ils pardonnaient toujours aux leurs, quand ils ne s'étaient rendus coupables que de quelques excès ou attentats à la pudeur : par ce moyen encore, ils

prosélytaient pour l'ordre ; car dans les autres couvens, les supérieurs étaient d'une rigueur extrême contre les écarts des jeunes
novices ou frères. L'organisation du reste
des membres de l'ordre était telle, même de
la part du général, qu'ils faisaient tous et imperturbablement marcher de front, l'accroissement de leur fortune foncière et mobilière,
leur domination, et leur système d'envahir
tout le domaine de l'instruction publique.

Comme les hautes puissances, les jésuites
avaient des envoyés dans toutes les cours de
l'Europe ; leurs colonies se répandaient,
comme les familles des Juifs, sur toute la
surface du globe ; ils possédaient même de
riches et vastes territoires dans le Nouveau-
Monde, où ils se faisaient souverains : d'autres colonies travaillaient l'Indostan, le Ja-
pon, la Chine, où ils ont fait des conjurations
et des révolutions : comme pour Alexandre,
enfin, la terre pour les jésuites semblait trop
petite encore.

On s'était aperçu déjà souvent en Europe
de maintes participations des jésuites à des
entreprises ou machinations politiques. Le
plus fort avertissement s'y rapporte à l'assassinat d'Henri III par Jacques Clément, reli-

gieux dominicain, natif de Serbonne, près
Sens, et âgé de vingt-deux ans.

La cour de Rome eut l'imprudence de manifester sa joie sur un tel évènement. Le Père
Mariana, l'aigle de l'ordre des jésuites, exalta
le courage mâle et vigoureux de Clément ; il
osa même le comparer à Brutus, qui avait
ainsi sauvé sa patrie ; il le signala, du reste,
dans les fastes de l'ordre, comme un des nobles martyrs de la foi.

A Toulouse, on fit des funérailles magni-
fiques à cet assassin. Le provincial des mi-
nimes eut l'audace d'y prononcer son oraison
funèbre, déclarant qu'il avait mérité la couronne du martyre, et que son nom serait ins-
crit désormais dans la légende sacrée.

On ne sait que trop ce qu'ils ont fait contre
Henri IV ; sur ce point, bornons-nous à rappeler ce qu'en a dit le respectable historien
de la ligue : « La ligue, disait-il, n'avait point
« eu de partisans plus fermes, de prédica-
« teurs plus hardis, de coopérateurs plus in-
« fatigables que les jésuites. »

Toujours habiles à rompre les voies ou les
rayons qui se dirigeaient vers eux, le général
ou ses hauts-vicaires se mettaient aussitôt à
l'œuvre pour donner le change à l'opinion.

Tántôt ils niaient fermement des participations que le cri public imputait à leur ordre ;
tantôt, pour prouver leur innocence, ils pro-
voqüaiént des condamnations contre des li-
bellistes ou des imprimeurs ; tantôt ils commandaient des sermons pour manifester le
dévouement de l'ordre au trône même qu'ils
venaient d'ébranler, ou contre lequel ils mé-
ditaient une révolution. . . . .

Si le délit établi par des enquêtes était trop
manifeste, si on accusait la doctrine de l'ordre, les chefs directeurs faisaient de suite imprimer leur constitution avec des amende-
mens justificatifs ; mais, immédiatement, ils
en faisaient imprimer une autre, dont le titre
formulaire seul révélait à tous les frères, que
cette dernière était celle qu'on devait suivre
avec rigueur, et par ordre du général. . . . .

Il n'y a point, au surplus, d'histoire relative
aux jésuites, qui démontre plus évidemment
les menées et les attentats des jésuites, que celle
de l'Angleterre; on peut la nommer le *miroir
de l'ordre des jésuites*, pour leurs faits et gestes :
à juste titre, le Saint-Siége peut les accuser
de lui avoir fait perdre un des plus beaux diamans de la triple couronne. . . . .

L'évènement de l'assassinat du roi de Portugal, le 3 septembre 1758, fit enfin dessiller les yeux des rois de la chrétienté, jusqu'alors aveugles ou incrédules sur les imputations de crimes à la société de Jésus. Tous les gouvernemens d'alors et toutes les cours parlementaires sentirent même le besoin de s'émanciper de la volonté royale, qui se prononcerait favorable à l'ordre des jésuites. Ce fut un premier *quand même* généralement adopté.

Il fut reconnu et avéré que plusieurs membres de l'ordre des jésuites avaient trempé dans le complot d'assassiner le roi de Portugal. On en doutait d'autant moins dans les autres Etats, que la cour de Lisbonne elle-même avait pris le soin d'envoyer à toutes celles de l'Europe et dans les Etats des Indes, des circulaires qui faisaient connaître les causes, les circonstances, les chefs et les complices de cet affreux assassinat. En ce qui concernait la société de Jésus, on désignait comme chefs, indépendamment des conjurés de la noblesse, trois jésuites, l'un Italien, nommé *Malagrida*, les deux autres Portugais, *Jean Matos* et *Jean Alexandre*.

-. Huit autres se trouvèrent gravement compromis ; ils furent mis au secret dans la prison d'Etat. Qu'il suffise de dire, sur cet attentat, que les coupables, parmi lesquels se trouvait Malagrida, ont subi la peine et l'infamie du dernier supplice.

· On attribuait la cause du ressentiment des jésuites contre le roi de Portugal, à ce que ce prince avait renvoyé les jésuites, comme confesseurs de la famille royale, et à la défense à tout jésuite de se présenter à la cour. Il fut dit encore, dans l'instruction, que les jésuites impliqués avaient déclaré aux conjurés que tuer les rois, dans certaines circonstances, n'était pas même un péché véniel ; que plusieurs fois Malagrida, homme ardent, envoyé par les jésuites de Rome pour préparer le coup d'Etat, était allé à cheval, avec les conjurés, vers la maison de plaisance du roi, sous le prétexte de faire des actes de dévotion à des chapelles circonvoisines ; que ce Malagrida s'annonçait d'ailleurs dans son rôle, comme un prophète, et que maintes fois il avait donné à entendre que le roi n'avait pas long-temps à vivre. Cet évènement avait jeté l'effroi et la consternation dans l'ordre des jésuites et dans le Saint-Siége ; mais ayant reçu du chef d'ordre à Lisbonne et des dignitaires ecclésiastiques, des homélies pathétiques sur l'attentat commis sur la personne

du roi, le général et le Saint-Père même,
en prirent texte pour adresser aussitôt dans
tous les Etats, à leurs subordonnés respectifs, des homélies de récriminations et de
justifications, et dans lesquelles ils accusaient
à leur tour les ennemis et les persécuteurs
de la société de Jésus, *persecutores societatis
Jesus.*

Malgré ces désaveux de participation, et
malgré toutes les supplications du pape, le roi
de Portugal ne prit plus conseil que de lui; car
au mois de septembre suivant il porta un édit
de bannissement contre les jésuites. Pour
mieux en assurer l'exécution, il les fit enfer-
mer tous dans trois couvens à Lisbonne, où
on leur donna trois sous par jour pour vivre.
Cet édit fut envoyé à toutes les cours; il fut
dit même dans une circulaire relative, du
mois de mars 1759, qu'on accusait les jésuites
d'avoir armé des criminels contre la vie du
roi, réputant, y était-il dit en outre, leur
doctrine impie et séditieuse. Le pape s'inter-
posa inutilement auprès du roi d'Espagne
pour fléchir le courroux et la justice du roi
de Portugal; car la même mesure de pros-
cription eut lieu dans le Brésil.

Les procureurs-généraux près les parlemens de France eurent ordre d'informer sur la conduite et la doctrine enseignée par les jésuites ; déjà celui de Paris avait condamné des brefs et des bulles du pape, favorables à l'ordre de la société de Jésus.

Au mois d'août de la même année 1761, le parlement de Paris, toutes les chambres assemblées, rendit un arrêt solennel, par lequel il fut fait défense à tout jésuite de porter l'habit de la société, d'en observer et enseigner les règles d'institutions. Tous les autres parlemens prirent également des mesures plus ou moins sévères, en raison des circonstances, ou s'occupèrent à faire des enquêtes et des examens des livres de l'Institut.

Au milieu de cette rumeur générale, Louis XV rendit, en 1762, un édit de réformation dans l'ordre de la société de Jésus, dont le but et les dispositions réglementaires annonçaient encore de sa part de l'hésitation pour détruire l'ordre entier. On voit, dans cet édit, que le prince est disposé à leur accorder un pardon conditionnel, et conséquemment une *prolongation d'existence religieuse* (1).

---

(1) Je souligne à dessein ces mots : bientôt le lecteur va en voir le motif, relativement à Louis XV.

N'est-il pas bien remarquable que, dans l'immense et active polémique qui vient de s'élever contre les jésuites dans toutes les parties de la France, il n'ait jamais été question de cet édit si mémorable et par sa sagesse et par toutes ses dispositions; car, d'une part, il dicte et il manifeste au gouvernement actuel (1828) la conduite qu'il doit tenir encore envers les jésuites, survenus après soixante ans d'expulsion solennelle; car, de l'autre, il révèle le danger politique qu'il y a, de se confier à un ordre prépondérant de religieux, qui est immensément riche, qui admet des étrangers, et qui par son chef, étranger lui-même, envers lequel sont liés tous les membres de l'ordre par le serment d'une obéissance absolue, peut, quand il lui plaît, mobiliser des millions, faire mouvoir des milliers de leviers occultes, et, quand il lui plaît enfin, ou quand l'intérêt de l'ordre l'exige, faire changer les dynasties, légitimer les usurpations, rallumer les guerres de partis, et entraver sans cesse la marche de tout gouvernement?

Voici, au surplus, le texte *abrégé* de cet édit; je le livre aux réflexions des membres de la législature, à celles de tous les gens de bien, et à celles des évêques et archevêques qui ne se sentent pas disposés à soumettre la couronne de France à la souveraineté du pape, qui, d'après l'histoire même, doit sa couronne à Charlemagne. J'en soumets également les dispositions au Saint-Siége, qui peut-être bientôt se repentira lui-même d'avoir détruit l'ouvrage du grand Ganganelli, en ce qu'il assurait d'une part la paix de l'Europe, et de l'autre l'indépendance même du trône pontifical.

On doit enfin considérer cet édit comme la pensée intime du roi et celle des hommes de son conseil d'État.

ART. 1er.

(*Texte abrégé.*)

Les jésuites désormais seront soumis aux lois du royaume, à la juridiction du roi et aux évêques.

2.

Pour être jésuite en France, il faudra être Français.

3.

Nul jésuite ne pourra sortir du royaume sans la permission du roi.

4.

Dans tous les colléges et cours de théologie, on devra soutenir et enseigner la proposition de 1682.

5.

Les supérieurs seront responsables de tout
ce qui sera enseigné de contraire à icelles.

6.

Les procureurs-généraux sont autorisés à
faire des visites de police.

7.

Il est défendu de tenir des congrégations
et confréries sans la permission de l'évêque.

8.

Chaque maison de jésuites jouira exclusivement de ses biens propres, sans que le général puisse y rien changer.

9.

Cinq jésuites français, agréés par le roi,
seront les vicaires-généraux de l'ordre, pour
suppléer le général et le représenter : tous

seront obligés de faire connaître leurs sentimens et leur doctrine.

10.

Nul ne pourra être vicaire-général plus de
deux fois de suite.

11.

En cas de mort d'un vicaire-général, les
supérieurs des maisons gouverneront pendant l'*interim*, sauf à rendre compte.

12.

Si le général différait de nommer un vicaire-
général, on ne pourra plus recevoir de novices dans la maison de sa résidence habituelle.

13.

Si le général de l'ordre venait à mourir, les
vicaires-généraux régiront, sauf à rendre
compte.

14.

Le général ne pourra venir en France, qu'a-
vec la permission du roi.

15.

Tous décrets ou mandemens du général,

avant d'être exécutés, seront soumis à des lettres d'attache duement scellées.

16.

Le général est tenu de réformer ses constitutions, qui seront revêtues de lettres-patentes enregistrées au parlement.

17.

En ce qui concerne les établissemens, la remise des titres étant faite, les jugemens et appels comme d'abus seront regardés comme non avenus.

18.

Voulons que les présentes, nonobstant...., soient exécutées selon leur forme et teneur (1).

Donné à Versailles, le 12 mars 1762.

Cet édit, sous forme de lettres-patentes, fut envoyé à tous les parlemens. Celui de Paris en délibéra de suite. Il déclara que la doctrine des jésuites étant favorable à tous les crimes, il suppliait ledit seigneur roi de

---

(1) Première preuve de la bonté et de la clémence de Louis XV.

ne prendre aucune mesure qui pourrait tendre à donner un état légal à leur société.

Le premier président fut chargé de porter ces remontrances au roi, qui d'abord témoigna sa surprise de ce que son édit relatif à une nouvelle organisation des jésuites *n'était pas encore enregistré*. Le premier président opposa à Sa Majesté des raisons invincibles, qui avaient leur cause dans l'attachement inviolable du parlement pour la personne sacrée du roi. Sa Majesté n'insista pas davantage.

Dans ces temps mêmes, une banqueroute énorme vint ébranler le crédit des jésuites, éclairer de nouveau les gouvernemens, et désenchanter la nation entière sur les principes, la doctrine et la conduite des jésuites dans les quatre parties du monde.

Le gouvernement de France, dans cette circonstance, eut seul en Europe la faiblesse d'autoriser un emprunt de trois millions (1) pour payer les dettes de la société ; il fut seulement interdit aux sujets français d'y prendre part. La justice et la vérité exigent que nous fassions observer que cette banqueroute fut

---

(1) Deuxième preuve de la bonté de Louis XV en faveur des jésuites.

moins l'effet d'une malversation que de l'é-
branlement subit, dans toute l'Europe, du
crédit et de la confiance dans l'ordre des jésuites.

Mais si le gouvernement et le roi personnellement montraient encore de la bienveillance pour l'ordre des jésuites, il n'en était
pas ainsi des parlemens, qui partout faisaient
informer sur la conduite des chefs et sur la
doctrine enseignée dans leurs ressorts respectifs.

De tous les parlemens, néanmoins, celui
de Rouen se montra le plus ferme, le plus
courageux, et en même temps le plus sage.
Ses informations durèrent long-temps; mais
enfin elles donnèrent une entière conviction
sur les dangers de la doctrine des jésuites. On
y donna communication des livres, des enquêtes et des actes sur lesquels on les accusait; on y rappela les anciennes procédures
faites contre eux. Le rapport des commissaires dura six jours; il eut toujours lieu devant toutes les chambres assemblées : on y fit
lire en outre les délibérations de l'assemblée
de l'Eglise gallicane, tenue à Poissy en 1561,
l'édit d'expulsion des jésuites de 1595, les
lettres de grâce de 1603, et les divers arrêts

rendus contre certains apologistes de la morale *exécrable* des livres de Busembaum et
de Lacroix.

La cour, enfin, toutes les chambres assemblées, « après avoir bien examiné l'institut de
« la société *soi-disant de Jésus*, justement sai-
« sie d'horreur contre sa doctrine *meurtrière*
« et *régicide*, » motiva ainsi son arrêt :

« Considérant l'inutilité des déclarations
et des rétractations, toujours démenties par
d'autres écrits des mêmes jésuites ;

« Considérant que tout le poison de leur
morale est récapitulé dans le livre de Busembaum , dont les éditions, par les soins de la
société, étaient envoyées avec profusion dans
toutes les parties du monde, afin de faire revivre, est-il dit, cette bibliothèque sanguinaire, dont ce livre horrible est le précis ;

« Considérant qu'une morale aussi détes-
table s'est toujours conservée ; qu'elle tend à
rendre les membres de l'ordre *flexibles* à tous
genres de crimes ; qu'une telle association est
funeste à la religion et à l'humanité ; que ce
qui pèche dans son essence, est irréformable ;
que l'ordre s'attribue le privilége de revenir
à son premier état, et encore de sa propre
autorité, malgré le pape et les puissances

temporelles ; que ce serait trahir son serment de tolérer une doctrine aussi exécrable, et qui assujettit tous ses suppôts, à ne se permettre aucune diversité de jugement, regardant au contraire la doctrine de la société comme la meilleure ;

« Considérant qu'il y a nécessité de flétrir une règle impie qui met l'homme en la place de Dieu, donne au général la foi et l'obéissance qui sont dues au fils de Dieu, et dirigeant, comme Dieu, le glaive dont Abraham devait immoler son fils ; que c'est un monstre dans l'ordre de la société, qu'un corps qui lutte sans cesse contre sa propre loi ; que l'institut des jésuites, qui se prête à tous les temps et à toutes les circonstances, les soustrait à l'empire et aux précautions de la loi ; que l'immensité de leurs prérogatives et cet état violent sont incompatibles avec l'existence d'un sage gouvernement ;

« A ces causes, la Cour ordonne, etc., etc. »

Alors même que le parlement de Rouen rendait son arrêt solennel, un professeur de théologie, à Caen, enseignait et déclarait, comme une sage doctrine, celle même de Busembaum. Le même parlement décréta le professeur de prise de corps.

La cour de Rome était dans les alarmes sur le sort des complices de Malagrida et sur les mesures énergiques prises par le roi de Portugal; mais les circonstances étaient si graves, et les faits si authentiques, qu'elle n'osa pas entreprendre la moindre justification, ni recourir à ses foudres, dont les effets n'étaient plus en crédit.

En France, cependant, quelques évêques, comme il arrive toujours, prenaient le parti des jésuites; ils répandaient sourdement des bulles, des brefs et des lettres pastorales; les archevêques de Paris et de Tours se prononcèrent hautement en leur faveur.

L'évêque de Liége, en 1763, apprit au Saint-Père que, loin d'accéder aux mesures prises dans les Etats du Midi contre les jésuites, il venait de fonder un collége composé de jésuites écossais. Le pape fut enchanté de cette déclaration, qu'il annonça lui-même à toute l'Europe chrétienne.

Plus les gouvernemens se montraient sévères contre la société de Jésus, plus la cour de Rome, sollicitée par le général des jésuites, envoyait partout des émissaires, avec des instructions, des bulles ou des brefs, dont il y avait à Rome une manufacture en activité de service continuel. Le pape, cependant, en était réduit à accorder des dispenses de porter la robe de' jésuite; faisons observer, que c'est à cette circonstance pourtant, qu'il faut principalement attribuer la fatale invention des jésuites de robe courte.

Le 7 janvier 1764, le pape approuve et confirme de nouveau l'institut de la société de Jésus, et il en adresse le bref aux évêques; mais le parlement de Paris le condamne solennellement.

En 1765, le général de l'ordre, pour exprimer sa reconnaissance envers le Saint-Père, qui, indépendamment du bref de reconstitution de l'ordre des jésuites, venait d'autoriser à Rome une congrégation, dont le but et les fonctions étaient de rendre nuls tous les arrêts des parlemens de France, envoya à tous les provinciaux une circulaire pour que chaque prêtre jésuite eût à célébrer six messes, et chaque frère à dire six chapelets, pour prier Dieu de conserver long-temps les jours du Saint-Père.

Loin de s'arrêter dans son courroux contre les jésuites, le roi de Portugal en fit déporter huit cents sur les côtes de l'Italie.

Frappé des abus du monachisme, il fit publier en outre un édit de réglement, d'après
lequel il était défendu aux moines de recevoir
des novices pendant dix ans. Cet édit eut
pour motif principal d'empêcher de recevoir
des novices trop jeunes. Il y eut seulement
exception pour les dominicains. auxquels on
permit d'en recevoir deux chaque année. Pour
diminuer du reste le nombre des moines, il
fut statué que chaque novice, en entrant
dans un couvent, y verserait, à titre de do-
tation, 7,500 fr. ; qu'on juge, au surplus, de
ces abus : il était commun, en Espagne et
en Portugal, de recevoir des novices dès
l'âge de dix à douze ans ; déjà le roi d'Espagne
avait défendu d'en recevoir avant seize.

Le roi de Portugal, peu satisfait de la conduite et des relations de la cour de Rome, fit
défense expresse, dans tous ses Etats, de recevoir et de colporter ni brefs ni bulles du
pape qui ne seraient pas revêtus du *regium
exequatur.*

La fermentation qui régnait en France, à
la suite des enquêtes et des arrêts des parlemens, détermina enfin le roi à porter, en
1764, le fameux édit qui supprime l'ordre des
jésuites ; mais, toujours animé de bienveil-

lance, ce prince voulut encore qu'il fût permis à ceux de l'ordre qui voudraient rester
en France, de s'y fixer, *en se conformant aux
lois générales du royaume* (1).

Le roi de Naples, peu disposé d'ailleurs
pour les jésuites et le pape, défendit en 1765
la publication de la bulle *Apostolicum pas-
cendi*, qui confirmait de nouveau l'institut des
jésuites. Par le même édit, il défendit encore
la publication de toute bulle qui ne serait pas
revêtue de la permission du roi.

En 1766, le roi de Portugal, poursuivant
sa même animadversion contre les jésuites,
défendit, sous des peines sévères, toute affiliation directe ou indirecte avec eux. Il ordonna que s'il en existait d'anciennes, on
eût à les rompre aussitôt; en conséquence,
il fut interdit de publier la bulle dite *Anima-
rum salute*.

La même année, le roi défendit à tout jésuite de s'introduire dans le Portugal, sous le
prétexte de *démissoires* obtenus en cour de
Rome, voulant, est-il dit, que sa pragma-
tique sanction soit rigoureusement exécutée;

____

(1) Troisième preuve de la bonté de Louis XV pour les
jésuites.

déclarant, au surplus, que ceux qui y con-
treviendraient seraient punis de mort ; que si
les infracteurs étaient dans les ordres, ils seraient condamnés à une prison perpétuelle ;
ordonnant, en conséquence, à tout sujet de
venir révéler les jésuites réfugiés, et aux magistrats de saisir tous les papiers que chacun
d'eux pourrait posséder.

Tout ce qui se passait en France, en Portugal, à Naples, à Parme, à Modène, à Malte,
fit prendre enfin une même résolution au roi
d'Espagne. Il avait déjà, d'ailleurs. des motifs de mécontentement contre les jésuites
du Paraguai, qui avaient osé soulever contre
son gouvernement les Indiens, les Mexicains,
et même les jésuites portugais de ces contrées : mais au lieu de faire éclater son courroux dans la péninsule même, il porta ses
premiers coups dans l'Inde. Le 25 juin 1767,
tous les jésuites du Mexique et ceux de la Ha-
vane furent arrêtés à la même heure, et conduits de suite à Carthagène du Levant. Il ne
restait plus que la Californie, peuplée de
cinq à six cent mille Indiens dévoués aux
jésuites ; un soulèvement y était d'autant plus
à craindre, qu'on y savait le sort qu'on faisait
subir aux jésuites d'Europe.

Après l'expédition des Indes, et dans la même année 1767, on ferma et cerna instantanément dans toute l'Espagne les couvens des jésuites ; on y trouva des richesses mobilières immenses. A Barcelonne seulement, on trouva dans les caves cent mille scudis, des tonnes d'or en lingots et en poudre ; on y trouva en outre une grande quantité de diamans et d'émeraudes, des couronnes garnies de brillans et de rubis : chaque objet portait son étiquette de destination.

On trouva encore dans les magasins quatre cents milliers de cacao et de marchandises diverses, qui furent estimés valoir douze millions.

Mais parmi toutes les recherches, la découverte la plus importante pour l'histoire fut celle, à Madrid, d'un jésuite nommé *Fresneda*, qui depuis quatorze ans était dans un cachot, au pain et à l'eau, pour avoir détourné une riche héritière de donner ses biens à l'ordre. Depuis douze ans, les supérieurs disaient que le Père Fresneda était mort : ce trait seul manifeste la doctrine vivace des jésuites.

Les appréhensions qu'on avait eues sur le Paraguai se réalisèrent la même année. Les jésuites, levant le masque et l'épée, y armèrent les Indiens ; mais, de son côté, l'Espagne avait pris ses mesures : les malheureux Indiens furent sacrifiés à une armée régulière, qui fut promptement victorieuse. Pour l'exemple, trois cents prisonniers furent pendus à trois cents arbres du champ de bataille.

Le roi d'Espagne, imitant celui de Portugal, rendit un édit solennel pour l'expulsion des jésuites : il fut ordonné, par le même édit, qu'ils seraient tous transportés sur les côtes de l'Italie.

Le pape Clément XIII contesta au roi d'Espagne le droit de faire ainsi déporter les jésuites de ses Etats. Empruntant le style de la justice et de la philosophie, le Saint-Père disait : «Vous n'avez pas le droit de faire jeter en masse des religieux fixés dans vos Etats ; s'ils sont coupables, faites-les juger. Dans le nombre, d'ailleurs, il y en a beaucoup qui sont Espagnols, et qui sont dans leur propre patrie...... Mais si tous les rois chrétiens, ajoutait-il, s'entendaient ainsi pour chasser les moines de leurs Etats, l'Italie en serait inondée. »

Le roi d'Espagne persista dans la mesure ; il la modifia cependant, en assurant une pension à ceux des jésuites qui étaient nés Espagnols.

Pendant cette expédition, le roi fut averti que les jésuites faisaient sortir du royaume de grandes quantités d'or et d'argent ; le même jour et à la même heure on fit cerner à Madrid leurs couvens, et garder à vue les chefs, qui furent strictement surveillés.

Le roi de Naples adopta, par un édit, l'expulsion de tous les jésuites : elle eut lieu presque en même temps à Parme et à Malte. Partout, au surplus, on traita ces coups d'état comme des successions dévolues à chaque trône ; on s'empara de leurs biens-fonds et de leurs mobiliers acquis ou éventuels.

Comme le roi d'Espagne, le roi de Naples fit enlever et embarquer les jésuites de ses Etats, avec ordre de les conduire sur les côtes de l'Etat ecclésiastique ; il accorda à chacun six ducats par mois. D'après le recensement publié à Naples, il se trouva trois mille cinq cents jésuites, y compris ceux de Sicile. Il n'y eut d'exception que pour ceux qui, à l'instant de la promulgation de l'édit, avaient pris l'habit séculier. Comme cette mesure vive et prompte causait une grande rumeur, le roi défendit, sous peine des galères, de parler de l'affaire des jésuites.

Le pape récrimina vivement encore contre l'envoi des jésuites dans les Etats de l'Eglise ; mais le feudataire résista cette fois à son suzerain.

Pendant tous ces mouvemens (qui le croirait, s'il ne s'agissait de l'Autriche?), il se formait à Milan un établissement de jésuites (1).

Le pape, fort embarrassé, prit le parti d'autoriser un cardinal du Saint-Siége à relever les jésuites de leurs vœux, excepté du quatrième, qui fut réservé.

Les jésuites des Indes, qui n'avaient plus de ménagemens à garder, se mirent en révolte ouverte contre les deux rois de la péninsule. Ils commandaient en souverains à

____

(1) Le même gouvernement, après avoir chassé les jésuites de ses Etats héréditaires, vient d'autoriser, dans la Gallicie, l'établissement de quatre colléges dirigés par la société de Jésus.

Mais que vont dire la Prusse et la Russie, co-partageantes de l'ancien royaume de Pologne, en voyant s'élever autour d'elles quatre pépinières d'ignaciens?

Que dira l'histoire, enfin, du premier ministre de l'Autriche, qui vient, en 1828, de donner une sorte d'organisation à l'ordre des jésuites?

plus de huit cent mille Indiens, qui leur étaient dévoués de corps et d'âme. Comme tous les tyrans du vieux monde, ils promirent la liberté aux esclaves, et des terres à cultiver qui leur appartiendraient en propre. Cette levée jésuitique fut si grande et si animée, que les deux rois d'Europe crurent prudent de ne pas s'engager dans des pays inconnus à leurs troupes, et dans lesquels ils n'auraient infailliblement trouvé que des ennemis, des piéges, des meurtriers, et partout des fanatiques.

A la fin de l'année 1767, arrivèrent à Cadix deux autres transports de jésuites du Mexique. Le roi d'Espagne fit équiper deux bâtimens, qui reçurent l'ordre de relâcher à Civita-Vecchia.

Rendus à leur destination, les autorités maritimes ne voulurent pas les recevoir. Errans de port en port, ils apprirent leur destination pour l'île de Corse. Aussitôt que le général Paoli en fut informé, il fit déclarer que tout port qui recevrait des jésuites ne recevrait plus de vivres. Le gouvernement de Gênes, de son côté, fit publier une déclaration par laquelle il s'opposait à l'admission des jésuites dans l'île, à moins qu'ils ne se fussent fait séculariser. Le roi de France intervint dans ces débats, et donna l'ordre à

M. de Marbeuf, qui commandait en Corse, de retirer ses troupes de l'île, si Gênes refusait encore d'y recevoir les jésuites (1).

Ne sachant plus quel parti prendre, le pape, en 1767, crut devoir faire arrêter le général des jésuites, qui fut enfermé au château Saint-Ange. Était-ce une satisfaction qu'il voulait donner aux rois catholiques ? était-ce par un sentiment de justice rigoureuse, d'après des révélations nouvelles ? Les motifs en sont d'autant plus douteux, que le même pape alors travaillait à faire reconnaître et réintégrer les jésuites expulsés.

Il est presque inutile de faire observer que partout, dès les premiers avis de la destruction de l'ordre des jésuites, il y avait eu des spoliations combinées dans tous leurs couvens, et qu'il y eut par suite de nombreux dépôts à titre de *fidéicommis*, qui étaient autant de ressources que se ménageaient les jésuites pour l'avenir.

En Pologne, les jésuites refusèrent de subvenir au tribut ordinaire, parce qu'ils réservaient leurs revenus pour leurs confrères ex-

---

(1) Quatrième preuve de la bonté de Louis XV pour les jésuites.

pulsés dans les autres Etats. On évaluait le nombre de ces religieux dans le royaume à trois mille.

Malgré toutes les mesures prises par les souverains et les magistrats, les jésuites n'avaient encore quitté que l'habit de l'ordre et leurs couvens de résidence habituelle. Semblables aux Juifs ou aux francs-maçons, ils avaient des signes de reconnaissance, et ils s'entendaient les uns les autres pour gagner du temps, se confiant d'ailleurs aux effets des bulles et brefs du pape, qui leur faisaient partout des patrons. Les uns, cédant à de sages conseils, prêtaient le serment requis ; d'autres le rétractaient ; plusieurs même osèrent faire signifier par huissiers, aux magistrats, leurs rétractations.

La France, particulièrement, fourmillait de ces jésuites amphibies. L'abbé de Chauvelin, en 1767, en fit une dénonciation formelle au parlement de Paris, qui ordonna des mesures de police plus sévères, afin, disait-il, de proscrire à jamais tous les membres de cette pernicieuse société.

Le parlement de Toulouse, la même année, après de longues informations, ordonna à tout jésuite de prêter serment, ou de sortir du royaume, leur défendant en outre de tenir aucune correspondance avec des personnes de leur ordre. Il supplia le roi de s'entendre avec le pape et les autres rois catholiques, « pour l'extinction entière et perpétuelle « d'une société aussi dangereuse pour la tran- « quillité des Etats, qu'elle était redoutable « aux souverains..... »

« Le général de l'ordre, ajoutait-on, est le « seul coupable, parce que tous les membres « ne font avec lui qu'un même corps, une « même âme et un même esprit.... La France « ne doit plus s'attendre à trouver grâce de- « vant une société implacable et vindicative « par principes ; elle fera tout ce qui pourra « faciliter son rétablissement et consommer « sa vengeance. »

A la même époque, le **Père Lavalette**, grand financier de l'ordre, vint prêter ser- ment au parlement de Toulouse. Il s'y justi- fia sur la banqueroute qu'on lui imputait ; mais il n'y jouit pas long-temps de la faveur due à son serment. Un archer de la conné- tablie, porteur d'une lettre de cachet, vint l'enlever de Toulouse pour le conduire à Paris.

De son côté, le parlement de Paris or- donnait des informations contre un évêque *in partibus* qui était venu se fixer dans la maison des Missions-Etrangères, à Paris, où il mettait en mouvement tous les dévots et les dévotes de la capitale, et dont les sermons, d'ailleurs, y faisaient le sujet de toutes les conversations. Il allait être décrété de prise de corps, quand le gouvernement le fit prendre, et conduire aux frontières.

En Espagne, les jésuites déguisés et ceux de robe courte s'agitaient également pour rentrer dans leurs couvens. La veille de la fête du roi, le peuple de Madrid, selon l'usage, vint en grande foule lui souhaiter une bonne fête. Dans cette occasion, on accorde ordinairement au peuple ce qu'il demande. Le peuple, à grands cris, demanda le rétablissement des jésuites: mais, cette fois, la réponse fut dilatoire.

Pour simplifier les questions relatives aux biens des jésuites dans les colonies, Louis XV, par lettres-patentes, en 1768, ordonna que le parlement de Paris seul en connaîtrait.

Cependant, le pape Clément XIII ne cessait d'adresser ou de faire envoyer des brefs aux évêques, afin de faire prédominer l'autorité du Saint-Siége. Le parlement de Paris, par un arrêt de règlement de 1768, fit défense à tous les évêques et archevêques du ressort, de recevoir et de publier toute bulle qui ne concernerait pas exclusivement *le for intérieur ou le dogme.* Le seigneur roi fut supplié, sur ce sujet, de prendre une mesure générale pour tout le royaume.

A la même époque, et pour la même cause, le gouvernement de Venise se montrait plus sévère encore contre le Saint-Siége ; car il fit enlever tous les placards affichés au nom du pape, déclarant au nonce que la république était *seule souveraine pour le temporel.* En conséquence, on détermina les cas où il était permis aux sujets vénitiens de recourir à la cour de Rome; on déclara enfin que, si le Saint-Père persistait dans un tel envahissement, la république en appellerait à toutes les cours de l'Europe. Cette menace eut son effet : les évêques et archevêques se rangèrent sous la domination vénitienne, pour tout ce qui tenait aux affaires temporelles. Peu de temps après, les jésuites restés dans l'État de Venise refusèrent d'assister à une procession solennelle, sous le prétexte qu'ils ne devaient pas marcher avec les moines mendians. On leur fit dire qu'ils eussent à prendre le rang accoutumé, ou à s'en aller *o andeve :* ils obéirent.

De temps à autre, il paraissait en France des apologies de l'ordre des jésuites, dont les parlemens faisaient prompte justice. L'abbé Velard, entre autres, signalait les jésuites comme des victimes *pures et innocentes;* mais déjà l'opinion publique était irrévocablement prononcée contre eux.

L'Espagne, de son côté, poursuivait avec ardeur l'entière destruction des jésuites dans ses possessions des deux mondes. Au mois de septembre suivant, il en arriva douze cents du Mexique, amenés par les vaisseaux *l'Elizabeth, le Bon-Succès* et *la Vengeance.* Ils reçurent, à leur arrivée, une destination pour la Corse.

Il se forma dans le même mois, à Madrid, un grand conseil qui eut pour objet, 1°. de restreindre les nombreux recours à la cour de Rome ; 2° de régler l'emploi des biens et maisons des jésuites ; 3° d'organiser l'enseignement public ; 4° de reconnaître et vérifier les usurpations faites par les jésuites.

Dès les premières informations, il fut prouvé qu'ils avaient usurpé beaucoup de dîmes qui appartenaient aux curés, qui en furent remis en possession ; une partie des couvens fut employée à l'enseignement public.

Le roi d'Espagne alors était d'autant plus irrité contre les jésuites, que leur secrétaire d'administration dans le Paraguai, nommé *Novaro*, avait déposé, devant le conseil de Castille, que les Pères avaient reçu du général de l'ordre des injonctions de résister au gouvernement du roi.

Les jésuites des deux mondes affluaient à Rome ; le pape ne savait qu'en faire : il les mit à l'aumône ; il leur permit de dire des messes, mais sans rien exiger, les réduisant aux dons volontaires : il fut en outre déclaré qu'ils n'auraient aucun droit aux offrandes des sacristies.

Le roi de Pologne, qui jusqu'alors avait protégé les jésuites, rendit en 1768 un édit pour les expulser de la Lorraine, où ils s'é-taient agglomérés.

On avait trouvé des richesses immenses dans les couvens de Naples, comme dans ceux d'Espagne ; leurs maisons furent employées à des colléges, confiés à des prêtres séculiers.

Le nombre total des jésuites, dans les Etats catholiques, montait à vingt mille ; c'est du moins une évaluation donnée par les partisans de l'ordre.

La mort de Clément XIII, en 1769, ne laissa presque plus d'espérance aux jésuites; mais le coup le plus fatal leur a été porté en 1773, par le pape Clément XIV (Laurent Ganganelli).

Si on considère maintenant, relativement aux jésuites, toutes les informations acquises par ce souverain pontife, et pendant dix années consécutives, sur la doctrine et les accusations portées contre eux; si on veut bien le faire participer à la prérogative de l'infaillibilité; si on peut s'en rapporter à l'histoire, enfin, pour juger, d'une part, de la conduite des jésuites, et, de l'autre, de la science éclairée du Saint-Père, on a dû regarder l'extinction de l'ordre comme absolument définitive, et leur résurrection comme impossible. Devait-on s'attendre, au dix-neuvième siècle, que cette congrégation réapparaîtrait avec tous les accompagnemens de son ancienne puissance, et qu'elle serait avouée et protégée *par les rois* des pays mêmes où ils avaient été jugés et proscrits? Voici donc encore l'influence de l'histoire parmi nous.

Jamais, à aucune époque, les rois et leurs gouvernemens n'avaient montré autant de sagesse et de circonspection, qu'à l'occasion de l'ordre des jésuites ; jamais en France les parlemens n'avaient été plus unanimes, et n'avaient pris plus de précautions pour asseoir un jugement digne de la cause, c'est-à-dire, des trônes et de la catholicité. Cette conjuration européenne, par les rois et par le Saint-Père, forme déjà dans notre histoire un mémorable décret d'accusation contre les fauteurs du jésuitisme reblanchi.

Mais si les hommes privés sont parfois enclins à douter des intentions des rois ; si des écrivains mêmes se sont élevés contre la destruction de l'ordre des templiers, on ne peut, avec un reste de pudeur, blâmer celle des jésuites, quand le plus éclairé et le plus vertueux des papes, celui du moins qui, le premier, a eu la haute sagesse de conformer la marche ou l'esprit de l'Eglise à celui du siècle, et qui a employé plusieurs années à faire des enquêtes et à méditer le décret d'extinction de l'ordre. On doit croire qu'il a voulu servir les intérêts, la paix et la durée de la religion qu'il avait lui-même juré de servir. Ah! c'est bien alors qu'il fallait nommer ce concert entre le Saint-Père et les rois, *une sainte alliance!*

Soixante ans s'étaient écoulés depuis l'édit

de suppression des jésuites, sans recours ni troubles de leur part en France ; mais il y en avait un levain généralement répandu, que choyaient sourdement les jésuites réunis de robe longue et de robe courte, et qui n'attendaient qu'une occasion favorable. Devaient-ils la recevoir de la politique des rois et de ceux-mêmes qui avaient récemment chassé les jésuites comme une secte dangereuse pour le repos des Etats? Par une fatalité inconcevable, les jésuites sont apparus en France comme l'ivraie et les ronces sortent d'un sol dont le soc ou la houe les avait extirpées, et qui, après un certain laps de temps passé sans surveillance et sans culture, reparaissent plus vivaces et plus envahissantes.

CHAPITRE XI.

Quels ont été les regrets causés par la destruction de l'ordre des
jésuites. — Le système de l'enseignement public y a gagné. —
L'apparition nouvelle des jésuites comporte de grands désordres dans l'Etat et dans la catholicité. — Troubles occasion-
nés par leurs missionnaires — Preuves données sur l'ingratitude
des jésuites envers Louis XV. — Etat du clergé de France en
1764. — Considérations sur les couvens en général et sur des
exceptions. — Questions sur le célibat; ses exceptions. — Les
hommes des champs fournissent les plus forts contingens au re-
crutement des jésuites, et déjà l'agriculture en souffre. — Un
mot sur le Sacré-Cœur. — Tristes résultats des autorisations in-
définies pour des couvens.

COMME historien, il faut convenir que la
suppression de l'ordre des jésuites a d'abord
causé de vifs regrets publics, surtout dans
les villes qui possédaient des colléges, où il y
avait, en général, des hommes vertueux, instruits, et d'ailleurs fort étrangers aux grands
mouvemens imprimés par le général. La morale qu'on prêchait dans les colléges semblait
être nuement celle de l'Evangile; les profes-

seurs des classes étaient chers aux familles et à la jeunesse, de laquelle ils avaient don et mission de se faire aimer. Toutefois, ils savaient fort bien qu'ils étaient liés par un serment terrible envers le général de l'ordre, pour tout ce qu'il ordonnerait.

– Je pourrais à très-juste titre, comme historien agronome, accuser les jésuites d'avoir méconnu et méprisé l'agriculture, qu'avaient honorée les bénédictins, les bernardins, les chartreux, etc., etc., et de ne s'être exercés, comme des publicains, que sur l'or et les richesses de ce monde.. Quelques érudits ou des patrons. de robe courte pourront citer peut-être, à ce sujet, Rapin et Vanière comme poëtes géorgiques ; mais c'est précisément à cause de leurs deux poëmes, écrits en langue latine, que j'accuse les jésuites d'avoir méprisé l'agriculture ; car il est impossible de ravaler plus bas et l'art de cultiver et les hommes des champs, desquels ils font des brutes et une espèce d'hommes tout à fait dégradés. L'un, n'a voulu chanter que la magnificence des jardins de Louis XIV, et l'autre que les étangs, les pigeons et les châteaux de ses Mécènes. Quant à leur goût pour la littérature géorgique, il me suffira de dire que dans le *Procès,* plus que bizarre, *des modernes contre les anciens,* les premiers, dignes émules ou vils flatteurs des jésuites, mettaient Rapin et Vanière au-dessus d'Homère et de Virgile. Par suite de ces jugemens, les jésuites, arbitres souverains des colléges, avaient substitué pendant quelques temps ces deux poëmes à ceux de Virgile ; mais l'opinion publique fit promptement justice d'une telle substitution.

Les jésuites, il est vrai, ont favorisé quelques beaux arts, entre autres la peinture et l'architecture ; aussi leurs couvens étaient, en général, des sortes de palais. C'est dans leurs maisons de campagne pour les novices qu'on a joué les premières pièces dramatiques du siècle de Louis XIV, et qu'ont paru les premiers billards, que les autres corps ecclésiastiques enseignans proscrivaient avec tant de rigueur (1).

Certains personnages, dont les plumes ne suivent que le vent des faveurs et du pouvoir, et qu'on pourrait même nommer sans les calomnier, ont argumenté des regrets publics

______

(1) Chez les sulpiciens, on chassait du collége l'écolier qui était entré dans une salle de billard public.

sous le rapport de l'enseignement : mais ce n'est encore là qu'une vaine et fausse supposition; car tout homme de bonne foi qui n'est point étranger aux lettres, au goût et à l'art d'enseigner, doit maintenant faire l'aveu que les cours de littérature et les modes de l'enseignement ont au contraire pris, et immédiatement après l'expulsion des jésuites, un ascendant supérieur et positif sur les erremens et les méthodes que ces derniers suivaient et *devaient* suivre. Pour s'en convaincre, il suffirait de comparer les derniers programmes d'exercices des jésuites, avec ceux de nos colléges, seulement depuis quarante-cinq ans.

D'après les mêmes plumes, plus avides et vénales que mobiles encore, les jésuites auraient été des moralistes excellens, les théologiens les plus sûrs, les historiens les plus renommés, les poëtes les plus féconds, les critiques les plus éclairés, les apôtres de la foi les plus constans et les plus intrépides, et les seuls philosophes qui aient su concilier le dogme et les principes de la foi, avec ceux de la raison la plus élevée, etc., etc.

Toute l'Europe savante, politique, civile et religieuse, en a pensé autrement. Les titres des jésuites, au surplus, sont bien connus dans notre histoire : c'est à eux qu'on doit la révocation de l'édit de Nantes, c'est-à-dire l'exil et l'expulsion de plus d'un million de sujets chers et utiles à la patrie par leurs mœurs, par leurs capitaux et par leur industrie.

Mettons en première ligne le trop fameux Torquemada, grand-inquisiteur, qui, dans quatorze procès qu'il a instruits, a fait comparaître quatre-vingt mille personnes, dont six mille ont été brûlées.

Quant aux progrès des sciences, qu'on dit maintenant devoir aux jésuites, bornons-nous à citer quelques-unes de leurs hautes puissances.

Quel a été l'ennemi, le persécuteur de Galilée? c'est le Père *Scheiner,* contre lequel le pape même n'osa se prononcer.

Le Père *Petau* aurait débrouillé le dogme ou mystère de la Trinité; il a été un second Platon.....

En littérature, le Père *André* aurait fait le meilleur Traité connu *sur le beau;* il a fait oublier Longin, Callimaque, etc.

Le Père *Milot* a été un athlète invincible dans ses discussions théologiques et dans ses anathèmes contre la philosophie.

En ce qui concerne la morale, faut-il rappeler le Père *Berruyer,* qui, mandé et accusé sur sa morale enseignée, déclara en plein parlement, à Paris, qu'il *approuvait les maximes du royaume;* qu'il avait *horreur de la ligue;* que tout l'ordre des jésuites était *soumis aux lois;* et qu'en ce qui le concernait, on ne devait attribuer ses torts qu'à la faiblesse humaine.

Faut-il citer le Père *Gumilla,* qui a fait un livre pour prouver que les Incas devaient leur bien-être et leur prospérité *aux Espagnols?*

Les amis des jésuites, dans le temps, ont mis le Père *Daniel* au premier rang des historiens; ils l'ont nommé le *Xénophon de la France.*

Les jésuites sont les auteurs du *vœu sanguinaire* si énergiquement réprouvé par Muratori, et d'après lequel on s'engageait par serment à répandre son sang pour soutenir, comme article de foi, l'immaculée conception. Ce fut pour ce vœu que les jésuites de Palerme, dans une solennité en plein jour, se déchirant les bras et les mains, montrèrent au peuple qu'ils étaient les appuis fidèles du vœu sanguinaire.

Toute la chrétienté avait admiré les vertus

angéliques et apostoliques de l'archevêque Palafox ; les rois, le sacré - collége avaient tout disposé pour sa béatification : mais, dans son zèle pour l'humanité, Palafox avait modéré les droits exorbitans des jésuites, et l'homme saint a été éliminé de la légende. /

Santeuil, qui sut si bien donner à la langue latine une concison admirable, avait fait l'épitaphe du grand Arnaud : les jésuites l'ont calomnié et déchiré.

On sait tout ce qu'ils ont fait et dit contre Pascal, à qui la France doit en grande partie le perfectionnement de la langue française, et dont le flambeau a éclairé les rois, leur gouvernement et toute la magistrature sur l'institut des jésuites.

Quant à la science physique, il suffit de dire que les jésuites enseignans réputaient la terre *immobile*.

Pour les charmes du style, ils regardaient le Père Jouvency comme l'émule de Cicéron.

Rapin et Vanière avaient surpassé Virgile.

Le Père Lafitteau, l'une des colonnes de l'ordre, a soutenu qu'il n'y avait que des athées qui pouvaient dire que Dieu avait créé les Américains.

Les jésuites, enfin, se sont déchaînés contre

le plan de l'*Encyclopédie*, parce que ses illustres fondateurs avaient refusé leur coopération aux articles de morale et de théologie.

Ce sont les jésuites qui ont suscité contre
Montesquieu toutes sortes d'accusations, et
qui l'ont tourmenté même au lit de mort. Le
Père Tournemine s'était fait son espion ; et
le Père Routh, Irlandais, l'assiégea dans son
agonie pour s'emparer de ses manuscrits,
qu'il eût fait brûler, si Mme d'Aiguillon ne fût
intervenue ; sur les reproches de cette digne
amie, le Père Routh répondit : « Madame, il
faut que *j'obéisse à mes supérieurs.* »

Ce simple rappel, joint à ce qui précède,
suffit pour faire apprécier la bonne foi des
nouveaux défenseurs des jésuites. Devait-on
s'attendre à trouver encore des Haranberg (1),
c'est-à-dire, des hommes qui, tout en reniant
les jésuites, s'en font les appuis ?

Si les jésuites qui apparaissent aujourd'hui
avaient été réellement animés d'un zèle pur
pour la foi et pour l'enseignement de la jeunesse, ils eussent pris une autre forme de
début ; s'ils avaient été les vrais amis du
trône en France, ils auraient déclaré ou fait

---

(1) Professeur à Francfort en 1765.

déclarer, par l'organe du Saint-Père, qu'ils se soumettaient aux dispositions de l'édit de 1762 (1), ci-dessus mentionné ; ils eussent alors trouvé des amis ou des soutiens.

Nos hommes d'Etat et les évêques, fidèles avant tout à la voix de la patrie, auraient remarqué dans cet édit, que Louis XV, fidèle lui-même à sa patrie et aux libertés de l'Eglise gallicane, faisait une condition et même une obligation aux jésuites régénérés, de ne pas admettre *d'étrangers*.

Ils ont dû voir les uns et les autres, que le prince, voulant bien encore conserver les jésuites comme auxiliaires de la foi et de l'enseignement, se prononçait formellement néanmoins pour que la magistrature et lui-même fussent toujours informés de leur conduite et de leur doctrine, et que d'ailleurs ils fussent soumis, comme tout le reste du clergé, à l'observance de la déclaration de 1682, rédigée par Bossuet. Il est donc bien permis de s'étonner en voyant aujourd'hui des ministres, des archevêques et des évêques se porter les défenseurs des jésuites survenus,

____

(1) La haute commission a donc ignoré les dispositions de cet édit.

mêlés à une foule d'aventuriers étrangers, et qu'on est bien fondé à regarder comme des individus engagés ou salariés, à la manière des Suisses, pour soutenir l'ordre jésuitique.

Dans les premiers momens de cette fatale apparition, des hommes pieux, des évêques *sur le déclin de l'âge*, et de vieux conseillers de la couronne se sont épris de zèle et d'admiration pour les nouveaux missionnaires; mais avec un juste retour sur eux-mêmes, ils ont dû reconnaître pourtant que ces missionnaires outrepassaient toutes les limites qu'imposent à la fois la sainte religion, la charité, les convenances de la chaire et l'ordre des mœurs, des lois et de la police publique. Le début des missionnaires a été très-fâcheux, parce qu'il a causé du scandale, parce qu'il a désuni des familles et mis en question des points de doctrine avouée par le Saint-Père lui-même. Cet élan des missionnaires a produit des effets tout contraires à ceux que les bons et vrais catholiques en attendaient.

Mais qui donc a révélé aux auteurs et aux partisans des missionnaires, que la France était sans foi, sans piété, sans morale? Qu'ils sachent tous au contraire, ainsi que les chefs ultramontains qui poussent les missionnaires dans l'arène, que jamais la foi catholique, en France, n'a été plus pure, plus unanime, et jugée plus nécessaire, qu'elle ne l'a été après les temps de la terreur; car il y a eu dans toutes les contrées, au nord comme au midi, zèle, ardeur et sincérité pour reconstituer l'exercice du culte catholique, pour former des diocèses, pour rappeler les évêques et les curés proscrits, pour relever les églises et les presbytères, et pour *doter les curés des campagnes.*

On a vu, et l'on peut s'assurer que nonobstant toutes les fureurs et licences, il y avait eu paix, tolérance, harmonie entre tous les hommes de chaque culte. Jamais, non, jamais il n'y avait eu un plus désirable accord entre les protestans, les juifs et les catholiques. Mais les jésuites sont venus les troubler, et remettre en question la sainte philosophie sur l'amour de Dieu; et, sous le faux prétexte de rallumer le flambeau de la foi, travailler dans tous les sens et sur tous les points à recouvrer leur ancienne domination, et à recouvrir les traces encore sanglantes des forfaits pour lesquels ils ont été jugés et chassés.

Il est plus que temps, de la part du gouvernement, de prendre un parti : l'intérêt même des jésuites l'exige. S'il ne lui suffit pas d'avoir pour guide et pour autorité la chose jugée par le Saint-Père, par les rois et par les parlemens, qu'il se règle du moins sur la manifestation des sentimens du héros chevaleresque de la sainte-alliance, et sur ceux du diplomate qui s'en est fait le *directeur exécutif* (1). Ce n'est point sur une simple note diplomatique, que les jésuites ont été naguère expulsés des empires de Russie et d'Autriche. Si le gouvernement français n'est pas tenu en lisière, qu'il considère donc le rôle que jouent actuellement les jésuites en Espagne, où ils osent opposer la barrière monacale à l'action forte et simultanée de la raison, des lumières et de la liberté, et à l'autorité même du roi ; si les anciens erremens lui sont si chers, qu'il se rappelle et se persuade bien qu'en aucun temps, même sous saint Louis, les affaires ecclésiastiques n'ont été menées en France, comme en Italie et en Espagne.

Parmi tous les griefs imputés aux jésuites,

____

(1) Mot du dernier roi de Portugal.

faisons observer seulement un incident qui prouve jusqu'à quel point ils portent aujourd'hui leur vengeance, et avant même qu'ils aient obtenu leur légitimation. Cet incident, relatif à la place Louis XV, ne paraît, au premier aspect, qu'un simple acte du gouvernement; mais il est plutôt une preuve de l'immensité du pouvoir des jésuites, et de leur caractère implacable.

C'est sous Louis XV, en effet, qu'a été rendu l'édit de suppression de la société de Jésus; mais on a vu quelle avait été sa bienveillance personnelle, pour concilier l'existence de cette société *avec les lois du royaume* et avec tous les jugemens qui avaient été portés contre eux par les rois Bourbons et par le Saint-Père.

Toute la France avait applaudi et consacré le monument élevé sur la place qui porte encore son nom; toute la magistrature et tout le peuple de Paris avaient solennellement inauguré la statue de ce prince, que la France entière surnommait *le Bien-Aimé* (1).

––––––

(1) C'est le 23 février 1763 qu'on procéda à l'inauguration solennelle de la statue de Louis XV. Le cortège, composé de toute la haute magistrature de Paris, et suivi

Les hommes de la terreur ayant renversé la statue même d'Henri IV, le premier vœu du peuple parisien, laissé libre, comme le premier désir des princes, a été de relever celles de nos rois ; mais la congrégation, vindicative et envahissante, a voulu, et elle a fait ordonner qu'on mettrait la statue de Louis XVI *à la place même* de celle de Louis XV (1).

Un monument, sans doute, est bien dû au roi - martyr ; toute la France le désire, toute la France l'ordonne et l'attend : mais fallait-il déshériter son aïeul d'un titre glorieux et bien mérité, quand Henri IV, Louis XIII et Louis XIV sont déjà remis aux places qu'ils occupaient? Les convenances politiques et le respect dû à la nation commandaient le maintien des choses ; car placer la statue de Louis XVI au lieu même où était

---

d'une population immense, s'arrêta quelque temps devant la maison de feu Bouchardon, auteur du monument qu'on allait inaugurer. Le canon, les boîtes et la musique annoncèrent au peuple ce juste et pur hommage, auquel la capitale et la France ont applaudi.

(1) M. de Martignac n'a point pensé comme M. Corbière ; car une ordonnance du 22 avril 1828, porte qu'il sera érigé une statue équestre à Louis XV, au rond-point des Champs-Elysées.

celle de Louis XV, c'est en quelque sorte accuser la nation d'avoir permis l'exécrable
forfait que ce lieu rappelle, quand cette même
nation, d'après l'histoire, en a été si profondément contristée. Qu'ils sachent donc, ceux
qui obéissent ainsi aux jésuites, que sous le
directoire, pendant la république, l'ère impériale, et *avant la restauration*, toutes les
honorables familles en France s'abstenaient
de donner aucune fête le 21 janvier..... On
eût donc plutôt et généralement applaudi au
dessein de faire couronner l'arc de triomphe
de l'Etoile par un monument élevé au pieux
Louis XVI, et qu'un Bourbon avait déjà
lui-même consacré. L'idée seule était digne
d'occuper nos grands artistes ; les circonstances seules en indiquaient la forme d'exécution. Ainsi élevé, en effet, ce prince semblait moins appartenir à la terre qu'au ciel ;
il eût rappelé sans cesse les mots sublimes
de son confesseur : *Petit-fils de saint Louis,
montez au ciel!*

Quelle idée grande et heureuse pour les
arts ! Un tel aspect eût laissé dans les cœurs
et dans les souvenirs une impression plus
profonde que celle d'une statue pédestre.
C'eût été ainsi donc une véritable apothéose ;

c'eût été donner au point de vue le plus riche de Paris, un embellissement digne du palais de nos rois, des beaux monumens d'architecture qui entourent la place, et des chefs-d'œuvre de sculpture qu'on y admire. Rome et Naples nous eussent envié une telle perspective. Des monumens anciens et modernes, les arcs mêmes des portes Saint-Denis et Saint-Martin en autorisaient l'idée; mais les passions, et surtout la vengeance, ne raisonnent pas. La détermination prise par les ministres est une preuve nouvelle de l'ascendant impérieux de la congrégation; car on ne peut croire que, libres d'agir, ils auraient fait cet affront à la mémoire de Louis XV, quand d'ailleurs il était si facile d'élever autre part un glorieux monument au frère de notre auguste monarque.

Revenons à la société dite *de Jésus*.

Dès que les jésuites actuels, et qui agissent toujours sous l'empire absolu *d'un général*, se refusent à suivre les dispositions de l'édit de grâce de 1762, il est manifeste que leur ordre veut ressaisir toute la plénitude de son ancienne puissance, et subordonner conséquemment à son institut le roi et le clergé de France. Tolérer plus long-temps un tel envahissement, ce serait abandonner le vaisseau de l'Etat à un pilote étranger, et faire refouler toutes les lumières acquises dans les vieilles ténèbres. Mais quel est donc cet ordre qui, à la manière d'un prince légitime dépossédé, ose seul reprendre possession de la France, et s'arroger le droit d'y proclamer sa doctrine et ses lois sur tous les points du territoire, comme pourrait le faire un conquérant législateur, et qui même, semblable à un grand astre de la voûte céleste, réapparaît, après une révolution de soixante ans, avec un cortége de satellites ; car une poussinière de couvens vient se grouper autour de l'ordre des jésuites (1)?

Ce retour vers le monachisme comporte les plus graves conséquences dans l'ordre politique actuel ; car si on ne rend pas les biens aux ordres supprimés, il faut nécessairement que le gouvernement les soutienne des fonds de l'Etat. En d'autres temps, les couvens ont été utiles et chers même à la société, en ce qu'ils faisaient défricher des terrains incultes ou déserts, en ce qu'ils offraient

---

(1) On évalue déjà à soixante mille les individus engagés dans l'ordre des jésuites et leur sacré cœur.

des asiles de paix ou de sûreté; mais le zèle
a été extrême pour en fonder. N'en considérons ici les abus que relativement au célibat,
et prenons l'époque de 1764. Il y avait alors
en France :

1° Abbayes d'hommes en règle, à nomination royale.	115
2° Abbayes ordinaires.	253
3° Prieurés de filles.	64
4° Chapitres de chanoinesses et prieurés de filles nobles.	24
5° Chapitres d'églises cathédrales.	129
6° Chapitres d'églises collégiales.	526
7° Officiers de bas-chœur.	1,300
8° Enfans de chœur.	5,000
9° Prieurs et chapelains.	2,700
10° Curés et prieurs-curés.	40,000
11° Vicaires ou secondaires.	50,000
12° Evêques et archevêques.	129
13° Maisons, chef d'ordres.	16
14° Grands prieurés.	10
15° Commanderies.	229
16° Chevaliers de Malte, maisons.	2
17° Religieux rentés.	2,600
18° Moines mendians devenus rentés.	13,600
19° Carmes, augustins, jacobins, réformés.	9,500
20° Capucins, récolets, picpus, réformés.	21,500
21° Minimes.	2,500
	150,197

D'autre part.	15o,197
22° Ermites.	5oo
23° Religieuses.	80,000
24° Ecclésiastiques engagés dans les ordres.	100,000
25° Jésuites en France.	3,000
Total.	333,697

On est convenu de dire, en philosophie et
en économie politique, lorsqu'on voit des
mendians ou de vastes terrains sans culture,
qu'il y a. de la part du gouvernement, impé-
ritie, abus ou crime. Si cette pensée est sage,
et vraie, une grande accusation s'élève contre
la tendance au monachisme. On concevrait
donc, en voyant l'immensité des landes, des
garigues, des brandes, et celle de tant de terrains incultes ou déserts dans les départemens, qu'un gouvernement qui voudrait lui-
même remonter aux sources qui donnent l'a-
bondance et la prospérité, annonçât qu'on
céderait à des colonies ou à des sociétés religieuses, des terrains vagues, sous la condition de les défricher, et même avec la trans-
mission de la propriété. Cette condition sera
toujours celle d'un gouvernement paternel
dans un pays agricole ; c'est là une de ces
pensées qui vient immédiatement d'en haut,
et qui y a fait placer les Benoît et les Bruno :

tout en est saint et grand, parce que le travail est le premier moyen de sanctification ; parce que la religion elle-même met ses prédilections dans les prières qu'on adresse au Ciel pour les biens de la terre. Mais combien notre gouvernement, et surtout les jésuites (1), sont loin d'être occupés d'une telle pensée ! On traite la religion comme nos poëtes romantiques traitent la poésie ; et l'on ne songe maintenant qu'à la spiritualité et aux méditations, qui ne donnent rien à la société, pas même de l'édification.

Dans cette conjuration, hélas ! trop réelle, il est bien important d'en faire considérer les suites, et de prévenir la législature qu'elle n'a pas un instant à perdre pour faire donner une autre direction à la marche du gouvernement, qui s'est mis déjà tant en dehors des voies légales.

Dans l'état actuel des choses, il ne s'agit plus de mettre en question l'établissement

____

(1) Dans l'origine, les jésuites se sont attachés exclusivement aux cours des rois et aux grandes villes. Leurs couvens étaient des palais ; ils avaient de riches maisons de campagne : aujourd'hui, ils tiennent les plus beaux édifices et les meilleurs biens-fonds dans leurs résidences.

des couvens, puisqu'il s'en élève tous les jours ; mais il est très-urgent d'établir une législation qui règle d'avance le sort et les intérêts des individus qui s'enferment dans ces maisons de prières.

Pour qu'on ne nous accuse pas d'être frondeurs de tout ce qui se fait, examinons d'abord si l'existence *de quelques couvens par exceptions* serait compatible avec notre sociabilité.

En faisant abstraction ici des motifs purement spirituels, on peut néanmoins, jusqu'à un certain point, affirmer que des couvens peuvent se concilier avec l'état de notre société, immensément active et populeuse, et dans laquelle, conséquemment, il y a de grands et perpétuels mouvemens de passions et dans tous les genres. Ainsi, déjà nous avons vu se former des établissemens en faveur de l'humanité affligée : tels sont ceux qui sont ouverts à des individus frappés de folie ou de manie ; tels sont encore ces asiles consacrés à la vieillesse ou à l'enfance ; telles sont enfin ces maisons publiques, asiles de paix ou de correction. Il semble au fond, du reste, qu'on ne puisse ni ne doive empêcher des individus que des passions tourmentent dans la fréquentation du monde, de se choisir

un asile pour y vivre selon leurs inclinations ;
le gouvernement même doit une protection
spéciale à ceux que la piété y conduit.

Ces établissemens, sans doute, comme on
vient de le dire, ne doivent exister que *par
exception;* une autorisation indéfinie serait
fort répréhensible. En envisageant donc ainsi
la question, la législation relative est facile à
déduire. Elle doit porter sur un système de
propriétés mixtes ; car il n'est plus permis de
faire revivre la main-morte, c'est-à-dire de
tolérer des biens qui ne paient pas l'impôt
commun, qui n'entrent pas dans le commerce
social, et qui ne soient pas assujettis au service public. Mais quelle sera la cause ou l'o-
rigine de ce genre de propriété ? Elle ne peut
provenir que d'un titre légal, d'un contrat
ou d'une mise de fonds en communauté. Tout
établissement de ce genre doit avoir des
ayant-droits déterminés ; et, à leur défaut,
dans le cas d'extinction, les hospices les plus
proches doivent être appelés à la succession.

Ces préliminaires ne satisferont probablement pas ni les philosophes austères ni les
dévots, qui veulent que tout leur cède, parce
que, selon eux, ils n'agissent que dans les
intérêts du ciel et du trône : tâchons de nous

placer sur un banc intermédiaire, afin d'être mieux entendus, et de persuader, s'il est possible.

Ceux qui condamnent les couvens d'une manière absolue, les regardent comme des tombeaux de victimes vivantes, sans utilité pour l'Etat, et sans édification pour la morale et pour la religion : ils vont plus loin ; ils regardent les couvens comme des institutions homicides ; ils refusent net le droit d'en autoriser ; ils les regardent même comme des crimes.

Mais nous, partant toujours du point que les couvens nouveaux à instituer ne peuvent l'être que par exceptions, il ·sera facile de prouver qu'il importe aux familles, à l'Etat, aux mœurs et à la religion, qu'il y ait de tels asiles, où les individus malheureux puissent se retirer.

Expliquons-nous. Un jeune homme a tué son ami dans un duel ; la famille de cet ami et la sienne le maudissent ; il ne peut supporter le monde ; il aspire au bonheur d'échapper aux regards publics. Accablé de remords, il espère fléchir la colère divine en se retirant dans une maison de prières ; cette idée le console, et lui offre la paix du cœur.

Un jeune magistrat (ce trait est historique) avait ravi la virginité à une demoiselle de son âge et de son rang. Le père du jeune homme entre chez elle, et l'accable de reproches : son fils était caché dans un cabinet. Les reproches sanglans du père sont suivis de la plus extrême violence, malgré sa grossesse avancée ; elle est frappée ! Le fils, hors de lui-même, sort, pousse son père vers la porte, et le précipite dans l'escalier : le père meurt des suites de sa chute. Cette mort, qu'il regarde comme un parricide, jette l'épouvante dans son âme ; il accourt dans un couvent expier ses malheurs. Il y a été un modèle de vertus et de sagesse. Ce personnage a été bien connu. Ces deux circonstances, bien mieux que de longs discours, justifient l'utilité de quelques couvens.

Les philosophes *ultra* diront : En autorisant des couvens *cloîtrés*, vous autorisez des suicides, puisque les victimes y sont mortes pour le monde. Nous leur dirons : Nos premiers aïeux conservaient dans leur sanctuaire civil divers poisons qu'ils délivraient à ceux qui venaient déclarer les motifs qui leur rendaient la vie insupportable. Les philosophes modérés diront que cet usage était barbare ;

mais nous répondrons à ceux-ci : La loi et la religion réprouvent le duel, et l'opinion l'avoue tous les jours ; n'est-ce pas une preuve qu'il y a encore parmi nous, malgré les lois et les canons de l'Eglise, des usages ou des exceptions pour se délivrer de la vie ?

· C'est à la législature, c'est au gouvernement à régulariser l'institution des couvens, de manière à ce que la société n'en souffre pas; à prévoir l'engagement des prises d'habit, l'émission des vœux, et, dans le cas d'un licenciement ou d'une extinction de couvent, à déterminer le sort des propriétés foncières et le droit des parties appelées au partage.

- Ainsi, pour réduire cette question à sa plus juste acception, il faut considérer les couvens comme des refuges offerts aux individus, et non comme des institutions qu'on puisse généraliser, parce que ce serait agir contre la société.

Dans cette question, la plus importante considération est celle du célibat. Il est pénible de voir le gouvernement autoriser des couvens tous les jours avec une légèreté telle qu'il est instant d'en soumettre les institutions à la législature. Il semble qu'il aspire à remettre la France au point où elle était à l'époque de l'Assemblée constituante, et qu'il a l'ordre de signaler un pareil zèle au pape et à la congrégation. Mais si avant de signer, au nom du roi, tant d'autorisations, il réfléchissait qu'avant 1789 tous les couvens étaient riches en biens-fonds, et qu'ils pouvaient se soutenir par eux-mêmes, il ne s'exposerait pas à soutenir aux frais de l'Etat ces nouveaux établissemens ; car il viendra un temps, nécessairement, où les rognures des budgets ne pourront suffire à de telles prodigalités. Espère-t-il, parce que les premières pierres auront été posées avec des solennités, que la législature votera des fonds spéciaux, ou que les conseils-généraux, variables comme les ministres, voteront des centimes additionnels pour les couvens divers? Croit-il, nouveau Deucalion, que toutes les pierres qu'il jette derrière lui vont se changer en couvens populeux? Il se trompe, ou on l'abuse.

Un sage et vrai gouvernement devrait donc arrêter cette fièvre passagère, qui n'est point suggérée par la religion, mais par un parti d'ultramontains qui voudraient façonner la France à leur manière.

Ce système nouveau, qui arrange aussi main-

tenant certains pères de famille déjà trop enclins, surtout dans les pays de droit écrit, à
préférer les aînés, tend à diviser les familles, à
jeter de la confusion dans les transactions, et
à multiplier les procès. Plus le gouvernement
facilitera les établissemens de couvens, plus
les victimes s'y accumuleront, et plus, conséquemment, il se met en hostilité contre la
patrie et le trône, qui, pour se soutenir et
prospérer, demandent simultanément une
population forte, active et utile.

Nous venons de voir qu'en 1764, près de
quatre cent mille individus composaient le
clergé de France ; c'était donc alors un déficit immense dans la population et dans les
productions de l'industrie. En ne supposant
que cent quarante mille mariages sur trois à
quatre cent mille individus, c'était amoindrir
annuellement la population de plus de trois
cent mille enfans, pris à l'âge adulte, comme
terme moyen (1).

L'impulsion toute nouvelle qu'on donne à
la vie conventuelle et cléricale, devient fort

____

(1) Le gouvernement ignore donc qu'il y a un arrêt du
conseil de 1765, qui défend d'admettre à la profession,
même au noviciat, quiconque n'aura pas 22 ans accom-

grave dans ses conséquences, car le gouvernement met ainsi le célibat en crédit. Qu'il me soit permis de lui faire observer qu'il n'a pas le droit de faire des couvens sans conditions préalables, à titres arbitraires, et sans que la législature n'intervienne, parce qu'il s'agit ici d'une soustraction par masse dans la grande famille. Je dirai plus : une législature libre et nationalement constituée ne pourrait elle-même le permettre, ou il faudrait dire que le pacte social, qui prime tous les législatifs, est sans intérêt à ce qu'on décime sa population et qu'on amoindrisse ses travaux productifs.

Or, maintenant, en supposant qu'il y ait déjà soixante mille individus engagés par des vœux dans les couvens, que l'on dit être au nombre de trois mille, il en résulte, toutes déductions faites sur les chances de la vie, une diminution annuelle de trente-cinq à quarante mille individus dans la première pé-

---

plis, et ordonne que tout noviciat ne pourra être moindre de trois ans ?

On avait même calculé à cette époque, qu'en rendant libres tous ceux qui avaient été reçus avant cet âge, il sortirait des couvens plus de quarante mille personnes.

riode de vingt-cinq à trente ans, laquelle sera, par la force des choses, bien plus considérable ensuite. C'est donc se rendre coupable envers l'État, que de lui ravir en pure perte la masse productive industrielle que les individus liés dans les couvens auraient jetée dans la société.

Ce n'est point la philosophie du démon qui porta le gouvernement, en 1765, à autoriser les ermites de la forêt de Sénart à élever une fabrique d'étoffes de soie et de raz moirés. Si les règles admettaient de telles exceptions, il y aurait moins de blâme contre les couvens de la restauration.

Faisons observer, du reste, que lorsque l'Angleterre était catholique, on n'y admettait comme moines que ceux qui savaient un métier.

C'est donc une grande faute, de la part du gouvernement, d'autoriser indéfiniment des couvens; et de la part de la législature, de ne pas intervenir pour régulariser du moins cette tendance nouvelle à la vie monacale.

Nous venons d'établir ou de convenir qu'il était nécessaire, dans l'état et les divisions de notre sociabilité, qu'il y eût, dans certains cas, des refuges assurés pour passer sa vie.

Ils sont plus utiles encore aux femmes qu'aux hommes : leurs passions sont moins fortes, mais elles sont plus promptes , plus vives, et sincères ; il faut à leur âme un objet d'amour ; et lorsqu'une femme est bien pénétrée de conviction, elle s'abandonne sans réserve à l'objet de sa tendresse ou de son adoration. Les circonstances de chagrins ou de dépits, les malheurs ou les injustices des parens, l'absence des charmes qui constituent la beauté, des inclinations frustrées, une obéissance indéfinie à des parens qui sacrifient si souvent les uns à la fortune des autres ; la lecture des romans, qui remuent plus fortement que jamais les imaginations ; l'empire des mœurs, des liaisons fatales, des exemples et des séductions enfin qui ne laissent que des repentirs, sont autant de causes qui portent les personnes du sexe féminin à prendre le parti de vivre étrangères au monde, et à se vouer, afin de gagner le ciel, à une vie continuelle de prières et de mortifications. Mais la législature doit, dans tous les cas, intervenir pour déterminer l'âge des novices, celui de la prise d'habit au couvent, et celui de l'émission des vœux : elle doit encore régler les intérêts de chacun, soit pour les contributions dotales, soit pour la vente ou les produits des biens-fonds des couvens, auxquels il doit absolument préposer un ministère public.

Pour prévenir toute injustice ou violence de la part des parens, et même tout scandale de la part d'une jeunesse abusée, un gouvernement sage, que l'expérience de tant de siècles a dû éclairer, doit être le premier à demander à la législature qu'elle *fixe* l'âge des filles pour être admises dans un couvent, même contre le désir ou la volonté des parens. Il y a trop de séductions à craindre de la part des anciennes religieuses. Il semble que cet âge ne doive pas être au-dessous de vingt-cinq ans. Le gouvernement d'Espagne, il y a soixante-dix ans, avait défendu de recevoir des novices avant l'âge de seize. Quant à la prise d'habit, il serait sage d'en prescrire vingt-sept, et trente-six pour l'émission des vœux (1). Il est bien entendu que, jusqu'à cette dernière cérémonie, les novices seraient libres de sortir du couvent, sauf à tenir compte au couvent, sur la dot apportée,

____

(1) En Russie, on a déterminé l'âge de trente ans pour recevoir des novices.

d'une pension alimentaire, préalablement déterminée pour chaque année.

Déjà en France il était d'usage, en entrant
dans un couvent, d'apporter une dot : il serait très-sage de le maintenir ; des raisons
puissantes en font sentir la nécessité.

Un gouvernement, s'il est sage lui-même,
doit pourtant prévoir les conséquences pos-
sibles de ces associations. Les évêques de
même, s'ils ont de l'avenir dans le cœur et
de la mémoire, doivent faire cause commune
avec la législature et le gouvernement, pour
ne pas trop multiplier les couvens. Ils ont,
les uns et les autres, de grands exemples,
puisqu'après plus de dix siècles de conven-
tualités, le vieux système s'est écroulé subi-
tement, comme une charpente d'artifice.

Si aujourd'hui le gouvernement a le droit
d'ériger des couvens, il a aussi le droit de les
licencier, comme il l'a fait pour la grande armée et pour la garde nationale. Il peut donc
arriver encore que ceux qu'on décrète ou ordonne avec tant de légèreté, s'évanouissent
de même. Deux grandes révolutions nous
l'ont appris : celle de l'Angleterre, où les religieux et religieuses furent obligés, au nombre de plus de cent mille, de travailler pour

vivre, et d'apprendre des métiers. Chacun de nous se rappelle ce qui s'est passé en France, où les moines et les religieuses les plus riches ont été réduits à recevoir une sorte d'aumône. Dom *Trouvé*, l'abbé de Citeaux, et le plus riche de la France, a été réduit à un tel sort.

Il est inutile, on le présume bien, de faire des exceptions pour les sœurs hospitalières, qui sont des anges de bonheur envers les malades. Nul homme, tel stupide ou libertin qu'il ait été; nul philosophe, bizarre ou systématique, ne les a encore accusées d'être inutiles au monde, de manquer à leur devoir ni d'enfreindre les règles de leur association ; c'est enfin la seule congrégation qui ait désarmé les farouches terroristes et la soldatesque étrangère, et dont l'habit religieux, quand tous les autres étaient proscrits ou ridiculisés, n'a pas même excité de réformes ou de moqueries.

Le célibat des religieuses attachées aux hôpitaux n'est point un dommage fait à la société ni même une offense à la philosophie; car leurs fonctions consistent à conserver des êtres malades à la patrie. Dans ce cas, conserver c'est créer. Leur existence ainsi établie, est donc déjà une grande compensation des pertes que, sous d'autres rapports, la patrie peut avoir à en souffrir (1).

---

(1) La question du célibat, en général, pourrait être élevée plus haut, sous les rapports de la morale et de la politique. L'expérience des siècles doit avertir enfin tous les gens de bien et de bon sens préposés à l'administration et à la législation, qu'il y a ferment de révolution, de dissolution sociale ou de ruine dans tous les Etats qui souffrent qu'on sépare, même accidentellement, les intérêts présens de ceux de l'avenir. Or, dans cette question, si on ne peut supposer que des célibataires laïques ou prêtres aient pour la postérité les mêmes dispositions de cœur et d'âme que les pères de famille, l'affirmative ne peut être un seul instant douteuse; car la patrie aussi a une vie mortelle.

Cette question a déjà pris et prend chaque jour un plus grave caractère dans les Etats où il y a de grandes et vastes capitales, qui, par le fait des mœurs, sont de vastes pépinières de célibataires, c'est-à-dire d'égoïstes ou de gens élevés dans la doctrine et l'usage de tout rapporter à eux exclusivement. On ne peut attendre, sur ce point, ni des aveux ni le concours des hommes du sacerdoce, pour lesquels le célibat est une vertu morale, exemplaire. Mais quels seront les hommes d'Etat assez forts, assez vénérés dans l'opinion pour oser même établir une règle de conduite ou de préférence pour les emplois publics qui intéressent l'avenir? Dans notre vieille législation, on ne pouvait être élu membre d'un sénat, si d'une part on n'avait

La question du célibat est d'une très-grave importance, puisqu'elle embrasse l'intérêt immédiat et successif des générations humaines ; puisqu'elle se rapporte à la morale et à la religion, et qu'elle semble renfermer une sorte d'accusation contre la vie civile ordinaire, ou qu'elle fait présumer, par des suggestions perfides, qu'il est impossible de faire son salut en vivant dans le monde social.

Le célibat, au fond, est en opposition avec la loi divine, qui commande à tous les hommes de créer et de multiplier. Il est la cause la plus active du libertinage et de l'immoralité ; il enfante l'égoïsme, ce monstre qui fait horreur à toutes les vertus, et à la charité, que Jésus-Christ lui-même a tant recommandée.

Le célibat et les moines ont tué l'Italie et l'Espagne.

Quelques philosophes ont fait du célibat une question de climats ; mais ce n'a été qu'un système que la raison a justement combattu, sans en exclure toutefois des influences qui éclatent dans quelques pays et sous quelques zones.

---

pas d'enfans, et si de l'autre on ne pouvait justifier d'une résidence dans la cité pendant au moins trois générations.

Mais bornons-nous, en ce qui concerne la France, à faire observer que la religion, les mœurs et une raison éclairée nous préservent de ces influences qui sont si impérieuses sous d'autres climats.

Constantin, dit *le Grand*, a porté un coup fatal à la population des Etats chrétiens, en autorisant le célibat. Les conciles se sont long-temps occupés de cette question ; ils ne l'ont point décidée d'après les apôtres et les premiers Pères de l'Eglise, mais d'après l'opinion qu'ils se sont successivement formée sur des siècles de scandale.

Une telle question appartenait pour le moins autant aux gouvernemens des rois qu'aux conciles et aux papes, car ils avaient le plus grand intérêt à faire augmenter leur population respective ; et c'est dans ce sens que la stérilité était notée d'infamie. Mais il n'en a pas été ainsi, parce que les sceptres se sont toujours abaissés devant la tiare et les crosses. Le célibat des prêtres, au surplus, n'a été, dans l'Occident, qu'une règle ecclésiastique ; on sait que dans la primitive Eglise, et bien long-temps après, les prêtres se mariaient. Le concile d'Ancyre en a donné les règles et les conditions : celui de Trente, en

1563, en a pensé autrement ; mais il n'a point autorité dans l'Eglise gallicane. On sait que le roi de France y députa un ambassadeur, M. Duterrier, qui y protesta au nom de son maître, contre les décisions qui y furent prises. Philippe II fut le seul prince en Europe qui y accéda.

L'Assemblée constituante, digne interprète de la philosophie du siècle et de la patrie, a fait une chose grande et utile en supprimant les couvens ; mais nous n'hésitons pas à dire qu'elle a fait une chose infiniment sage et prudente en maintenant, comme règle de mœurs et d'état, le célibat exclusif des ecclésiastiques employés au service actif des autels, c'est-à-dire celui des évêques, des curés et de leurs vicaires. Le ton des mœurs, la morale pratique et le caractère français imposent invinciblement le célibat aux prêtres chargés parmi nous d'enseigner le dogme et de diriger dans les voies du salut. La France catholique, il faut bien le dire, tient le premier rang en Europe pour l'observance des mœurs, pour la régularité des devoirs, et pour toutes les décences dans l'exercice du culte ; tandis que l'Espagne, le Portugal et leurs îles adjacentes offrent des désordres continus et des attentats de consanguinité que l'opinion et les lois y tolèrent. Dans l'Italie, où réside le Saint-Père, où les prêtres et les moines fourmillent, on s'est habitué à y créer à l'hyménée des vice-gérans assidus; ce que la France repousse, ou comme un attentat au sacrement du mariage, ou comme une dérision.

Mais laissons aux autres nations le soin du maintien de leurs mœurs, de leurs usages et de leurs observances sociales; ne nous occupons ici que de la France, qui depuis tant de siècles s'est mise en exception à l'égard des contrées de l'Orient, du Midi et du Nord: considérons la société dans l'état où l'a mise l'Assemblée constituante, sans couvens, sans moines rentés ou mendians, sans religieuses cloîtrées, mais avec les libertés de l'Eglise gallicane (1). Si l'on est sage encore, si on veut conserver pur et vif le feu sacré de la religion, si on veut faire concourir tous les individus de l'un et de l'autre sexe au soutien et au maintien de la religion et de la patrie,

____

(1) l'Allemagne a eu son protecteur des libertés de son Eglise contre les entreprises des papes : il devait être Allemand.

on ne laissera établir *que des couvens d'excep-tion;* on en déterminera d'avance le nombre, les règles, les conditions et les intérêts. En réduisant enfin le célibat à la partie active du sacerdoce, cette exception, comme celle des religieuses hospitalières, se trouverait en harmonie avec notre sociabilité. .

Un écrivain agronome, au surplus, doit plutôt connaître et gémir de la formation indéfinie des couvens, que tout autre historien : car ils portent atteinte à la population, arrêtent des mariages, dont les accomplissemens sont, dans toute la force du mot, le viatique de la sociabilité. Les excitations en ont été si grandes, si persistantes et si pathétiques dans le cours des dernières missions, qu'il en est résulté une sorte de crise dans les classes moyennes de la société, pour entrer dans les couvens. Cette crise a principalement porté sur des filles d'artisans, accoutumées déjà, par leur éducation, à certaines œuvres d'arts et métiers. Mais à quoi pensent donc les ministres du roi et les évêques, de concourir si activement à former des couvens, et à y précipiter une foule de jeunes filles pour en amortir l'existence et le travail, et pour faire sciemment rompre les liens qui les attachent avant tout à la patrie? Ils devraient savoir pourtant, les uns et les autres, que les couvens ne sont pas à l'abri des révolutions, puisque les anciens se sont effacés à ne pas laisser de vestiges ; ils devraient savoir encore· que si le gouvernement du roi a le pouvoir d'en établir dans un temps, il peut aussi, dans un autre, les supprimer et les abolir. Penseraient-ils donner ainsi des gages de leur religion au Saint-Père? ils sont dans une grande erreur; car Jésus-Christ lui-même a béni le *travail* et le *mariage,* et les couvens ne commandent que la *prière* et le *célibat.* L'épiscopat, du moins, devrait se rappeler que les abus et les scandales amènent les révolutions, et on ne peut plus dire qu'elles sont impossibles. Quant au gouvernement, qui enrégimente tant de jeunes filles qu'il enlève à leurs familles et à la patrie, il doit s'attendre à de vifs reproches, et même au blâme de la législature ou de la postérité.

Si les ministres actuels (1827) étaient à la hauteur de leurs fonctions, ils sauraient qu'en 1758 le parlement de Paris, d'accord avec le roi, a condamné la confrérie du Sacré-Cœur des jésuites, et fait défense à tous ceux qui en faisaient partie d'exercer aucune *fonction*

publique; ils seraient moins empressés de soutenir ces congrégations, qui, par principes
et par règle émanée des jésuites, ne cherchent que des dupes, ne font que des victimes, et se tiennent elles-mêmes absolument
en dehors du monde.

Des ministres dignes de la France, de la
philosophie et de la religion, dans cette nouvelle crise, auraient donné une autre direction à ce genre d'éducation ; ils avaient un
grand modèle à suivre, l'établissement de
Saint-Cyr, destiné, par la volonté même de
Louis XIV, à faire l'éducation de jeunes filles
pauvres, qu'on élevait pour devenir un jour
des mères de famille : voilà une institution sublime de charité, qui aurait dû occuper de
sages évêques et de vrais ministres (1).

En rétablissant leurs Sacrés - Cœurs, les
jésuites se sont donnés de nombreux et puis-

---

(1) On **est affligé**, disons le mot, on est indigné du nombre immense des enfans de tant de braves qui sont dans la
misère et l'abjection, parce que leurs pères, dociles à la
voix de la patrie, ont pris le parti des armes. Un tel oubli
envers tant d'êtres innocens, la plupart orphelins, est impie. Leur sort méritait, aussi bien que celui des émigrés,
de fixer l'attention des deux Chambres.

sans auxiliaires dans les femmes et les jeunes filles qu'on y élève : on ne parle déjà que de hautes protections et de faveurs pour la maison chef-lieu de Paris ; mais on y cite, hélas! aussi des victimes de ses rigueurs (1). Les anciens abus peuvent revenir; des femmes du Sacré-Cœur peuvent encore fréquenter les jésuites. L'institut de Prague réduisait cette exception à la faculté d'y vivre, *vivendi gratia;* celui d'Anvers la réduisait à une simple curiosité, *videndi gratia.* Appliquons sur ce point, aux jésuites, le mot de saint François

---

(1) J'en connais une, fille d'un de nos premiers dignitaires, qui, livrée brusquement à des exercices extrêmes et continus dans l'église et le couvent, y a contracté une maladie de langueur qu'on a laissé long-temps ignorer. Rendue à sa famille, les secours de l'art ont été inutiles : elle a succombé.

Ainsi a disparu du monde une charmante jeune personne, déjà bien élevée par sa tendre mère, et à peine arrivée à l'adolescence, dont l'aimable caractère, des talens prodigués par la nature, ainsi que la beauté, lui assuraient une heureuse carrière dans la vie. Sa mort a causé, dans une des plus considérables paroisses de Paris, un deuil qui y sera long-temps mémorable par le concours des amis de la famille et par les larmes manifestes de toutes les demoiselles de son âge.

d'Assises aux cordeliers : « J'appréhende que Dieu vous ayant ôté les femmes, le diable ne vous ait substitué des sœurs à leur place. »

Résumons ces réflexions sur toutes ces formations de couvens. Plus le nombre en sera considérable, plus il y aura d'abus, et plus tôt une révolution les fera disparaître : telles, dans l'ordre physique, de simples particules ignées répandues dans l'atmosphère, si elles sont isolées, concourent à purifier l'air ; mais si elles s'agglomèrent, elles causent de violens orages. S'il n'y avait donc des couvens, que par exception, et à certaines conditions utiles à la patrie, les révolutions ne seraient point à craindre.

Quant aux couvens pour les hommes, les excitations ne sont pas moins vives : les enrôlemens portent principalement sur la jeunesse élevée dans l'agriculture ; car les jésuites circonscrivent tous ceux qu'ils peuvent atteindre, les jeunes fils de laboureurs, les pâtres, les fils de vignerons, et de jeunes bourgeois, auxquels, pour premières amorces, on présente des perspectives de fortune, de bonheur et d'autorité : telles qu'une sauve-garde contre la milice, l'approche immédiate du trône et des princes de l'Eglise, le charme des voyages, les trésors de l'instruction, et jusqu'aux dignités de l'Etat. Pêcheurs intrépides, ils jettent leurs filets sur les palais, sur les châteaux comme sur les chaumières; et pour ne pas manquer leur *compelle*, ils ont des institutions pour la jeunesse la plus tendre, qui, élevée dans leurs principes, n'aspire, à l'âge adulte, qu'à entrer dans les grandes maisons, où ils perfectionnent leurs études et jouissent de toutes sortes d'amusemens. Les départemens qu'arrose la Garonne sont très-favorables à ces levées de néophytes. Sous l'empereur Napoléon, un père agriculteur qui venait de vendre son fils en conscription, lui disait : « Pars, sers bien la patrie, et reviens avec la croix de la Légion-d'Honneur; tu feras la gloire de la famille; tu seras peut-être un jour général. » Les agriculteurs, aujourd'hui, quand l'ouvrage manque aux champs, quand leurs fils sont négligens ou paresseux, quand ils sont fiers ou libertins, quand ils manquent de respect filial, le père se borne à dire : « Quitte la maison, et va te faire *monsieur*. » C'est dire : *Va te faire jésuite.*

On gémit de voir que, depuis la restauration, des ministres nonchalans ou bornés aient cherché, pour plaire aux jésuites, à mettre le trône de France sous la dépendance du Saint-Siége. La France en serait-elle donc réduite à un tel degré d'abaissement, qu'elle doive, comme le bœuf docile, aller se mettre sous le joug du pape, qui lui-même se trouve sous la tutelle de la congrégation ? Faut-il, parce que le trône d'Espagne ne s'éclaire plus qu'avec le gaz de Rome, que celui de France sacrifie son propre ouvrage et les libertés de l'Eglise gallicane ? Mais que dira l'histoire d'un Saint-Père qui, agissant dans un pouvoir dit *infaillible,* n'a pas même osé contredire le grand acte de Clément XIV, non moins infaillible que lui ?

On ne peut dire au juste le nombre des individus voués au célibat dans les couvens : car chaque jour il s'accroît; mais on peut le porter à soixante mille au moins ; qu'on évalue maintenant la soustraction qui va en résulter dans la société (1). Il y a trop de popu-

____

(1) Au mois de janvier 1828, le nombre des religieuses était de 20,000, et celui des établissemens de 3024.

En 1827, il y a eu 5250 ordinations : le nombre des élèves est de 44,244.

Les titres ou ordres divers des religieuses se montent

lation, disent certaines gens de la politique et de là robe longue ; comme d'autres disent qu'il y a trop de productions. Ce n'est pas là seulement une absurdité, c'est encore une hérésie et presque un blasphême, car c'est attaquer l'Etat dans sa force, dans son indépendance, dans sa prospérité, et dans ses travaux les plus essentiels, ceux de l'agriculture et de l'industrie. Oui, c'est un délit d'amortir à dessein la population, quand des milliers d'arpens sont en friche ou en déserts. Quelle compensation peut-on faire résulter d'êtres qu'on renferme dans des couvens, où l'oisiveté a déjà causé tant de maux et de scandales?

Le gouvernement, responsable de tout, n'a pas même pour excuse l'amour de la religion, le maintien de la foi, de la morale et des mœurs ; car pour lui-même, qu'y a-t-il de plus auguste, de plus exemplaire et de plus favorable pour la religion, les mœurs et la morale, que le sanctuaire visible d'une famille vertueuse, dirigée seulement par son

---

déjà à 60, parmi lesquels on présume qu'il y en a qui sont nouveaux pour la France.

Le total des prêtres en activité de service est de 36,640.

pasteur, lequel l'est lui-même par son évêque ? Prétendrait-on que les couvens sont, par l'exemple, des foyers de sanctification ? Mais d'abord les cloîtres sont impénétrables. Quel couvent, même du Sacré-Cœur, peut offrir à l'âme chrétienne une plus douce et plus réelle sanctification que le spectacle simple et pur d'une paroisse rurale, alors qu'elle est occupée du prône ou du saint sacrifice ; alors que, précédée par le *labarum* sacré et par les bannières de la Sainte-Vierge et du patron de son église, toute la population se porte dans les champs avec son pasteur pour demander à Dieu la bénédiction du ciel sur les biens de la terre ?

Ramenant donc la question du célibat et des couvens à ceux des jésuites, on s'étonne autant qu'on s'afflige de leur existence active et avouée par un ministre du roi, sans aucun préalable de légitimation ou d'intronisation dans l'État et l'Église de France.

Si on peut supposer que les évêques et les ministres du roi, à qui le trône et la patrie doivent être chers, aient été mieux informés que la magistrature et que les écrivains sur les intentions actuelles de la société de Jésus et de celle du Sacré-Cœur, il était du moins d'un strict devoir de recourir à la pensée du monarque et de ses conseils, formellement exprimée dans l'édit de 1762, époque où l'ordre jouissait encore en France d'une organisation déterminée et bien connue.

Une considération majeure et frappante domine dans cet édit de grâce et de mansuétude, c'est celle qui se rapporte à la qualité ou à la condition *des étrangers* dans l'ordre des jésuites, et à l'obligation de ne recevoir que des Français dans les couvens de la France. La même pensée est reproduite dans les dispositions qui se rapportent au général de l'ordre, à ses fréquentations dans le royaume, et à l'administration des biens-fonds. Cependant, de telles dispositions n'ont été ni prévues ni imposées par les évêques et par le gouvernement du roi : aussi les jésuites, quels qu'ils soient, Irlandais ou Calédoniens, Espagnols ou Moscovites, Allemands, Italiens ou Polonais, sont les hommes les plus libres en France ; leur titre seulement est un passe-port sacré pour les magistrats et même pour les gendarmes.

La composition des jésuites, en France, fourmille d'étrangers ; c'est un fait souvent affirmé, et dont la preuve se trouve dans l'accroissement considérable des novices et des membres de l'ordre ; car on ne peut croire que des pères français ou que leurs fils, dans l'âge de raison, se déterminent à faire partie d'un ordre non légitimé par l'Eglise gallicane et par le roi ; et contre lequel s'élève une clameur universelle.

L'édit de 1762 étant bien connu, on ne peut, avec un reste de pudeur pour sa plume et pour sa profession de foi chrétienne, argumenter en faveur des jésuites actuels sur leur intronisation de fait dans le sein de l'Eglise gallicane. De quel droit, si ce n'est de celui des Ali, l'ordre des jésuites jouirait-il d'un privilége sacré, quand le trône lui-même s'est soumis sciemment à un régime constitutionnel, quand toutes nos vieilles lois fondamentales et coutumières ont subi les révolutions qu'imposeront toujours les siècles et les progrès des lumières ?

Nous n'aurions pas vu s'élever tant de cris d'improbation contre cet ordre, aujourd'hui formidable, si ceux qui le composent avaient été des Français, et si les évêques et le gouvernement leur avaient imposé les dispositions de l'édit de 1762 : dans ce cas, tous les vrais catholiques auraient vu avec satisfac-

tion de nouvelles écoles s'ouvrir, et de nouveaux sanctuaires pour la vivification de la
foi dans le monde ; on eût applaudi à la re-
prise des communautés des Sacrés - Cœurs,
si, en se vouant à l'instruction, les sœurs
eussent en outre adopté la vie et les exercices des sœurs hospitalières ; il y aurait eu
moins de récriminations contre les dons et
même contre les legs faits à ces maisons ; tous
ces établissemens seraient ainsi devenus partie sainte et vénérée dans la noble et pure
Eglise gallicane. Mais au lieu de prendre conseil des hommes de la monarchie et de ses
plus dignes évêques, les nouveaux jésuites
ont violé toutes les lois, forcé toutes les barrières, et ils se sont audacieusement repor-
tés au temps où ils dominaient le Saint-Siége
et faisaient trembler les rois ; leur conduite
en Espagne ne laisse pas le moindre doute
sur le but qui les anime.

S'il faut s'étonner des condescendances de
la magistrature, on est encore bien plus
étonné de la conduite des archevêques et des
évêques qui ont vu la révolution et qui en ont
souffert ; on ne peut concevoir qu'ils aban-
donnent la cause nationale et royale pour favoriser l'ultramontanisme. En se rangeant

sous la bannière de la charte, ils affermissent l'épiscopat, qui ne peut avoir de durée que par le maintien des libertés de l'Eglise gallicane, dans lesquelles se trouvent la doctrine des évêques les plus purs, leurs intérêts propres et la considération même dont ils ont besoin pour servir la foi et la morale. Toute l'histoire de l'Eglise et de la monarchie leur crie, que le roi de France est et doit être indépendant du Saint-Siége, auquel le dogme seul appartient. La vieille république de Venise avait établi et soutenu ce principe ; le royaume de France serait-il moins sage et moins fort ?

Que peuvent donc espérer les évêques qui se séparent des lois fondamentales de leur propre pays pour servir, par des mandemens indiscrets ou coupables, les intérêts des jésuites ? Croient-ils ressaisir eux-mêmes leur ancienne domination, et reconquérir leurs richesses ? Avertissons-les qu'en se conduisant ainsi, ils préparent eux-mêmes une révolution nouvelle, dans laquelle infailliblement on se ressouviendrait trop peut-être de leur conduite actuelle.

Faisons observer nous-mêmes à ceux qui jugent et gouvernent, que les jésuites, au dix-neuvième siècle, sont plus forts et plus redoutables qu'ils ne l'étaient au commencement du dix-huitième, puisqu'ils se sont renforcés et se renforcent tous les jours, d'un ordre laïque dit *de robe courte*, et aux membres duquel on impose un serment, dont la formule et les épreuves sont encore plus terribles que celles des membres de la robe longue. Ils sont d'autant plus dangereux, que leur agrégation est secrète, et qu'ils agissent dans leurs fonctions respectives avec des formes civiques. Comme on ne peut en douter, la sagesse, la prudence et le devoir envers le trône et la patrie n'imposent-ils pas à la législature une loi qui assujettit tous fonctionnaires publics à déclarer qu'ils ne sont point affiliés à l'ordre des jésuites, ou qu'ils abjurent cette affiliation? Ce serait, au surplus, confirmer une mesure déjà prise par les parlemens et par le roi.

L'édit de 1762 appelle, pour l'avenir, toute l'attention des ministres contre l'influence du général des jésuites, qui, semblable au prince des Arsacides, exerce un empire immédiat et absolu sur tous les membres de l'ordre. Que les dignes évêques et ministres du roi se rappellent donc que pendant quinze siècles, et dans ceux-mêmes où la religion était plus fervente, l'Eglise s'était fort bien passée du concours des jésuites; qu'ils se rappellent surtout que, pendant les soixante ans de la destruction de leur ordre en France, la religion, pour être pure, active et chère, n'a pas eu besoin de la coopération des jésuites. Il est donc démontré, pour tout homme de bien, que ce n'est ni pour la cause de la religion ni pour celle de la morale, que les jésuites nouveaux combattent avec tant d'ardeur et d'obsessions. Les évènemens de l'Espagne, et surtout celui du Portugal, doivent enfin inspirer un juste effroi sur les entreprises audacieuses et politiques de cet ordre.

On ne peut se dissimuler qu'il existe, de fait, un concert d'actions et d'entreprises, dont le mot d'ordre est et doit nécessairement être donné par le général des jésuites, c'est-à-dire par un *étranger* riche et puissant, et qui déjà pèse d'un grand poids dans la balance politique des rois de la catholicité.

Si pourtant il se trouvait encore des personnes qui, par leur position ou par leur conscience, répugneraient à frapper des hommes qui semblent n'agir que pour la cause de la foi; qu'on tente du moins l'é-

preuve, si juste et si simple, déjà ordonnée
par l'édit de 1762 ; qu'on déclare qu'il y aura
paix et protection pour tous ceux des nouveaux jésuites qui se voueront à la propagation de la foi et à l'instruction publique, en
se conformant à l'*exécution des lois du royaume :*
mais qu'on exige l'expulsion préalable de tout
jésuite *étranger* à la France. Cette proposition seule, de la part du gouvernement, produirait infailliblement, sur toute la société
de Jésus, ce que ferait un scorpion jeté brusquement sur une grosse fourmilière. Il n'y
aurait pas de pierre de touche plus sûre pour
bien juger du titre de la doctrine des jésuites.
On peut être assuré que le général et ses
chefs de colonies, fidèles à la maxime : *Sint
ut sunt, aut non sint,* s'y refuseraient. Leur
refus ainsi serait donc une preuve manifeste
du danger de les souffrir dans l'Etat.

Il est plus que temps, enfin, d'arrêter
leur influence politique ; tout ce qui se passe
dans la péninsule donne un grand et profond
avertissement aux gouvernemens d'Europe ;
il ne peut plus y avoir d'hésitation, de la
part du gouvernement, pour se prononcer
contre un ordre qui seul tient en échec tant
de cabinets. Les scrupules mêmes ne peuvent

arrêter ceux qui ne peuvent pas croire à la perversité de la doctrine des fils de Loyola. Quant à la religion, à son essence et à ses principes consacrés, que peuvent désirer de plus les évêques, les rois et les vrais catholiques, que celle toute faite et épurée que nous ont laissée, ainsi qu'aux jésuites, les Bossuet, les Fénélon, les Belzunce, les Noé, etc., et, relativement aux communications avec la cour de Rome, que la déclaration de Louis XIV sur les libertés de l'Eglise gallicane?...

CHAPITRE XII.

Le traité dit de *sainte-alliance* est une des plus fortes preuves que l'histoire, telle qu'elle a été écrite, est sans influence dans les déterminations des rois et de leurs cabinets. — Participation du gouvernement britannique aux congrès de Vienne et de Vérone. — Les rois de l'Europe, en prenant les intérêts du sultan, et en lui sacrifiant les Grecs, ont préparé une grande révolution en Europe. — La politique exigeait une conduite contraire de la part des rois, du pape et du clergé catholique (1).

Nous venons de voir que l'histoire la plus positive par ses faits et ses solennités, avait été sans influence relativement aux jésuites; on peut aussi justement tirer la même conséquence de l'assistance gratuite et empressée que prêtent collectivement les rois de la chrétienté au chef des musulmans, contre les chrétiens de l'Orient. Tous les siècles de la sociabilité, en Europe, avaient jusqu'alors

____

(1) Tout ce chapitre a été écrit au commencement de 1827.

donné la triste preuve de l'inutilité de l'histoire pour rendre les nations plus heureuses ;
mais devait-on s'attendre, quand la civilisation et la philosophie sociale y étaient arri-
vées à un très-haut degré, qu'il faudrait encore gémir de cette même inutilité, et qu'on
réduirait de nouveau les leçons de l'histoire
à l'art d'une composition purement littéraire
ou académique? Devait-on s'attendre, après
vingt-cinq ans d'une guerre terrible et d'une
vaste tourmente, que l'Europe, encore trem-
pée du sang de deux millions d'hommes, offrirait, par la réunion de ses rois chrétiens
réunis en congrès, une guerre d'extermination plus honteuse et plus désolante, celle
qui se fait dans la Grèce; dans cette Grèce
qu'ils ont froidement abandonnée au glaive
du musulman, l'irréconciliable ennemi de la
religion du Christ, de toute liberté et de
toutes institutions sur lesquelles se fondent
en Europe la civilisation, l'ordre des lois et
des mœurs, et tout ce qui constitue la tranquillité et la prospérité publiques? Montaigne avait donc bien raison, quand il disait
qu'il était très-difficile de faire dignement
le roi.

Pour bien juger de ceux qui ont figuré au

congrès de Vérone, il suffit de rappeler qu'en d'autres temps, quand il y avait une politique européenne, et quand la ferveur pour la religion était à son apogée, les rois qui occupaient alors les trônes chrétiens ont fait armer en croisades plus d'un million d'hommes, commandés par l'élite de la noblesse de chaque nation, et même par des rois, et que cette fatale initiative leur fut donnée par les papes, qui n'y ont contribué, il est vrai, que par leurs trésors d'indulgences. Quoi qu'il en soit, il s'agissait, de la part de tous, de faire une guerre à outrance au grand sultan des Turcs, le dominateur du Bosphore, de la Palestine, et le possesseur du tombeau de Jésus-Christ.

Une telle insurrection, suscitée contre le chef des mahométans, n'avait pas sans doute pour seule cause le triomphe de la croix; les sages politiques y voyaient en outre l'occasion de chasser au loin, ou du moins hors du Bosphore, le sultan et ses hordes; le sultan qui, dans ces temps-là même, se proclamait le fléau des chrétiens, et se montrait en outre le plus superbe contempteur des rois de l'Europe, de leurs armées et de tous les peuples francs, dont il faisait moins de cas, selon ses propres expressions, que des chiens des rues de sa capitale (1).

On sait aujourd'hui tout ce qu'il en a coûté à l'Europe pour les croisades, c'est-à-dire plus de douze cent mille combattans pris à la fleur de l'âge, et en argent, seulement pour la France, deux cent neuf millions, sans compter les malheurs et les calamités qui ont accablé nos provinces, et desquels je rendrai compte aux époques relatives, si j'ai le temps de mettre la dernière main à cette histoire.

Chacun se demande aujourd'hui si la cause de la religion n'est plus la même, si le Grand-Turc hésite à se faire chrétien ou philosophe, si sa domination est devenue plus tolérante, ou si dans le monde, enfin, il ne faut plus voir la religion que dans les titres de ceux qui en portent les insignes, la robe ou le manteau. La politique serait-elle donc changée au point qu'il faille désormais, en Europe, comprendre et associer le grand Mahmoud, et sans qu'il le désire, aux conseils ou congrès des rois francs, qui de nouveau l'ho-

____

(1) Les chiens errans sont respectés dans les rues de Constantinople.

norent et le traitent comme leur suzerain ?

Comment l'histoire même immédiate caractériserait - elle un congrès tenu au cinquième lustre du dix-neuvième siècle, à la suite duquel les rois catholiques, chrétiens et schismatiques, l'Angleterre y comprise, ont décrété de laisser carte blanche au Grand-Turc contre la population de trois à quatre millions de Grecs, et qui déjà, depuis quatre ans, en a exterminé des centaines de milliers, sans distinction d'âge et de sexe ; qui, contre tout droit des gens, massacre, pille et incendie des villes ouvertes et désarmées, et couronne ses dévastations par le viol des femmes et des filles? Scio, Ipsara, Missolonghi, Athènes, doivent être maintenant des spectres d'épouvante ou des cauchemars de remords pour tous ceux qui ont conseillé ou coopéré à cette guerre de cannibales, et spécialement pour ceux encore qui seraient persuadés qu'ils auront un jour à rendre compte à Dieu du sang innocent qu'ils auront fait couler par torrens.

Toute l'Europe vient de s'élever contre la traite des noirs ; les chefs du congrès et le Saint - Père ignoraient donc que, dans les principes du gouvernement turc, l'esclavage est constitué en droit public ou des gens, et que les hommes, les femmes et les enfans y sont *marchandises*, et dont voici le tarif encore existant :

Les hommes, depuis vingt-cinq ans jusqu'à quarante, s'y vendent 60 fr. ;

Les femmes, 30 ;

Les enfans, 15 ;

Les filles belles et jeunes, 90.

Jusqu'alors les Barbaresques, en quête ou en guerre, n'avaient pris sur les côtes des pays chrétiens que des individus ; mais il est de la dignité ou de l'honneur du sultan et du vice-roi d'Egypte de faire des enlèvemens par masses de quinze à seize mille chrétiens, ce qu'Ibrahim-Pacha vient de faire dans la Morée, où il a détruit les oliviers, les vignes, et incendié les maisons. C'est ainsi que les Turcs, au dix-neuvième siècle, se forment des colonies.

Voilà, messieurs du congrès, une de vos hautes-œuvres en faveur du Grand-Turc ; voilà, messieurs les ministres de France et d'Albion, le digne tribut de gratitude que paie Ibrahim pour les services que vous lui avez rendus. Le sang des chrétiens vous accusera toujours de vos secours et coopérations.

A quels titres donc les rois et le pape ont-ils manifesté un si vif intérêt pour le Grand-Turc? Qu'a-t-il fait lui-même pour se rapprocher, même diplomatiquement, des rois et des empereurs? A-t-il cédé franchement la Moldavie et la Valachie, que des traités depuis long-temps lui imposaient de rendre? A-t-il promis de céder Belgrade à l'Autriche, d'accorder une libre navigation à la Russie, à l'Angleterre, à la France? A-t-il voulu seulement condescendre, comme le fit un ancien soudan en faveur de Charlemagne, à ce que le Saint-Père des chrétiens fût mis en possession de la ville sainte et du tombeau de Jésus-Christ? Non, il n'a rien cédé, rien accordé, rien promis; il ne veut même entendre aucune proposition qui porterait la moindre atteinte à Sa Hautesse.

De quel crime d'Etat, à l'égard des rois, de quel schisme ou hérésie, à l'égard du chef de l'Eglise, les Hellènes se sont-ils donc rendus coupables?

En politique, c'est un des potentats du Nord qui est venu trois fois les réveiller d'un assoupissement qui durait depuis quatre siècles, et dans lequel ce même potentat veut aujourd'hui les replonger. Mais dès que les Hellènes, à tort ou à raison, ont arboré le drapeau de l'indépendance, quel homme égoïste, absurde ou illuminé oserait aujourd'hui blâmer les Grecs de se défendre jusqu'au dernier? Ignore-t-on que l'amnistie ou le pardon d'un Turc envers des rajahs chrétiens, c'est l'arrêt de mort? Tel s'en expliquait l'envoyé des Grecs, Métaxas, dans sa supplique au congrès de Vérone; tel il s'en expliquait encore dans celle qu'il adressait au Saint-Père. Le refus du congrès et celui du pape, de recevoir et d'entendre les envoyés supplians des Grecs, sont deux grandes taches reprochables à jamais, dans l'histoire, aux rois du congrès et surtout au Saint-Siége.

En religion, les Grecs ne sont-ils pas impatronisés dans le giron de l'Eglise? La cour de Rome ne les a-t-elle pas avoués et reconnus? Un évêque grec estait avec le Saint-Père lui-même au sacre de Napoléon. Le pape, ainsi, ne devait pas délaisser les nations grecques; et ne doit-il pas craindre qu'une telle conduite lui aliène tout à fait ces mêmes nations, alors qu'elles seront libres et triomphantes? car elles triompheront. La cour de Rome, enfin, aurait dû se rappeler du moins les causes qui lui avaient fait perdre le royaume d'Angleterre.

On s'étonne également que le chef de l'empire russe et que son Sénat, auquel du moins on supposait des vues plus sages, aient si légèrement abandonné la politique de Pierre-le-Grand, qui s'était plaint plusieurs fois d'avoir trop de terre, et pas assez d'eau, et celle encore de la grande Catherine, qui, dans ses conseils, recommandait toujours à ses ministres de frayer à son armée le chemin de Constantinople. Deux mots cependant ont suffi pour opérer une si étrange politique. Les plus adroits au congrès ont imaginé la doctrine du *statu quo*, à l'aide de laquelle ils se sont appliqués de larges parts du gâteau de la prétendue conquête. En conséquence, le congrès a considéré les Grecs comme des sujets rebelles au Grand-Turc, qu'il a regardé comme leur souverain *légitime*. Ainsi encore, et grâce à certaines illuminations, s'est éclipsée cette antique bannière sacrée, cet auguste *labarum* qui avait autrefois rallié toute l'Europe contre le sultan des Turcs; ainsi s'est évanouie, comme le feu sacré de la lampe du sanctuaire, l'ancienne politique des princes chrétiens contre l'ennemi commun de la religion du Christ et de la civilisation ; ainsi, en définitive, ce sont les princes chrétiens eux-mêmes qui ont *légitimé* le sultan pour sa souveraineté sur les Grecs chrétiens, j'allais dire sur les Etats chrétiens : la postérité pourra-t-elle le croire ?

Dans quel droit des gens une nation, même vaincue, peut-elle être la propriété d'un conquérant qui se déclare l'ennemi de la religion qu'elle suit depuis des siècles ? Mais les Seljoncides, les Thogul-Beghs ont-ils donc amené du fond de l'Asie les peuples qui, depuis les Héraclides, tiennent et occupent l'Archipel et le Péloponèse ?

Le congrès de Vérone, ont dit les avocats à sa suite, car la peste même est en possession d'en avoir, a dû craindre de voir se former au centre de la Grèce un triple foyer de libéralisme, sous les titres de *jacobins*, de *carbonari* et de *francs-maçons*. La circonstance a été mal choisie pour persuader ; car jamais l'Europe n'avait senti plus profondément le besoin de la paix ; jamais, à aucune époque, les hommes des cités et des champs, et ceux même des armées, n'avaient manifesté plus de sagesse, de raison et de résignation. Voici, au surplus, déjà plus de douze ans de preuves acquises pour de telles dispositions ; et pourtant, combien n'a-t-il pas fallu de prudence de la part des uns et des autres, pour ne pas tomber dans les piéges de maintes et misérables conspirations dont on connaît bien aujourd'hui les moteurs?

La conduite la plus extraordinaire des participans à la sainte-alliance, est celle de l'Angleterre, qui jouit d'une constitution libérale ; qui, pour étendre au loin la civilisation, s'est entremise depuis vingt années pour faire répandre la Bible à profusion, et pour la donner à vil prix ; qui, dans ses discours parlementaires, proclame une philosophie, et une philantropie exemplaires. Mais s'il y avait eu dans ses manifestations une loyale sincérité, elle aurait dû voir sans ombrage l'élan des Grecs vers l'indépendance. C'était même de sa part un devoir de conscience devant Dieu ; c'était encore un devoir politique, puisqu'elle possède les îles Ioniennes, et qu'elle-même, ainsi, fait partie de la Grèce.

Ce dévouement, de sa part, était aussi juste, politique et mérité que celui qu'elle affecte pour le Portugal, qui, par lui-même

et par l'équilibre de l'Europe, est au fonds
un Etat indépendant. La Grèce devait lui
inspirer les sentimens qu'elle ressent aujour-
d'hui pour les Etats-Unis du Nord de l'Amérique, et desquels elle tire cent mille fois
plus de bénéfices, que si elle les possédait
encore en colonies. En se déclarant pour
la Grèce, elle eût évidemment retiré des
bénéfices proportionnels, de son sol et de
son industrie ; elle eût du moins mérité le
titre qu'elle se donne, d'être l'*amie du genre
humain;* elle eût acquis enfin une grande
gloire parmi les nations du monde ; mais il
n'en a pas été ainsi. Elle a mis tous les raffi-
nemens de sa politique à faire tenir un congrès, dont elle a assemblé tous les fils, ourdi
la trame, et donné les couleurs. Sous le
prétexte d'un certain respect pour sa constitution, elle n'a pas osé comparaître en nom
dans les délibérations, ni au protocole ; mais
si son ambassadeur officiel se tenait à l'é-
cart, il y en avait un autre bien plus influent
derrière le rideau. Le général des généraux,
auquel des flatteurs, même français, ont fait
une auréole de gloire, et l'ont gratifié du
beau idéal des héros, était à Vérone, en simple particulier. Il y jouissait d'une si haute

faveur, que très-souvent Sa Grâce recevait des visites de S. M. l'empereur Alexandre. Ce n'est plus un mystère aujourd'hui, que le gouvernement anglais ait été un des plus chauds partisans de la doctrine du *statu quo*. Il suffit d'ailleurs d'avoir suivi les démarches de l'ambassadeur anglais à la cour du grand-seigneur, et d'avoir lu tous les refus de secours ou de médiation de son gouvernement envers les Grecs, pour ne pas se tromper sur sa politique, ou plutôt sur ses odieux calculs. Dans toutes les menées politiques, au surplus, l'ambassadeur anglais a été plus habile que M. de Metternich ; car il a trouvé moyen de ne pas déplaire au divan, et de faire espérer les Grecs.

Le sort de la Grèce, dont l'Angleterre possède si gratuitement une partie notable, et qui, à ce titre seul, aurait dû se prononcer pour elle, a excité, dans tous les pays où il y a sociabilité, une forte récrimination contre la conduite de son gouvernement ; des Anglais même en sont honteux ou indignés ; mais son barreau politique répond aux accusateurs, et dit : Le gouvernement anglais a le plus haut intérêt de ménager les Turcs, dont la population immense se projette jusqu'au.

centre des établissemens anglais dans l'Inde et dans l'Afrique, et qui, excités par le chef de leur croyance, pourraient faire bouleverser tous les comptoirs de la compagnie des Indes, etc. Mais si, pour un Turc, ou pour un Anglais orateur ministériel, on peut exciper d'une raison de fait, comment peut-on supposer que la levée de boucliers des Grecs aurait indisposé le sultan au point de s'en prendre aux Anglais seuls, qui, certes, étaient déjà bien connus du divan? Cette considération étant donnée, la politique des Anglais reste à nu; et on ne peut voir, dans toutes leurs notes et démarches, que l'intention préméditée de servir la cause et les intérêts du grand-seigneur, et peut-être aussi de conserver sans embarras les îles Ioniennes, qui déjà, par droit de conquête, appartenaient à la France, et dont l'empereur Alexandre a si nonchalamment fait présent aux Anglais.

La couvée de toutes les mesures chauffées à Vérone a pris un caractère plus positif et plus accusateur, quand les Grecs, toujours supplians, ont invoqué la protection et l'appui de la Grande-Bretagne contre la barbarie des Turcs et des Egyptiens, et quand, sur la supplique de ce peuple héros et chrétien, le gouvernement anglais a déclaré, en plein parlement, qu'il voulait observer la NEU-TRALITÉ ; mot terrible, mot à peine croyable, et qui pourtant est sorti de la bouche de M. Canning ; car il signifie : « Nous sommes fâchés que le Turc extermine votre nation ; mais, quoique ioniens, cela ne nous regarde pas ! »

Approfondissons maintenant l'existence et la cause des résolutions du congrès de Vérone, car il peut en résulter de très-grands évènemens, et peut-être même une révolution qui fera mettre un jour l'Europe en état de barbarie. Puisque le mot est prononcé, il convient de s'en expliquer.

Tous les hommes de bien et de sens que le flambeau de l'histoire a éclairés, seront frappés infailliblement des résistances et des barrières que les rois, ou plutôt leurs gouvernemens, affectent d'élever entre eux et leurs nations respectives. S'ils considèrent, en outre, qu'il n'est pas possible d'arrêter les progrès des lumières mises en diffusion sur la terre, ils seront alarmés sur l'avenir qui pèse sur l'Europe. C'est à eux principalement que s'adressent les réflexions suivantes. On pourra les regarder comme des rêves ; ils sont du moins ceux d'un homme de bien, qui

a profité des leçons de l'histoire, et qui craint
des calamités pour sa patrie et pour l'humanité.

La cour de Constantinople n'est point à
comparer à celle des grands Etats de l'Europe, où la civilisation et l'opinion publique
imposent encore des retenues aux passions
mêmes des rois; où, d'ailleurs, on reconnaît
l'existence et le besoin d'un droit des gens;
où, enfin, le prince qui peut mettre un million d'hommes sous les armes, se soumet à
donner des explications sur la guerre qu'il
veut faire. A Constantinople, au contraire,
une passion personnelle, un caprice ou un
incident d'orgueil peuvent tout à coup faire
changer des manifestations de paix en dispositions hostiles. La raison, l'équité, la reconnaissance, les traités ne sont plus dès-
lors admis dans les déterminations du divan.
Dès qu'il y a mécontentement, le maître et
ses esclaves ne se rappellent plus que la gloire
militaire de leurs ancêtres, et les victoires
qu'ils remportèrent sur des millions de Francs
croisés : celles qui, en 1683, firent flotter l'é-
tendard de Mahomet sous les murs de Vienne.
Tous ces ressouvenirs composent aussitôt un
rempart d'orgueil que des défaites mêmes ne-

sauraient modérer ou faire changer. Avec un tel esprit public, conforme d'ailleurs à toute l'histoire ottomane, il est très-prôbable qu'un léger courroux contre un prince franc puisse irriter le sultan au point de le faire mettre en état de guerre. Tous les services rendus dans les combats contre les Grecs, disparaî- traient plus vîte encore que la rosée aux rayons du soleil. Si à son tour le prince franc trouvait moyen de lier sa cause à celle de la religion, et de faire armer toutes les autres nations chrétiennes, le sultan, de son côté, ferait un appel général à toutes les nations mahométanes, toujours prêtes et promptes à s'armer quand il s'agit de combattre, selon l'expression du grand - seigneur (1827), la secte des chrétiens. On a vu, sous Alphonse X, Mirabolin - Mahomet faire une croisade de cinq cent mille hommes contre trois rois chrétiens d'Espagne ; sous Alphonse XI, les faquirs propagandistes de l'Alcoran prêchè- rent en Afrique une croisade qu'ils nom- maient *la Ghacie,* et parvinrent à y compo- ser une armée de quatre cent mille hommes et de deux cent soixante vaisseaux, qui abor- dèrent les côtes de l'Espagne.

Combien, dans les circonstances, une conflagration de ce genre pourrait être fatale à l'Europe ! Les Arabes, les Persans, les Egyptiens, les Asiatiques, les Tartares, les Africains et les *descendans des Maures* seraient avides de pillage et de vengeances. Depuis un demi-siècle, l'Europe leur a appris à faire la guerre ; et dans ces derniers temps, nous leur avons envoyé des instructeurs pour les combats de terre et de mer. Tous ces peuples, une fois réunis en grande armée, pourraient facilement être portés à faire une invasion dans l'Europe occidentale, qui est réputée si riche par les dépouilles du monde entier, et qui est d'ailleurs toute chrétienne ; crime irrémissible pour des barbares élevés dans le culte de Mahomet.

L'esprit des grandes armées n'est point changé ; le butin y occupe toujours le combattant. Eh! dans la dernière guerre, quand les rois de l'Europe, coalisés contre Napoléon, ont fait un appel général à toutes les nations et peuplades, n'ont-ils pas laissé entendre aux Cosaques du Don, aux Tartares du Caucase, aux pandours, aux Moscovites, qu'ils jouiraient d'un immense butin par le cours de leurs victoires? car ce sera toujours le plus actif mobile des grandes armées, et sur-

tout de celles de l'étranger que la civilisation
n'a pas formé. Cette pensée n'a-t-elle pas été
celle du grand-visir, quand, s'expliquant avec
humeur contre un solliciteur d'*ultimatum*, il
a dit hautement que son seigneur et maître
pourrait également mettre sur pied une aussi
grande armée que celle dont on le menaçait.
Si une fois, en effet, le sultan réunissait une
grande armée, il ne faudrait qu'une étincelle
pour allumer un vaste incendie. Il suffirait
qu'un ambitieux, un Gengis - Kan, déjà renommé par ses faits d'armes, flattât les bandes
d'un pillage riche et immense, pour que les
États chrétiens coalisés se trouvassent immédiatement en proie à l'armée envahissante.
Serait-on bien sûr alors qu'il ne sortirait pas
des colonnes chrétiennes des renégats ambitieux, vils et avides, et surtout de celles
dont les peuples, dans la dernière coalition,
ont été abusés par de vaines promesses cons-
titutionnelles? Ce fut un simple soldat per-
san qui, sous le nom d'*Artaxerce*, fit trembler long-temps les Romains, qui, en valeur,
en esprit public et en politique, valaient
bien les Russes, les Autrichiens et les Anglais.

Cette appréhension d'une invasion, pour-

ront dire les optimistes de la politique, est
une chimère forgée par une imagination mo-
rose. J'en accepte tout de suite le reproche, s'il
m'est fait par un homme de sens que l'histoire a éclairé ; mais, à toutes fins, je désire
que la génération qui me suit reste dépositaire de ma chimérique appréhension, ainsi
que des motifs qui me la suggèrent.

Si au sénat de Carthage, si au Forum des
Romains un Magon, un Caton, frappés du
désordre des mœurs, d'un égoïsme général,
du mépris pour l'agriculture, qui seule fait les
hommes forts et vertueux, de la violation des
lois et de l'impiété commune, avaient osé
prédire qu'un jour des barbares stipendiés
viendraient mettre Carthage au niveau des
sillons du labour, et faire de la grande et superbe Rome un oratoire, les rhéteurs et les
cliens des deux gouvernemens se seraient
élevés contre ces nouveaux Calchas ; et chacun, soit à Carthage, soit à Rome, les eût livrés au moins au ridicule, ou les eût taxés de
folie. Pour tout raisonnement sur cette supposition, je me borne à demander si les appréhensions de ces Magon et Caton se sont
réalisées. Je ne sais quel poids plus spécifique
on peut mettre dans la balance de l'histoire,

que des faits qui ont déjà servi à signaler la ruine des empires. Oserait-on dire qu'il n'y a plus de Vandales, de Goths, de Visigoths, de Huns, d'Alains, ni d'Attila, ni d'Alaric, de Tamerlan, de..., de..., pour les commander? Oserait-on dire que le rêve d'une monarchie universelle ne se reproduira plus, quand un seul souverain tient douze cent mille hommes sous les armes? Y a-t-il même un seul siècle, depuis Alexandre, qui n'ait offert ou fait craindre de tels prétendans?

On est toujours fort, ce me semble, ou du moins irréprochable, quand au raisonnement des négatives ou des impossibilités, on peut opposer le vieil argument des écoles : *Ab actu..... valet consecutio.* N'a-t-on pas vu déjà tout l'empire d'Occident foulé, traversé dans tous les sens, et ravagé par les barbares du Nord? Les Attila, les Alaric sont-ils des êtres fabuleux?

La France, pendant des siècles, avait été vierge des pas de soldats étrangers; n'avons-nous pas vu cette même France, plus glorieuse par ses victoires qu'au temps de Charlemagne, et dont le chef militant avait composé à Erfurt un parterre de rois, tressaillir d'indignation, lorsque les hordes du Thibet, les Cosaques du Don, les pandours de l'Autriche et toute la soldatesque mercenaire étrangère ont pénétré dans l'enceinte de Paris? N'avons-nous pas vu l'empereur de Russie, entouré de ses satellites, faire chanter la messe ou les vêpres sur la place Louis XV, en face du château des Tuileries et de l'arc de triomphe élevé à la gloire de l'armée française (1)?

En politique, tout ce qui dépend de la volonté d'un homme, roi ou premier ministre, peut donc mettre une nation forte et magnanime en danger de révolution ou de subversion générale. Nous en avons la preuve dans le dernier dominateur, qui n'avait retenu de Louis XIV que le mot trop fameux : *L'Etat, c'est moi.*

Peu de temps avant sa chute, un de nos sages les plus célèbres par sa haute philosophie, éclairé par les observations qu'il avait faites chez des peuples de l'un et de l'autre hémisphère, lui avait représenté, avec toute

―――――――――――――――――――――――――

(1) Dans le dixième siècle, soixante mille Allemands venus au secours de Lothaire s'avisèrent de vouloir chanter un *alleluia* sur Montmartre; mais ils s'en retournèrent aussitôt, et plus vîte qu'ils n'étaient venus.

la discrétion d'un sage exercé à juger des hommes d'un grand pouvoir, qu'il devrait restreindre le vol de ses aigles, faire des sacrifices dans ses conquêtes, et assortir ses plans aux vœux des nations ; mais quelle fut sa réponse au sage Volney, dont on vient de mettre les ouvrages à l'index : « L'ennemi se-« rait à Montmartre, que je ne céderais pas « une commune de *mon* empire. » Le mot était fier, mais insensé ; car c'était se mettre seul dans la balance pour faire contre-poids à la nation entière. Ses nouveaux chambellans seuls l'en ont loué ; ils ont même, dit-on, trouvé le mot romain.

Quand on s'arrête aux causes et aux motifs du congrès de Vérone, on se demande s'il y avait réellement dans cette réunion des hommes éclairés, pieux et sincères amis de leurs patries respectives. L'Europe était en paix, et dans un calme que les marins nomment *plat;* la France, le but et l'objet de leurs passions diverses, n'avait plus d'armées ; Napoléon, du haut de son rocher, était en exemple aux quatre parties du monde ; le premier Bourbon qui était apparu avait, presque d'un seul mot, consolé les Français ; et chacun fondait son avenir sur la restauration de la dynastie légitime ; toute la France, enfin, se reportait avec satisfaction au règne glorieux du grand et bon Henri, sous les auspices duquel le lieutenant-général du royaume venait de faire son entrée solennelle dans la capitale. Par quelle fatalité les ministres influens des divers cabinets ont-ils favorisé une guerre d'extermination contre la Grèce? Comment ont-ils osé se mettre en insurrection contre l'opinion européenne, et cela pour plaire au Grand-Turc?

Parmi les puissances les plus intéressées à profiter des leçons de l'histoire, c'était bien l'Angleterre, dont l'édifice est tout artificiel, et, comme tel, peut très-promptement s'écrouler. Dans cette circonstance, le gouvernement anglais n'a point cherché à reconquérir l'opinion publique, à faire oublier les Pitt, ni à faire triompher, comme le disent ses orateurs, la cause des peuples qui veulent jouir d'une juste indépendance. Se serait-il imaginé qu'en proclamant une généreuse philosophie, il pourrait agir impunément d'une manière toute contraire? Il a fièrement déclaré qu'il ne faisait point partie des puissances contractantes à Vérone; mais on n'a pas été dupe long-temps de ses déclarations.

M. de Wellington s'y est montré digne de
M. Castelreagh ; et il est pénible de faire observer que M. Canning s'est immédiatement
accommodé de la doctrine du congrès ; car
on a vu constamment le gouvernement anglais, malgré son occupation soi-disant pa-
ternelle des îles Ioniennes, se montrer, au
contraire, le partisan prononcé du congrès.
C'est lui, en effet, qui a dirigé toutes les menées diplomatiques ; qui, pour la cause de la
sublime Porte, a tenu en respect tous les ministres des Etats chrétiens, et, pour la même
cause, travaillé le sénat et le cabinet russes.

S'il y avait eu dans ce congrès des conseillers dignes de ce beau titre, ils eussent immédiatement dit aux souverains : « La cause
des Grecs est celle de l'Europe, et celle
même du monde entier ; elle est encore celle
de la religion ; nous devons donc les soutenir, par devoir, par honneur, et par reconnaissance pour leurs nobles aïeux ; nous le
devons même pour nos propres intérêts.

« La religion mahométane et la religion
chrétienne sont deux ennemies irréconcilia-
bles : l'une a pour chef le sultan des sultans ;
l'autre, quoique sous un chef unique spirituel, a des hérétiques et des dissidens ; et les

rois qui sont à la tête des uns et des autres, n'offrent point une garantie assez compacte pour résister à une invasion générale de mécréans, qui sont unanimes dans leur but et leur cause. Soutenons donc la Grèce entière, qui, dans les chances d'évènemens très-possibles, pourrait un jour servir de rempart contre des barbares ; qui, dans tous les cas, serait du moins une armée de réserve imposante, ou contre le Turc, ou contre les Asiatiques.

« Notre assistance actuelle pour leur assurer une liberté constitutionnelle, et de laquelle nous serions les régulateurs, les attacherait aux Etats de l'Occident, à la religion de nos pères et à notre civilisation, de laquelle ils ont tant besoin pour effacer les scories, les stigmates et la barbarie de quatre siècles d'esclavage. Dans le doute, enfin, nous devons nous prononcer plutôt pour les fils des Aristide, des Socrate, des Périclès, que pour un sultan qui, dans le dix-neuvième siècle encore, repaît sa vue de têtes et d'oreilles coupées aux chrétiens ; et qui, enfin, par sa position géographique, menace sans cesse l'Europe de la servitude, etc. »

Ce raisonnement aurait dû être celui de

l'Angleterre; il aurait dû être du moins celui de M. Canning depuis son installation, depuis le siége de Missolonghi, et surtout depuis celui d'Athènes, dont le nom seul et les souvenirs auraient dû effrayer les égoïstes mêmes. Il convenait également au directeur aulique de l'Autriche, qui, en définitive, a le plus à craindre du maître de Belgrade et de Constantinople. Penserait-il, parce qu'il a bien servi et flatté le Grand-Turc, que, dans un plan d'invasion en Europe, ce dernier prendrait un autre chemin que celui de Vienne?

La Russie n'était pas moins intéressée à seconder les Grecs. Le sénat et son chef, ne pouvant ignorer les suggestions d'insurrection qui ont eu lieu contre la Porte, doivent savoir du moins que les lumières du dix-huitième siècle ont germé et grandi dans la Crimée, dans la Sibérie, et jusque sur les monts du Caucase, ainsi que dans toutes les plages et steppes qui bordent les mers du Nord.

Le sénat de Russie se fût montré plus sage et plus digne de Pierre-le-Grand, s'il eût prévenu l'extermination des Grecs. En prenant leur défense, il se créait ainsi des millions de sujets dévoués et fidèles; il devenait l'arbitre de la civilisation. Dans cette attitude,

son czar eût fait trembler le Turc; mais le
mauvais génie lui a suggéré l'idée de faire des
colonies militaires, afin de se faire, au besoin, une armée de douze cent mille combattans, ou strélitz, le plus perfide et le plus terrible élément dont puisse s'entourer un trône :
tandis qu'en créant des colonies agricoles, et
leur accordant une liberté graduée, il décu-
plait la force et les revenus de l'empire. Le
grand art d'une politique intérieure, c'est de
céder, c'est de donner généreusement ce que,
dans un avenir aperçu, on peut être forcé
d'abandonner à travers des flots de sang.

Le dernier empereur, Alexandre, lorsque
son âme était libre et son jugement éclairé
par une douce et vraie philosophie, avait
spontanément déclaré qu'il voulait favoriser
les affranchissemens, c'est-à-dire permettre
que des serfs, vendables comme des nègres,
devinssent des citoyens, à des conditions de
devoir et de tributs envers les maîtres origi-
naires et le souverain : mais aujourd'hui le
nouvel empereur maintient le système de servitude ; et par cette marche rétrograde, il se
met évidemment en dehors de la civilisation
européenne. Comment ne voit-il pas qu'il
sème des germes de révolution, et que son

empire est plus mûr qu'il ne pense pour une autre sociabilité? Il peut craindre même, malgré ses douze cent mille baïonnettes, d'être un jour hors d'état de venir au secours de ses alliés coalisés à Vérone.

Mais quelles sont donc les barrières qui pourraient arrêter l'invasion de ces barbares qui ravagent aujourd'hui la Grèce? Il n'y aurait d'autre obstacle que la seule volonté du sultan. Croit-on que si son armée, devenue victorieuse, lui imposait les janissaires, et qu'elle mît sa vie au prix de son adhésion pour une invasion chez les chrétiens, que le grand-seigneur, homme avant tout, balancerait un seul instant à sacrifier les nobles et saints alliés de Vérone? Ses visirs, d'autre part, et tous ses hauts conseillers, placés dans la même situation, ne manqueraient pas de faire voir que, par une invasion, il y aurait d'immenses trésors à conquérir, et en même temps une grande gloire à faire arborer l'étendard de Mahomet jusqu'aux colonnes d'Hercule et dans toute la péninsule, vers laquelle se retournent vivement encore les Maures et les Sarrasins, qui ne tarderaient pas à faire cause commune avec ceux de l'Asie et de la Turquie.

Nous les exterminerons! pourront dire quelques braves. Mais n'est-ce donc pas un grand malheur que d'avoir à exterminer? Peut-on supposer une extermination d'une part, sans la subir de l'autre?

Ce ne serait qu'une armée de hordes barbares, diront les courtisans et les historiographes d'office. Mais ces barbares vous ont éventés; ils ont vu votre Montmartre, qui était votre Capitole. Comme les Romains, vous leur avez appris l'art de la guerre; vous leur avez révélé ces tactiques qui, pour votre conservation propre, vous avaient coûté tant de siècles à perfectionner. Tardant trop à en faire usage, vous leur avez envoyé des légions d'instructeurs, qui ont eu missions diplomatiques d'aller leur apprendre tous les secrets de l'art pour combattre sur terre et sur mer. Déjà, par cet excès de zèle si inconsidéré, vous avez fait perdre aux Grecs la supériorité incontestable qu'ils avaient sur la marine ottomane : voici le premier chef-d'œuvre de votre profonde politique!

Est-il donc nécessaire d'ouvrir l'histoire pour dire que les Scythes, les Huns, les Goths, les Vandales et même les Francs, que les Romains avaient aussi formés à l'art des combats, sont précisément les mêmes peuples qui ont pillé Rome, ravagé l'Italie, et qui ont anéanti le double empire d'Orient et d'Occident?

Si déjà la guerre contre les Grecs vous a montré une foule de renégats catholiques, croyez-vous qu'il n'y en aurait pas un plus grand nombre pour guider les barbares? N'a-t-on pas vu un petit-fils de Charlemagne guider les Normands dans l'Aquitaine, et s'associer avec eux? En Espagne, le roi de Grenade ne s'est-il pas jeté avec son armée dans le parti des Arabes musulmans qui venaient envahir la péninsule? Pourrait-on citer une seule grande guerre qui n'ait pas eu ses traîtres? La série en serait trop affligeante, même pour nous.

Les musulmans sont d'autant plus braves et dangereux, qu'ils sont fanatiques; ils se font gloire d'ignorer les sciences et les arts, que les chrétiens cultivent. De tels hommes, en guerre, tuent hors des combats comme sur les champs de bataille : en cela donc ils auraient un grand avantage sur les Francs, qui, civilisés, chrétiens et généreux, respectent les hommes désarmés, les vieillards et les femmes. N'avons-nous pas vu sortir des rangs de la noblesse chrétienne des militaires pour servir dans les armées d'Ibrahim-Pacha? Combien de gens encore qui, en présence des Turcs et des Arabes, diraient ce que le bon La Fontaine fait dire à un de ses personnages :

Me feront-ils porter deux bâts?

Mais si une invasion n'est pas mûre encore ; s'il faut attendre, comme à Carthage, comme à Rome, qu'il n'y ait plus d'esprit public, c'est-à-dire ni citoyens ni patrie, il faut convenir que nous travaillons bien en conséquence. Nous souffrons ou réimpatronisons une société religieuse jugée, condamnée, et chassée par tous les rois de l'Europe, et dissoute par le père commun de la chrétienté ; une société que les deux empires prépondérans de la Sainte-Alliance viennent eux-mêmes de chasser, comme dangereuse pour le trône et pour la société. Nous laissons peu à peu reprendre un aveugle fanatisme; c'est ce même fanatisme qui déjà fait effacer l'Espagne du rang des monarchies, et qui va bouleverser le Portugal. Les missionnaires usurpent les fonctions augustes et sacrées des évêques et des curés ; on crée à l'envi des couvens, sans considérer et prévoir quelle sera leur destinée. La révolution de 1791 devait seule commander un nouvel ordre légal, et on va toujours sans savoir où il faut s'arrêter. Mais laissons les conjectures ou les appréhensions sur une invasion ou sur toute autre révolution, et bornons-nous à dire, l'histoire sous les yeux:

Carthage avait commandé aux nations civilisées de son ère, et c'est au géographe seul qu'il faut demander où elle existait.

Rome, dont le peuple était roi; Rome, qui était la capitale et la maîtresse du monde, *caput orbis terrarum*, Rome a été anéantie par ces mêmes barbares qu'elle avait formés à l'art de la guerre.

La France, puisqu'il faut la nommer, a fait des rois et des royaumes; ses armées ont touché les Pyramides, le Kremlin et les colonnes d'Hercule; elle a soumis à sa puissance tous les rois du continent de l'Europe, et son royaume a été mis à la suite des autres; sa capitale a été envahie par des hordes étrangères..... Si ce n'est pas là une des plus fortes leçons de l'histoire, il faut s'abandonner au cours fortuit des évènemens politiques, ainsi qu'on s'abandonne dans un navire sans gouvernail et sans pilote.

CHAPITRE XIII.

Considérations politiques sur l'Angleterre et la France. —Dangers et abus de laisser former de trop grandes capitales, relativement à l'agriculture et à la population. —Nécessité pour l'Angleterre et la France, de se mettre en alliance fédérative ; motifs qui doivent les déterminer.

Il me reste une troisième considération à faire valoir pour prouver que l'histoire, autrement écrite ou entreprise, pourrait avoir une grande influence pour assurer la paix et la tranquillité de l'Europe ; pour la garantir, à toutes fins, de la barbarie dont elle est menacée, et pour y faire prospérer l'agriculture, qui est et sera toujours la base de toute sociabilité. Ces réflexions me sont suggérées par la double position politique de la France et de l'Angleterre ; un pur dévouement philosophique et patriotique me les dicte ; je les soumets avec confiance à tous ceux qui ont ou peuvent avoir quelque influence sur les gouvernemens des deux Etats ; pour le malheur du monde, M. Canning n'existe plus.

On ne peut se dissimuler aujourd'hui que l'Angleterre ne tienne un premier rang parmi les puissances de la terre. Elle ne le doit ni à ses vertus, ni à sa valeur, ni même à sa Constitution, mais elle le doit à sa position insulaire, qui l'a nécessairement poussée à se composer une marine forte et considérable, afin de soutenir son commerce ; elle le doit à sa révolution, qui lui a imprimé un assez fort esprit public ; elle le doit encore à l'acte de navigation dicté par Cromwell. Voilà, si je ne me trompe, les élémens essentiels et incontestables de sa fortune et de sa puissance. Il n'y a point, dans l'histoire de sa politique, de vérité plus positive ; mais il en est une autre sur laquelle on s'arrête peu, c'est qu'un peuple qui abandonne l'agriculture, ou qui la restreint outre mesure, en change ou pervertit sa morale et ses principes sociaux ; et qu'en se livrant exclusivement au commerce, il devient nécessairement inquiet, avide, artificieux ou perfide, et presque toujours orgueilleux. C'est l'ensemble de tous ces vices qui a fait si souvent comparer les Anglais aux Carthaginois, quand il serait bien plus juste de les comparer aux Romains, les plus perfides et les plus orgueilleux de tous les peuples connus.

On ne cesse, en effet, de reprocher aux Anglais des infractions au droit des gens, à leurs traités ou conventions : c'est un chapitre dont l'énumération serait trop longue ; mais ne considérons ici leur gouvernement que dans sa consistance politique actuelle. En reconnaissant une grande suprématie à l'Angleterre, et lui accordant même toutes les réalités de sa puissance, elle ne doit point la regarder comme impérissable ; car dans la langue de l'histoire et de la philosophie, comme dans les révolutions de la nature, comme dans les tours de roue de la fortune, c'est toujours le point le plus élevé qui se précipite le premier.

Dans sa position actuelle, l'Angleterre, si elle est bien dirigée et conseillée, doit sagement s'occuper de diminuer la longueur de son levier, restreindre les points ou les champs de ses dominations lointaines, et s'y borner à de simples comptoirs amis ou accessibles à ses flottes ; elle doit signaler une constante et inviolable bonne foi dans ses marchés et ses transactions : c'est à ce principe de morale que ses anciennes colonies, dans l'Amérique du Nord, doivent leur prospérité et l'accueil favorable des autres nations du globe.

L'Angleterre, malgré sa marine formidable, a été souvent néanmoins exposée à des alarmes ou à de violentes secousses, toutes les fois qu'elle a voulu jouer le rôle d'une puissance continentale. Qu'elle ne commette donc pas la faute ou l'imprévoyance des Romains et des Carthaginois; car le Ciel n'est pas plus disposé à faire un miracle en sa faveur. Qu'elle revienne aux erremens qu'elle suivait sous Henri VII, c'est-à-dire qu'elle fasse marcher de front son agriculture et son commerce, l'amortissement et l'acquittement de sa dette, et qu'elle règle les forces de son armée sur sa population propre; qu'elle entreprenne, enfin, de réduire son orgueilleuse et tenace aristocratie, qui, semblable au sénat romain sous les Scipion, veut exercer un empire absolu sur le peuple, et qui se regarde, malgré le roulement des siècles et les progrès de la civilisation européenne, dans un tel état d'incommutabilité, que la moindre proposition de changement lui paraît une atteinte à ses droits ou une révolution. L'aristocratie, sans doute, est un élément nécessaire dans l'organisation du gouvernement britannique, comme dans tout gouvernement représentatif; mais pourtant

elle n'est pas tellement immuable et consacrée, qu'elle ne doive subir aussi des modifications ou des changemens. La nature, sur
ce point, n'est pas même en exception. L'a-
ristocratie peut être noble, riche, et posséder de grands biens-fonds ; mais elle ne doit
pas être féodale, au dix-neuvième siècle,
comme elle l'était au seizième ; elle ne doit
pas être perpétuelle pour le maintien de ses
races, de ses priviléges et de ses catégories.
Ces réflexions ne sont point un hors-d'œuvre
dans ces *Considérations;* ce qui vient de se
passer en 1826 et 1827, dans le gouvernement
anglais, n'en justifie que trop la sagesse.

S'il est dans la nature des gouvernemens
maritimes de fonder leur puissance sur les
forces nautiques, il est aussi dans celle des
gouvernemens du continent d'attacher leur
puissance aux armées de terre. C'est parce
que, jusqu'à présent, on a isolé ces deux forces, que nulle grande nation, dans l'antiquité,
n'a pu survivre à ses guerres et à ses révolutions. L'Egypte la première a fait briller le
flambeau des sciences et des arts ; l'Egypte a
la gloire imposante d'avoir offert les plus
grands rois et les premiers peuples hautement civilisés ; mais elle a eu le malheur de

mépriser le commerce et les gens de mer, et de ne se confier qu'à la beauté de son ciel, à la fertilité de son sol et à son immense population : les Omar et les Ibrahim en sont encore les tristes conséquences. Athènes et Carthage étaient parvenues rapidement à une haute prospérité ; Rome, par ses armées de terre, avait subjugué le monde ; mais ni Rome ni Athènes n'avaient point combiné la double puissance résultante des forces nautiques et de celles d'une population formée sur un riche territoire. Elles ne se sont pas même doutées, ni l'une ni l'autre, que l'agriculture était la base ou la cause la plus active de toute force nationale. Si Rome et Carthage se fussent entendues pour vivre en paix, pour honorer et exercer l'agriculture, elles existeraient peut-être encore, ou du moins, elles auraient laissé au monde un grand exemple de sagesse et de politique ; mais alors il sortait sans cesse des antres ou des sanctuaires de Rome une voix lugubre et terrible qui demandait à Jupiter ou aux destins du Latium la destruction de Carthage. Au Forum, au Capitole, au sénat et dans les camps, on répétait sans cesse le mot du vieux Caton : *Delenda est Carthago!* il faut détruire Carthage!

Parler ainsi, c'était pour le peuple, pour le soldat et pour l'orateur, parler gloire, butin et patrie. Mais il n'y a pas un seul Anglais aujourd'hui, digne de lire et de comprendre l'histoire, qui ne convienne et déclare que la ruine de Carthage a été la cause première de celle de Rome. De même à Londres le vieux Pitt, homme plus entêté que réfléchi, plus habile à prendre le vent du pouvoir qu'à sentir la sagesse d'une vraie politique, n'a cessé de crier aux Anglais : *Il faut détruire la France!* Renchérissant sur le mot furibond de Caton, dont il n'avait ni les vertus ni le désintéressement, il s'attachait moins encore à la destruction de la capitale, qu'à celle des ports de mer de la France. Dans tous ses discours, il la faisait regarder comme une rivale acharnée qui avait- juré d'anéantir l'Angleterre. Par suite de ce fougueux délire, que les haltes de paix n'atténuaient même pas, le peuple anglais s'était tellement familiarisé avec cette idée de haine ou de hargne contre les Français, que les hommes du gouvernement, les premiers flatteurs du peuple, en ont fait successivement une sorte de catéchisme politique pour l'enfance, pour l'âge adulte, et pour tout Anglais participant à l'action du gouver-

nement. Ainsi, en supposant une même irasci-
bilité politique dans Albion, ce ne serait pas
jouer le rôle d'un Calchas de prédire, surtout
à présent (1828), que la ruine de Paris serait
infailliblement celle de Londres.

Essayons d'offrir quelques réflexions qui
justifient cette prédiction.

Il y a long-temps que les hommes sages,
habitués à réfléchir sur l'économie politique,
ont fait observer que l'Angleterre s'était fait
un levier immensément disproportionné avec
ses forces propres ou naturelles. Carthage,
Venise (1) et Gênes n'existent plus par cette
cause-là même ; tandis que les Etats-Unis de
l'Amérique septentrionale ont eu la sagesse,
dès le principe de leur émancipation, de proportionner constamment leur force politique
à celle de leur agriculture et de leur population, causes premières de toute prospérité :
la Hollande n'est point une exception à ces
considérations.

Le vice radical de la puissance anglaise est

---

(1) Venise, l'une des merveilles du monde, et dont la
puissance a commandé aux rois *et au grand-seigneur*,
s'enfonce et se perd chaque jour dans ses lagunes : elle
devra cet anéantissement à la politique de M. Metternich.

dans l'insuffisance de son agriculture et de sa population; l'une et l'autre y sont infiniment moindres qu'au temps d'Henri VII et de la reine Anne. Le nombre de ses habitans dans les trois royaumes est à peine aujourd'hui de dix millions : on sait trop que les élémens n'en sont ni homogènes, ni concordans, ni compacts. L'Irlande supporte très-impatiemment le joug anglais; l'Ecosse ne participe que malgré elle à la gloire et au maintien de l'empire britannique : toutes deux se plaignent amèrement et périodiquement d'être mises constamment en état de presse pour composer et regarnir les rangs de l'armée anglaise; car il n'y a peut-être pas, dans l'armée du roi, cinq soldats anglais sur cent.

L'Anglais proprement dit déteste le service militaire de terre; moins que jamais il est disposé à prendre, comme il le dit, un état qui rapporte sept sous par jour, qui exige une sujétion et un travail continus, et qui expose en outre, sans la perspective d'un avenir heureux, à être mutilé ou à perdre la vie à la fleur de l'âge.

L'Anglais est né spéculatif; il aime et il a besoin de voyager : il ne voit autour de lui que des hommes qui font fortune par le commerce, qui acquièrent des titres ou de la considération ; et ces exemples l'éloignent invinciblement du métier de soldat.

La marine est le siége de l'orgueil britannique ; mais son gouvernement compte trop sur un pareil appui : tous ses vaisseaux, en tel nombre qu'ils soient, ressemblent à une grande ville sans murailles, sans remparts, et située au milieu d'une vaste plaine. Déjà, dans le monde qui raisonne, on commence à sentir et à reconnaître que la plus solide consistance d'un Etat dépend des forces combinées de terre et de mer. On peut se ressouvenir de l'impression que produisit en Europe, au siècle dernier, ce vers d'un de nos poëtes tragiques :

Le trident de Neptune est le sceptre du monde.
(LEMIÈRE.)

Cette pensée fut accueillie avec enthousiasme par les philosophes, par les hommes de lettres, par les hommes d'Etat et par les économistes : l'Angleterre en sentit elle-même la justesse et la profondeur ; elle s'en fit l'application, et en renforça son orgueil.

En France, on en parla d'abord beaucoup ;

mais les économistes *à produit net* intervin-
rent, et ils ennuyèrent à la fois les philosophes et les hommes d'Etat, parce qu'étrangers tout à fait aux pratiques de l'agriculture
et aux voies usuelles du commerce, ils con-
fondirent, comme ils confondent encore, les
élémens productifs et les élémens produits ;
et parce que, franchissant toujours l'espace
immense des perfectionnemens avec les perfections, ils ne surent point se tenir dans le
cercle spécial des réalités, ni dans le style
simple qu'inspire toujours la raison éclairée
par des faits. Un seul, M. de Forbonnais, a
bien compris et développé notre économie
politique ; nous le ferons connaître à l'époque relative (1765).

Les économistes de nos jours, à peine dé-
livrés des doctrines rationnelles des Quesnai
et des Beaudeau, se sont jetés aveuglément
dans les calculs insaisissables ou inapplicables des économistes anglais, auxquels nos
philosophes et nos doctrinaires ont fait, par
suite, une brillante réputation pour leurs principes d'économie politique. Il est possible
que Smith et Hume aient fait de justes applications, relativement à l'Angleterre, pour
son commerce et ses relations ; mais leur

système est contraire à la marche des intérêts agricoles et commerciaux de la France,
qui du moins, lorsque ces deux économistes
écrivaient, n'était encore qu'un Etat essentiellement agricole, et pour lequel le commerce n'était même qu'un faible accessoire (1).

On sait bien rarement en France se tenir
dans de justes bornes, surtout quand il s'agit
d'ouvrir une carrière nouvelle. Il a semblé,
à la révolution de 1789, qu'on pouvait devenir instantanément commerçant, homme
d'Etat, économiste, comme on y devenait
soldat-citoyen ; on a reproduit avec une sorte
d'exaltation patriotique le système des économistes anglais, qu'on a regardés comme
des oracles (2). Mais de qui provenait, parmi
nous, cette impulsion? d'écrivains qui n'é-
taient que des philosophes, ou de stériles
théoriciens, et qui, n'ayant jamais dirigé ni

____

(1) Il n'y avait alors à Paris ni fabriques ni manufactures : le commerce s'y réduisait à vendre, pour le
luxe, les produits de l'Inde et de l'étranger, et, pour l'é-
picerie, aux boutiques des coins de rues.

(2) De simples *traductions* de livres d'économistes anglais ont fait des réputations littéraires, et porté aux dignités d'Etat les Demeunier, les Garnier, etc.

manufactures ni spéculations commerciales, oscillaient sans cesse autour des vrais principes, et dont toutes les conclusions aboutissaient à citer la doctrine et les principes des Smith et des Hume, qui sont inapplicables à la France.

Aujourd'hui nos économistes, semblables à nos romantiques, dédaignent de suivre les traces effectives et populaires des hommes de notre agriculture et de notre commerce ; ils veulent s'élever à un horizon tout philosophique ou mental, dans lequel ils imaginent des règles et des perfections tellement abstraites, qu'on ne voit pas plus de réalités dans leurs discours que dans les nuages, qui représentent tout ce que veut l'imagination, des scènes ou des figures fantasmagoriques. Ils ont donc inconsidérément franchi les justes et vraies limites qui, jadis du moins, rattachaient les systèmes à notre agriculture, à nos productions propres ou acclimatées, et à l'industrie. Ils se sont même rendus tellement étrangers à ce qui se fait dans les champs, qu'ils réduisent toute leur science d'économie aux manipulations de l'industrie, et les essors du commerce à ceux que fournissent exclusivement les machines et les manufactures. Cette erreur s'est fortifiée spécialement sous le ministère de M. Decazes, qui a cru favoriser ainsi toute notre économie politique. C'est sous son ministère qu'on a formé des écoles et des professeurs qui, dépassant eux-mêmes les premières limites assignées à leur institution, ont voulu modestement créer la science de l'économie, de la géométrie industrielle et de la mécanique ; mais il en sera infailliblement de cette mécanique, ce qui va arriver à la mécanique céleste, tant vantée par les flatteurs. Ce n'est encore là, je suis forcé de le dire, qu'une vaine théorie, comme celle par laquelle on veut à toute force enseigner l'agriculture dans des écoles et au jardin du Roi (1).

Ne nous arrivera-t-il donc jamais un véritable homme d'Etat qui, dans son sys-

____

(1) N'était-ce pas une dérision, en gouvernement et en science vraie, d'avoir vu si long-temps M. Thouin professer l'agriculture-pratique devant mille à douze cents jeunes gens ! M. Thouin, qui ne connaissait qu'un peu la botanique, et qui n'avait jamais quitté Paris ! Son titre d'académicien, son affabilité, ses prétendues largesses de graines exotiques lui avaient concilié la bienveillance publique. M. Thouin était un honnête homme ; mais il ignorait absolument les premiers rudimens de la pratique agricole. Où les aurait-il appris ? Je crois que M. Bosc

tème, fera considérer l'agriculture comme une grande manufacture industrielle; qui fera préférer de bonnes lois à de beaux discours, des agronomes éclairés et d'anciens commerçans, à de savans professeurs en chaires, et qui fera rentrer enfin notre économie politique dans ses voies simples et naturelles, c'est-à-dire dans celles d'une agriculture florissante, mère commune et nourricière du commerce et de l'industrie (1)?

Il n'y a pas de doute que l'Anglais ne doive sa puissance et sa fortune à son commerce maritime ; mais il s'y est trop abandonné, et il a trop négligé la culture de son sol. Son

---

pourrait faire un peu mieux : il possède du moins l'histoire de l'agriculture pratique.

On conçoit facilement des cours de chimie, de physique, d'histoire naturelle, même à Paris; mais il y a plus que de l'aberration de la part du gouvernement d'instituer des cours pour la pratique de l'agriculture, et pour celle même du commerce.

(1) Je crains bien que M. Charles Dupin, avec toute son ardeur pour les perfectibilités, n'ait jeté déjà le gouvernement fort loin des vrais principes de l'économie politique, et de ceux qui se rapportent à l'instruction dans les arts et les métiers. Je l'invite, et le gouvernement, à méditer ce vieil axiome : *Fit fabricando faber.*

gouvernement était réellement plus fort et l'Etat plus riche, sous Henri VII et sous la reine Elisabeth, car il y avait alors de l'émulation à faire valoir les terres ; le commerce s'y trouvait dans de plus justes proportions ; la force et la prospérité de l'Etat en étaient plus réelles. Mais sous Charles II, sous Cromwell et après la paix d'Utrecht (1715), il y a eu, même dans le gouvernement, un délire général pour faire le commerce, ou plutôt pour faire fortune ; on eût mis volontiers tout le sol britannique en parcs, en jardins, en pelouses verdoyantes, en lices pour les courses de chevaux, en halliers pour la chasse au renard, tant on était persuadé qu'avec une immense et forte marine, on ne pouvait plus manquer de rien.

Ce grand commerce, en effet, a jeté ses fruits : il a fait négliger et mépriser l'agriculture ; il a fait boursouffler une capitale immense, dans laquelle s'est élevé rapidement un luxe extrême avec tous ses accompagnemens, si funestes aux mœurs ; et la patrie n'a plus été que l'affaire du gouvernement.

Dans cet excès d'orgueil et de fausse prospérité, le gouvernement, voulant flatter le peuple anglais, a imaginé, afin d'élever plus haut sa domination, de mettre en mer des colosses foudroyans, jusqu'alors inconnus. C'est par lui que pendant un demi-siècle on a vu, durant les guerres, des vaisseaux de 100, 120 à 130 canons ; mais au fonds c'était moins une flotte imposante qu'une sorte de spectacle ; car la force d'action gît moins dans l'énormité de ces assemblages, que dans la célérité des manœuvres. On sent enfin aujourd'hui que des vaisseaux de si hauts-bords sont moins des instrumens de guerre, que des sinécures ou des majorats donnés par le roi ou ses ministres à ceux qui les commandent. Quant à l'économie, la question est jugée : il faudrait peut-être y joindre encore l'argument de la nécessité, relativement aux bois de construction. Ces colosses, qu'on peut comparer au cheval de Troie, se sont insensiblement perdus de réputation, depuis qu'on connaît la force de l'eau mise en vapeur. Faisons observer, en passant, que ce sont les Anglais qui ont appris cette invention, qui ont mis les premiers en pratique les feux à la Congrève et imaginé les brûlots : mais, telle chose qu'on fasse ou qu'on invente pour la marine, la frégate sera toujours la reine des mers.

L'immense concentration des richesses mobilières dans Londres, l'abandon de l'agriculture, la main-basse ou la main-morte de l'aristocratie sur les sept dixièmes du territoire, l'agglomération immense et progressive de la population dans cette capitale, et la dépopulation des campagnes; la taxe gigantesque de ses pauvres, sa dette enfin de 15 à 20 milliards, sont autant de causes qui, semblables à un vaste cancer, minent et rongent l'Angleterre.

Il résulte de l'accroissement de Londres une dépopulation relative dans le reste du royaume,

Parce que douze cent mille habitans sur un même point, quand l'état primordial offre tout au plus en Angleterre une population de quatre millions cinq cent mille âmes, doivent, en raison de l'esprit public, des mœurs, des arts et des métiers qui y sont exclusifs au luxe, porter une grande et continuelle atteinte au cours de la population. Joignons à toutes ces considérations l'usage habituel et immodéré des liqueurs fortes, dont l'action et le ferment attaquent non seulement la santé et la vitalité des individus, mais encore les sources et l'énergie de la génération.

L'emploi énorme des marins, le relâchement des mœurs et des liens de l'hyménée.

Le luxe et les grandes fortunes y font accueillir enfin le célibat, dont les conséquences sont si funestes ! etc., etc.

Dans cet immense conflit de passions natives ou importées, dans cette agitation d'intérêts personnels, tous dirigés vers chaque fortune individuelle, Londres est un vaste foyer qui dessèche les champs d'Albion, qui, quoi qu'en puissent dire les économistes à la mode, ont autant besoin de capitaux et de bras, que les fabriques ou manufactures. Londres, en un mot, est maintenant en économie politique, en organisation d'Etat, un véritable monstre, dont la tête et le cœur sont seuls infiniment plus gros que le reste du corps (1).

La population de l'Angleterre fut évaluée, en 1710, à cinq millions cinq cent soixante-dix mille âmes ; quelques économistes, depuis, ont voulu en juger plus sûrement : ils ont pris pour document la taxe des portes et fenêtres ;

______

(1) Le grand point de mire de nos faiseurs et de nos phraseurs, c'est de faire de Paris un London, et de la Seine une Tamise.

ils ont jugé qu'en assignant cinq personnes à chaque maison, la population devait être de cinq millions quatre cent soixante-sept mille. Faisons observer à nos agronomes épris d'admiration pour l'agriculture anglaise, qu'au dernier recensement il y avait encore plus de deux cent mille chaumières ou maisons de pauvres.

M. Halley a porté le nombre annuel possible des combattans pour les trois royaumes, à huit mille hommes : c'est avec peine toujours qu'on peut faire sortir chaque année des recrues de l'Irlande et de l'Ecosse.

David Hume, fier d'avoir fait école en France, et mettant lui-même l'Angleterre au-dessus de tous les autres Etats de l'Europe, donnait à la France, en 1758, dix millions d'habitans de moins que sous le règne de Louis XIII ; il en attribuait les causes à la *capitale,* au grand nombre des villes de provinces, à l'ardeur des Français pour les émigrations, à la galanterie, au luxe, à l'esprit philosophique, à l'immensité du clergé, au célibat enfin. C'est toujours ainsi, au surplus, que les écrivains anglais jugent de tout en France. Le lecteur remarquera que David Hume n'avait pas même encore fait l'observation que Londres s'était immensément agrandie, et que l'agriculture s'était excessivement amoindrie.

L'emploi de la population anglaise dans le commerce maritime et dans les flottes de l'Etat, et l'agrandissement progressif de la population de Londres, portent à croire facilement, qu'il y a moins d'habitans dans la Grande-Bretagne que sous le règne de la reine Anne. Toute grande capitale, au surplus, tend d'une manière très-fâcheuse à la dépopulation de l'Etat, en ce qu'il s'y concentre des célibataires, des égoïstes et des libertins en foule. Les femmes qui y sont livrées à des dissipations, ou à des soins de commerce, s'abstiennent forcément d'y nourrir leurs enfans; la nature elle-même, par suite du régime habituel, leur refuse les sources de lait qu'elle prodigue aux femmes des champs; les filles qui s'y élèvent sont trop souvent, comme mères, dépourvues de la forme du sein et de la perfection des organes qui ont pour but d'alaiter les enfans. Toutefois, il serait injuste d'accuser en général les mères d'indifférence, car elles ne font que céder à la nécessité; mais c'est là déjà une grande cause de dépopulation et de dégénération...

Le recours aux nourrices mercenaires peut facilement en donner la preuve ; car je ne crains pas de mettre en fait, d'après les calculs des économistes mêmes, que, sur cent enfans envoyés pour être nourris dans les campagnes, il n'en revient pas soixante à l'âge de trois ans, tandis que sur les enfans qui naissent aux champs et qui y sont nourris par leurs mères, il n'en meurt pas dix sur cent. (J'admets toutefois la vaccine.) .

S'il y a une capitale en Europe, Constantinople exceptée, qui doive craindre la peste, c'est Londres, qui, par son immense commerce avec tous les pays de la terre où ce fléau est en permanence, et qui, par le grand nombre de Juifs, revendeurs de toutes dépouilles, est sans cesse exposée à subir des décimations. Cette capitale, au surplus, est la ville d'Europe où, relativement, il se consomme le plus de viande dans le régime domestique. En moins d'un siècle, au surplus, elle a subi deux pestes, l'une sous Jacques Ier, et l'autre sous Charles Ier. Dans la première, il périt trente mille cinq cent soixante-dix-huit personnes ; dans la seconde, trente-cinq mille quatre cent dix-sept.

Faisons observer sur ce sujet, aux divers

gouvernemens et aux villes maritimes, qu'on s'abandonne maintenant avec trop de sécurité ou d'apathie aux chances qui causent ce fléau. On a toujours dit dans l'histoire, et la tradition le confirme, que la peste était à la suite des grandes guerres et des famines : que ne doit-on pas craindre, dans les temps présens, de la guerre qui se fait en Grèce? Un de nos écrivains qui a la gloire d'avoir le premier ouvert la brèche à de grandes vérités politiques, et d'avoir prédit les évènemens qui étonnent encore le vieux monde et le nouveau, a lui-même déjà fait craindre à l'Europe occidentale l'irruption de la peste, que les Egyptiens, les Turcs et les Juifs, qui leur font ombre, portent toujours avec eux.

La cause d'une peste dépend moins des exterminations par le glaive, que de la misère, des fatigues et des peines de l'âme : de telles causes, quand d'ailleurs les miasmes pestifères ont des foyers actifs, peuvent la faire éclater terrible. Londres et Paris doivent donc se tenir sur leurs gardes contre une telle invasion : Londres, parce qu'elle est un immense réceptacle de matières animales et d'exhalaisons délétères, parce que ses immenses foyers de charbon de terre rendent son atmosphère moins accessible aux vents purificateurs ; Paris, parce que sa population y est sans cesse progressive, et que des interruptions dans les travaux peuvent y faire éclater une grande misère, qui fut toujours l'avant-courrière des pestes ; parce que ses municipes, plus occupés d'arts que de salubrité publique, y laissent couper les arbres et détruire les jardins, qui y entretenaient un air vif et salubre. Les vieux arbres des boulevards expirent, et on voit en pitié ceux qui les remplacent : ces arbres pourtant faisaient de Paris la plus belle capitale du monde, et ils concouraient encore à sa salubrité.

Constantinople effraie par ses immenses égorgemens ; les champs de la Grèce fument encore sous des massacres ; l'état de l'Espagne et du Portugal est peu rassurant, et..... Athènes est turque !!

Des savans de science physique et d'hygiène pourront regarder ces appréhensions comme des préjugés ; fiers de leur savoir ou d'un crédit de circonstance, ils pourront défier la peste dans les lieux qu'ils occupent : mais savent-ils bien eux-mêmes ce que c'est que la peste ? Combien de fois les médecins n'ont-ils pas nommé *peste*, des épidémies, des

fièvres d'hôpital, telles que celles qu'appor-
tèrent en Bourgogne, dans l'année 1811, les
prisonniers espagnols? Qu'on relise l'histoire ou la description des pestes, depuis
celle d'Athènes, jusqu'à celle de Marseille, on
verra qu'aucune d'elles ne se ressemblent, ni
pour l'invasion, ni pour les symptômes, ni
pour les effets, ni pour la durée. L'une d'elles,
nous a dit M. Sigaut de Lafond, a été causée
par un amas de cordages qui avaient servi à
descendre les pestiférés d'une citadelle, et
qui, remués de place, firent périr dix mille
personnes. Celle du Pirée n'eut pas d'autre
cause. Il faut le redire sans cesse, afin de
préserver les grandes villes, et surtout les capitales, dans lesquelles s'agglomèrent tant de
foyers de corruption, Paris a déjà beaucoup
perdu de sa salubrité; et c'est par ce motif
que j'offre ces réflexions sur un fléau qui
pourrait y faire de grands ravages.

Toutes les pestes ont été mieux décrites
que définies dans leurs causes et périodes (1),

---

(1) En Syrie, on distingue les bubons en mâles et fe-
melles : ceux-ci sont réputés les plus dangereux. Cette distinction, si elle est réelle, prouverait que les hommes de l'art
de guérir sont plus observateurs en Perse qu'en Europe.

et l'on peut même affirmer qu'elles ont été moins guéries qu'elles n'ont cessé d'elles-mêmes, par l'influence d'un air accidentel purificateur.

La peste vraie a-t-elle donc des germes volatils et imperceptibles? S'agglomèrent-ils dans l'atmosphère, et y séjournent-ils jusqu'à ce que les corps humains, avec lesquels ils sont en affinité (parce qu'ils en proviennent), leur offrent des matrices de développement? Pourquoi les germes de la peste ne seraient-ils, pas portés vers les agglomérations humaines, comme le sont ceux des épizooties sur les bêtes à cornes et à laine, comme les vents portent au loin des germes de fécondation à certains végétaux de premier ordre? L'art, jusqu'à présent, n'a pu signaler ces germes ni les reconnaître, et encore moins les anéantir. Néedham, cependant, a prouvé que l'air pouvait en contenir et les transmettre; Spalanzani a eu la même opinion.

Les dernières gloses sur la peste de Barcelonne ne sont pas même rassurantes; et dans l'état actuel des choses, quelle société savante oserait garantir une grande population, de la peste, ou prétendre seulement à la circonscrire, en la forçant de se réduire à des victîmes individuelles? Dans tous les temps, les hommes de l'art n'ont procédé que par des tâtonnemens; les médecins furent les premiers frappés à celle d'Athènes : or, comme il n'y a pas de peste identique, on sera toujours réduit à procéder par des essais. Dans cet état de choses, relativement à la science acquise, il est donc infiniment plus sage de prévenir les causes qui pourraient faire éclater un tel fléau, toujours à craindre et toujours imminent dans les imprudens foyers d'un million à douze cent mille personnes.

Paris, il y a quarante ans, avait plus de cent arpens de jardins au nord-ouest; on y a fait des rues qui ne sont plus que des carrières de pierres ; la dernière, qui touche à l'église de la Madeleine, n'a pas un seul petit jardin ; on pourrait ajouter qu'elle n'a pas même de cours.

J'ignore précisément le nom du magistrat qui en 1726 a fait, par ordre du roi, apposer des limites à l'agrandissement de Paris; mais c'était un homme qui avait beaucoup de sagesse et d'avenir dans la tête; l'ordonnance en existe encore à l'extrémité de la rue Poissonnière. Ainsi, dans l'espace juste d'un siècle, la limite de circonférence se trouve être aujourd'hui au centre même de la plus forte partie de la population de Paris.

Il est pénible de voir l'Académie des sciences se prêter à entendre M. Ch. Dupin lire un Mémoire posthume, en tout conforme à ses vues, qui a pour objet de faire de Paris un port de mer. Déjà cette pensée avait été celle de Napoléon, qui voulait en outre en faire une capitale de deux millions d'habitans. Le silence, et même l'approbation de l'Académie des sciences sur les vues de l'empereur, n'avait rien d'étonnant; mais aujourd'hui, pour admettre un tel projet, il faut presque s'abandonner à l'idée qu'il n'y a, dans ce corps savant, ni hommes d'Etat ni même de physiciens; car, d'une part, ce serait porter des atteintes funestes aux ports du commerce sur les deux mers; car, de l'autre, il y a malheureusement des raisons et des causes trop réelles et trop accablantes pour en démontrer l'impossibilité physique, par l'immense disparition des eaux dans le bassin de la Seine. Est-il nécessaire de dire autre chose à l'Académie, et à ceux qui veulent faire de Paris un port de mer, que le bras gauche de la Seine est chaque année presqu'à sec vis-à-vis le quai des Augustins? Mais si l'Académie, mieux instruite et moins obséquieuse, veut s'élever aux observations physiques, qui sont ses élémens propres, elle pourra s'assurer qu'il y a moitié moins d'eau aujourd'hui, 1828, dans les sources et les rivières, qu'au temps où le célèbre Cassini a fait sa carte : fatale et déplorable conséquence de la destruction des bois !

L'amoindrissement de la population dans les campagnes est un fâcheux symptôme dans un Etat, et surtout dans les pays agricoles. L'Angleterre en subit déjà les effets ; car au temps d'Elisabeth, il y avait sept à huit cents communautés, notamment depuis Gainsboroug jusqu'à Nort-Hampton, où il n'y a plus aujourd'hui que quelques grosses fermes ducales et une centaine de misérables chaumières.

L'agrandissement indéfini de la capitale de la France a déjà produit également un trop grand décroissement de population dans les campagnes environnantes. Au commencement du règne de Louis XV, il y avait encore, à quelques milles de Paris, des pays bocagers et de petite culture, dans lesquels on élevait des bêtes à cornes et à laine, et même des chevaux; et aujourd'hui le système de la grande culture s'étend jusqu'à trente et quarante lieues de rayons de la capitale. Dans ce dernier système, dix à douze individus suffisent pour exploiter une ferme de trois à quatre cents arpens ; dans l'autre, au contraire, sur un même espace de terrain, il y a deux cents à trois cents individus, et une agriculture plus riche et plus variée. Que sont devenus ces hommes des champs? Ils se sont jetés dans Paris, et la bonne agriculture en a souffert. L'industrie, il est vrai, a été une compensation ; mais c'est un élément bien périssable, relativement à l'agriculture.

Le commerce maritime immense de l'Angleterre est un des obstacles les plus vifs à sa population. On a calculé que chaque année il y meurt trois mille matelots, et chaque année le nombre des marins célibataires y augmente ; elle veut toujours faire des conquêtes, avoir des colonies et les occuper ; toutes les contrées sont parsemées d'Anglais qui s'y établissent au préjudice de la mère-patrie ; ils ont encore leur Botani-Bay, qui chaque année en reçoit un grand nombre. Tous ces effets devraient pourtant exciter la sollicitude du gouvernement britannique ; ils devraient le porter à replier une grande partie de ses

voiles, à favoriser une population active, et
à en faire refluer une partie dans les campagnes, où il serait plus certain de trouver en
tout temps des citoyens et des défenseurs; il
ne devrait pas s'arrêter, enfin, que les grandes
masses territoriales ne soient législativement
soumises à des divisions qui se concilient
avec les droits inhérens à la propriété.

L'aristocratie routinière et fière pourra
crier et annoncer une révolution; mais les
nobles lords que la vraie philosophie éclaire,
que l'expérience peut convaincre, et qui ont
la haute vertu de préférer la patrie à de vaines
attributions, seront infailliblement les premiers à consentir les lois qui favoriseront les
échanges, les clôtures et la multiplication des
fermes d'exploitation, sous des conditions
de tributs ou de fermages. Les hauts seigneurs
féodaux en seraient bientôt plus riches; car
s'ils veulent balancer en compte ce que leur
coûtent la taxe des pauvres et les chasses au
renard, ils n'hésiteront pas.

Le grand problême à résoudre, de la part
de l'Angleterre, c'est de faire en sorte, par
les lois et par la tendance de son gouvernement, que le peuple puisse à son tour balancer aussi dans ses comptes les bénéfices que

donne l'agriculture avec ceux qu'il va chercher dans les mers des quatre parties du
monde. Une propriété foncière, telle petite
qu'elle soit, est l'image première de la patrie ;
on s'y attache, on en jouit en famille, et ce
charme efface bientôt le désir des voyages
périlleux et lointains.

Le gouvernement anglais doit voir et juger
par lui-même ce que nous, Français, recon-
naissons dans sa situation politique : il est
précisément, s'il ne s'aveugle pas, au point
où se sont trouvés les Carthaginois, ses antiques patrons. Il ne peut ignorer que les
Romains, dans toutes les grandes crises, faisaient retentir les sept collines du cri fatal et
terrible : *Panem et circenses !* Depuis vingt-
cinq ans, il n'y a pas de session de parlement
où il ne soit question de la détresse de l'agriculture, et de la législation sur les grains. En
1827, on s'en est occupé avec une sorte
d'anxiété politique. Que le gouvernement y
prenne garde ; qu'il cède aux besoins du peuple et à l'influence de l'opinion ; qu'il pré-
vienne une grande révolution sur la jouis-
sance des biens-fonds ; qu'il se rappelle le
grand jubilé des Juifs ; qu'il considère qu'une
foule d'Anglais, pères de famille, hommes

estimables, s'éparpillent sur le sol français,
et dans l'étranger pour jouir, à la fin de leur
carrière, d'un plus doux chevet dans une propriété foncière.

Le lecteur attentif a déjà pénétré, sans
doute, les motifs de ces réflexions sur les
trop grandes capitales. Quant à l'Angleterre,
un Anglais célèbre, et que je dirai un sage, a
dit avant moi : « A la moindre révolution,
« tout peut s'écrouler à Londres, et la fa-
« meuse Angleterre aura bientôt le même
« sort que Carthage. » A l'ouverture de la session 1826, M. Canning, vers lequel le monde
entier a porté ses espérances et porte aujourd'hui ses regrets, a dit : « Avec la guerre,
la plus belle fortune peut s'anéantir en un
jour. » A ce mot, les endormeurs de la Chambre des communes ont fait crier : *Ecoutez!
écoutez!* car c'est le *houra* parlementaire anglais.

Il y a certainement, dans le gouvernement
et dans le parlement d'Angleterre, beaucoup
plus d'hommes d'Etat qu'on n'en trouve en
France, où pendant cinq ans on a poussé à
une contre - révolution ; mais quand Dieu
même, s'il est permis de le faire intervenir
ici, soumet ses œuvres à des modifications

ou à des changemens, comment des hommes
appelés à délibérer sur des droits ou sur des
intérêts de leur nation, ne voient-ils pas que,
dans le cours de deux siècles, il y a nécessairement des changemens ou des améliorations
à faire dans la sociabilité, comme dans la glèbe,
ou qu'il faut se résigner à une guerre perpétuelle? Mais il ne faut que de la mémoire aux
hommes qui gouvernent en Europe, pour les
faire ressouvenir que, dans l'espace d'un siècle, il y a eu quarante guerres générales, dans
lesquelles *plus de vingt millions d'hommes ont
péri.* Est-ce là une déclamation, ou le cri sacré
de l'histoire et de l'humanité? La constitution d'Angleterre est encore féodale; celles
de France et de l'Amérique du Sud ont dû
jeter cependant des traits d'applications ou
d'améliorations dans Albion et dans ses an-
nexes. Son aristocratie ne compte pas sans
doute que le Ciel fera pour elle le miracle
d'un *statu quo* sempiternel.

Depuis longues années le gouvernement
anglais soutient ses guerres, ses conquêtes et
ses attaques par des soldats *mercenaires :* ce
mot seul lui signale déjà toutes les causes de
destruction des Etats les plus fameux et les
plus florissans. Carthage n'employait que des

mercenaires; et au moment du danger, elle ne trouva plus de citoyens pour la défendre. D'après les historiens, Rome n'eut jamais plus de douze cents soldats romains dans ses plus fortes armées; tout le reste était composé de mercenaires. Sparte, Athènes, Corinthe, offrent les mêmes leçons. Il en est ainsi de l'Angleterre, réduite à composer son armée d'Allemands, d'Hanovriens, de Polonais, de Suisses, d'Italiens, d'Écossais et d'Irlandais, qui tous savent très-bien qu'ils ne combattent pas pour leur propre cause. Le Hanovre même, malgré toute la politique anglaise, n'est et ne sera toujours, sur la souche d'Albion, qu'une greffe artificielle.

Il faut convenir que le gouvernement anglais a fort bien manœuvré avec les divers cabinets, dont il a su se faire des auxiliaires dévoués. Mais quel a été son moyen? c'est l'or, c'est-à-dire la corruption. Calculant toujours bien, il a dit : «Pour triompher d'une armée aguerrie sur le continent, il faudrait dépenser cent à deux cent millions sterlings ; achetons des traîtres, qui ne coûteront pas la centième partie de cette somme;» ce qui a été fait, et souvent. Déjà aussi l'opinion signale à la législation la nécessité d'une loi qui effraie enfin les traîtres, jusque dans une génération éloignée.

Je viens de dire franchement les motifs qui doivent porter le gouvernement anglais à céder sur les anciens erremens de sa politique ; j'ai supposé une invasion possible. Pour l'observateur, elle doit avoir lieu d'une manière ou d'autre. L'Angleterre, l'Allemagne et la France doivent la redouter et se tenir en mesure ; mais l'Angleterre, à la moindre secousse politique, peut voir son crédit financier s'évanouir, et perdre conséquemment tous les pays où elle domine. Elle n'aurait plus de tonnes d'or à recevoir d'un Etat voisin ; elle serait hors d'état de payer ses mercenaires, et réduite peut-être à recommencer sa fortune insulaire.

La Russie n'offre pas, plus que la Turquie, d'assurances pour la tranquillité publique en Occident. Pendant un siècle, à peu près, la vieille diplomatie avait fait la maxime d'un équilibre dans les Etats d'Europe ; mais le grand Frédéric et Napoléon en ont démontré le néant. Au lieu de discuter, ils ont, comme Alexandre, tranché de leur épée le nœud gordien ; il en sera de même du *statu quo*.

L'Angleterre et la France ont donc le plus grand intérêt de se lier par une alliance fédérative, et d'abjurer enfin cette vieille et honteuse haine qui dure depuis tant de siècles, et que la civilisation ou la philosophie ont à peine fait amoindrir. Sage, l'Angleterre doit renoncer à l'absurde système de rivalité que les Pitt ont fait consacrer, comme l'ancre de salut. Tout change et doit changer dans les œuvres des hommes, surtout en politique ; tous les cultes mêmes ont changé depuis leur origine. Rome, sous ses premiers rois, a eu d'autres élémens d'ordre public et de sociabilité, que sous les consuls ou les tribuns ; ils ont encore changé sous les Césars. Charlemagne a changé ceux de Clovis, Louis-le-Gros ceux des Capets, Richelieu ceux des Valois, etc.

Il ne s'agit pas sans doute, dans cette alliance fédérative, de rien changer aux lois intérieures des deux États, de faire même réduire la marine anglaise, ses conquêtes, ses occupations, ni même ses usurpations ; de se soutenir mutuellement en crédit de finances, de refaire les codes de commerce, ou de porter la moindre atteinte à leurs constitutions respectives : mais il s'agirait, dans le

cas d'une invasion de peuples étrangers barbares, où dans le cas d'une guerre *pour une
monarchie universelle*, qui pourrait encore
ébranler toute l'Europe, de concerter un
plan de défense, tel que les forces réunies
des deux royaumes seraient simultanément
opposées à l'invasion. Or, puisque l'Angleterre, en ces temps, ne se soutient et ne peut
se soutenir que par des *mercenaires*, il est de
son intérêt, pour son existence politique,
de s'allier avec la France, dont la population
active et sans cesse croissante, suppléerait à
la faiblesse ou au déficit de celle de l'Angleterre. De son côté, la France aurait à stipuler
des garanties et des compensations pour son
concours. Il s'agirait enfin, de la part de
l'une et de l'autre, de combiner, sans se nuire,
tous les moyens de vaincre et de se soutenir.

La France et l'Angleterre, ainsi, résou-
draient un grand problème politique, celui
de fonder la force, la puissance et la durée de deux empires, sur le concours si-
multané de deux grandes armées de terre et
de mer. Nul empire, dans l'antiquité, n'a offert encore une telle combinaison. Les Gaulois, les plus valeureux de la terre, n'ont
compté que sur leurs framées, et ils n'avaient

point de flottes. Les Carthaginois avaient des flottes, mais ils n'avaient pas d'armées de terre. Athènes a été puissante et opulente ; mais sa puissance et sa prospérité n'ont eu qu'une consistance éphémère, parce qu'elle n'a considéré sa marine que pour sa domination. Sparte, de même, a méprisé la marine et le commerce. Les Romains, trop fiers de leurs conquêtes à main armée, dédaignaient la marine, et n'avaient que des vaisseaux *mercenaires* (1).

Dans une grande crise politique, l'Angleterre et la France, se défendant isolément, périraient infailliblement toutes les deux, ou elles subiraient la loi du vainqueur. La conquête de la France pourrait coûter des torrens de sang, et rester même indécise ; mais il n'en serait pas ainsi de l'Angleterre, car il fut toujours plus facile de vaincre un peuple marchand. Mais si la France et l'Angleterre s'unissaient franchement et saintement, elles entraîneraient tous les rois dissidens dans leur orbite ; les rois qui s'obstinent à reconquérir le pouvoir absolu, se mettraient également

---

(1) *Voyez* mon *Histoire de l'agriculture des Romains.*

en alliance avec leurs peuples, et l'adoption
du gouvernement représentatif consoliderait
tous les trônes de l'Europe. Mais, hélas! le
plus difficile, il faut bien que je le dise à la
honte de la philosophie et de la raison, ce
serait d'offrir en spectacle au monde deux
royaumes qui, après avoir été pendant dix
siècles ennemis implacables, rivaux perfides,
sanguinaires et cruels comme des sauvages,
consentiraient enfin et de bonne foi à vivre
en paix et bonne intelligence. Une telle pensée si sainte, sage et politique, sera-t-elle
accueillie par le ministère anglais du mois de
janvier 1828 ? Que de choses, que de mots
déjà portent à en douter (1)! Les frelons et
les moucherons de la littérature et de la politique ne manqueront pas, d'autre part, de
jeter du ridicule sur cette alliance fédérative ;
des érudits même pourront la comparer au
rêve de l'abbé de Saint-Pierre.

Depuis dix ans, le gouvernement et le peuple anglais ont pu bien juger du caractère de
la nation française, et voir que les dix-neuf
vingtièmes et demi des Français n'aspirent

____

(1.) Des paris sont ouverts qu'avant un an, l'Angleterre
et la France seront en guerre.

qu'à vivre en paix, sous les auspices de leur roi constitutionnel. Les Anglais aiment la France ; ils s'y établissent, et les Français leur font un accueil qui doit les flatter et les éclairer. Une telle alliance, enfin, si elle est bien comprise, peut assurer la paix du monde, et retarder ces révolutions qui tôt ou tard bouleversent les empires. Terminons ces réflexions par celles de Montesquieu ; il disait en 1764 :

« Si par le passé on juge de l'avenir, on « peut conjecturer que l'Amérique sera un « jour civilisée par les lois de l'Europe, comme « la Grèce le fut par celles de l'Egypte ; que « nos sciences y jetteront des racines et y « fleuriront, pendant que l'Europe se replon- « gera dans la BARBARIE. »

CHAPITRE XV ET DERNIER.

Dernière considération sur l'influence de l'histoire. — Nécessité
de retremper l'esprit public en France.

DEPUIS vingt années l'esprit public, parmi
nous, se pervertit d'une manière effrayante.
La conscience me dicte et me commande ce
pénible aveu; j'en soumets les motifs au lecteur.

Dans toute civilisation renommée par ses
lois ou par ses législateurs, le sage esprit public a été celui qui s'est créé une patrie, et
qui, à tout prix, en a soutenu la cause. Ce
sentiment a été grand et unanime chez les
Gaulois; il a brillé par intervalles chez les
Grecs; il a souvent rallié les Romains, qui
lui ont substitué l'orgueil de la gloire.

La révolution, en France, avait signalé un
grand et noble esprit public; il embrassait à
la fois les intérêts du trône et ceux de la na-

tion : l'histoire est là qui le manifeste. La terreur a été l'ouvrage de quelques hommes du dehors : la nation en a été la première victime.

La guerre et les batailles de l'étranger contre la nation, avaient fortifié sur tous les points et dans toutes les classes ce même esprit public que l'ère consulaire et celle impériale ont à l'envi consacré.

Les victoires trop brillantes et d'ailleurs immenses ont commencé à l'altérer ; la fortune et de vains honneurs ensuite lui ont imprimé une toute autre direction, et on s'est insensiblement habitué à ne plus voir la patrie que dans un seul homme, qui, assis comme un Hercule sur d'immenses trophées d'armes, dispensait à son gré des titres honorifiques et des flots d'or. Tous les élémens de la sociabilité en ont été confondus, et il y a eu une aspiration commune à devenir riche et puissant ; les intrigues ont fait le reste.

La philosophie, j'entends par ce mot la morale, commande aujourd'hui à ceux qui participent aux lois, de prendre des mesures telles qu'il puisse en ressortir un nouvel et durable esprit public.

La première impulsion, c'est de prévenir

la corruption par l'or, moyen devenu actif et général dans toutes les conditions de la société.

La cour de Rome seule est en grand point de mire sur les dangers de la corruption par l'or, puisque depuis douze siècles, sans armées et même sans soldats, elle a remué toutes les nations, disposé des trônes, fait et défait des rois et des ministres. Combien elle a été plus. forte, plus active et plus entreprenante encore, quand elle a eu pour auxiliaire la congrégation des jésuites, dont tout l'esprit public était dans l'or!

L'Angleterre a senti, depuis long-temps, la force d'action et de puissance du moyen, dans ses négociations, dans ses guerres, et jusque dans ses batailles. Dans la guerre de 1760, on découvrit une foule d'espions, depuis Dieppe jusqu'à Bayonne, qui, moyennant deux cents guinées chacun, devaient faire savoir aux Anglais les forces effectives de chaque port : une punition éclatante arrêta et déjoua ce cours de corruption.

Si les optimistes à la suite des gouvernemens niaient les systèmes de corruption par l'or, de la part des papes, qu'ils lisent seulement l'histoire de la conquête de Guillaume,

par M. Augustin Thiéry, et les tristes pages
de notre histoire propre, dans ses rapports
avec le gouvernement anglais. Les millions
accordés au ministre Castlereagh, dans son
budget de 1811, sont, au surplus, des preuves
flagrantes de ce système de corruption.

Combien déjà l'histoire contemporaine,
soit dans les Mémoires biographiques, soit
dans les pamphlets, a révélé de circonstances
et de noms! Il faudrait être aveugle ou vendu
pour nier de tels moyens, et qui sont presque devenus des proverbes. Une loi forte et
terrible, contre les traîtres ou les trahisons,
est donc devenue absolument nécessaire pour
prévenir et réprimer la corruption.

Les courtisans et les rhéteurs ne manqueront pas d'en repousser l'idée avec tous les
accens de l'indignation : ils feront même
peut-être gravement l'objection du législateur athénien, qui, par honneur ou respect
pour l'humanité et pour le pays, ne voulut
point porter une loi contre les parricides.
D'autres, tout en gémissant sur ces tristes
réalités, prétendront qu'une telle loi serait
inutile, parce que la politique qui y a recours
n'agit que dans l'ombre ou par de mystérieux
ricochets. Cela n'est que trop vrai; mais,

nonobstant ce fait, une loi n'en serait pas
moins utile. La divine Providence permet
souvent que de tels crimes se révèlent ; et si
des indices plausibles se trouvaient réunis,
cette même loi devrait ordonner la formation d'un jury tellement composé que l'accusé, néanmoins, n'ait point à craindre les
plus hautes influences, ni les passions, ni
l'or même des corrupteurs. Cette loi devrait
être terrible contre les traîtres, et, par exception à la philosophie ou à la législation du
siècle, étendre ses effets jusqu'à la troisième
génération, toutefois sans confiscations des
biens-fonds.

Cette loi ferait peu d'impression sur les
ecclésiastiques, pour lesquels tout meurt avec
la vie, et sur les célibataires, dans le cœur
desquels vibre si rarement et si difficilement
le sentiment de la postérité et de la patrie.
Ce jury bien entendu n'aurait rien de commun avec les Cours judiciaires qui ont jugé
les *Byngs* et les *Lally* ; mais on doit s'attendre que le coupable, fût-il un fanatique, res-
sentirait du moins la honte qui rejaillirait sur
son nom et sur sa famille, qui le maudirait.

Quelques exemples de telles condamnations formeraient peu à peu l'opinion, qui,

plus sévère que la loi même, jetterait une sorte d'épouvante dans les cabinets des cours, dans les camps et dans les familles.

Qu'on ne s'abuse pas sur tous les dangers de la corruption par l'or ; elle est presque admise dans le droit des gens, et on jouit tout aussi tranquillement des trahisons que si la conquête avait été faite à la pointe de l'épée. Si cet abus impie dure encore, s'il n'est pas énergiquement réfréné, il n'y a plus rien de stable, ni le trône, ni la Constitution, ni l'indépendance nationale. Toutes les têtes, depuis quinze années, sont tournées vers l'agio ; l'or est le premier point de mire ; et c'est au point qu'on pourrait dire que celui qui en aurait le plus serait le plus puissant ou le maître universel. Malheur donc à ceux qui, dans les plus hautes fonctions d'Etat, méconnaîtraient cette tendance, et, pour me servir de la juste expression d'un ministre, cette fièvre de posséder de l'or ; car elle éteint tout sentiment de patrie ; elle concentre une immoralité qui porte à tous les crimes ; elle brise tous les liens sociaux, et fait préférer un étranger riche ou opulent à un magistrat de la nation, élevé dans la médiocrité, le lot des sages, et qui serait renommé par ses vertus et par ses lumières. Puisse un tel sujet, que je ne fais qu'effleurer, appeler l'attention de la première législature nationale, qui, faisant cause commune avec le roi sur les libertés de l'Eglise gallicane, sur les jésuites et sur l'agiotage, qui dessèche tout, pourrait enfin mettre en harmonie l'influence de l'histoire avec celle de l'opinion, prévenir de grands déchiremens, et constituer enfin un sage et grand esprit public !

RÉSUMÉ

DES CHAPITRES PRÉCÉDENS.

Résumons maintenant le but, le plan et les motifs de ces *Considérations*, afin que si quelques lecteurs n'avaient fait que les parcourir, ou ne s'étaient arrêtés qu'à certains chapitres littéraires ou historiques, ils puissent du moins se rendre compte de l'ordre et des matériaux de ce premier volume, destiné à servir d'introduction à l'*Histoire de l'agriculture en Europe*.

Dans les premiers chapitres, j'ai dû m'attacher à fixer l'attention publique sur le but de l'histoire en général, parler des temps de la tradition, de ses effets, et, par suite, des premières époques de l'histoire écrite.

Ayant à démontrer que l'histoire écrite a été sans influence, j'ai proposé de changer le mode adopté parmi nous.

J'ai fait considérer les causes de différence entre les historiens et les historiographes.

J'ai hautement condamné, quand il s'agit de l'histoire, les recours à l'anonyme.

J'ai combattu l'opinion des lettrés en général, sur les exigences du style, relativement à l'histoire.

J'ai cru devoir assigner un noble rang à l'histoire de l'agriculture, et en confondre les intérêts avec ceux de la monarchie, signalant à ce sujet les erreurs des aristarques, qui repoussent ce genre d'histoire du domaine littéraire.

J'ai rappelé et démontré que nos premiers publicistes, ainsi que nos grands écrivains, avaient été dans l'erreur sur l'influence d'une bonne agriculture, relativement à la sociabilité.

J'ai soutenu que de vraies géorgiques étaient au fond un livre d'histoire : Virgile a été ma preuve de fait.

Il m'a fallu jeter un coup-d'œil sur notre système d'instruction publique, et tâcher de ramener l'opinion aux études des choses du théâtre des champs.

J'ai dû mettre en première ligne les intérêts de l'agriculture, auxquels j'ai subordonné ceux du commerce et de l'industrie, que, dans l'opinion, des économistes et des financiers veulent à toute force faire prévaloir.

J'ai fait dépendre le crédit public et les sages institutions du cours prospère de l'agriculture; et, par cette cause, j'ai mis sur la même ligne l'histoire de l'agriculture et celle de la monarchie : j'en ai même signalé en preuves les principaux élémens, les considérant l'une et l'autre comme indivisibles.

J'ai fait résulter d'une véritable histoire de l'agriculture, une législation plus légitime et plus opportune, et le meilleur système d'impôts.

J'ai dit que, jusqu'à présent, les œuvres des économistes et celles des savans de haute science ont été funestes aux

progrès de l'agriculture et aux améliorations administratives.

Je crois avoir prouvé que l'agriculture française partici-
pait en quelque sorte de tous les climats connus du vieil et
nouveau monde.

L'histoire de l'agriculture, jusqu'à présent, n'ayant
point occupé les écrivains, j'ai dû avertir ceux qui s'en oc-
cuperaient, qu'ils trouveraient de précieux documens dans
les anciennes coutumes et chroniques, et dans les établissemens de colonies en France.

Après avoir parcouru toutes ces considérations ou pha-
ses chronologiques, dans l'intérêt de l'agriculture, et de
l'histoire, qui s'y rattache, j'ai dû reprendre la suite de ma
première affirmative, que l'histoire, telle qu'elle est écrite
et sanctionnée par l'opinion ou par l'usage, a été sans in-
fluencé pour rendre les gouvernemens plus sages et les
peuples plus heureux. Pour le prouver, je me suis moins
attaché à une discussion, qu'à des faits d'une haute évidence, et dont la mémoire est encore frappée. Il m'a fallu
nécessairement aborder la politique, dont tous les ressorts
agissent si puissamment sur le sort de l'agriculture, du
commérce et de l'industrie.

Dans le nombre, je me suis fait un devoir de signaler le
retour des jésuites, contre lesquels s'élève l'histoire la plus
positive.

Je n'ai pu passer sous silence le système des congrès, et
surtout celui qu'on nomme *la Sainte-Alliance*, duquel
sont issus la guerre de l'Orient, et, ce qui est bien à craindre, l'ébranlement de toute l'Europe.

Dans ces tristes et fatales conjonctures, j'ai cru devoir
appeler l'attention publique sur la double position politique

de la France et de l'Angleterre, et proposer quelques moyens de prévenir de plus grands malheurs dans l'Europe occidentale.

Mon dernier mot, en ce qui nous concerne, a été en faveur d'un plus juste esprit public.

FIN.